MOBILE COMMUNICATIONS: Theories and Applications

# 이동통신 이론과 응용

| 강창순 지음 |

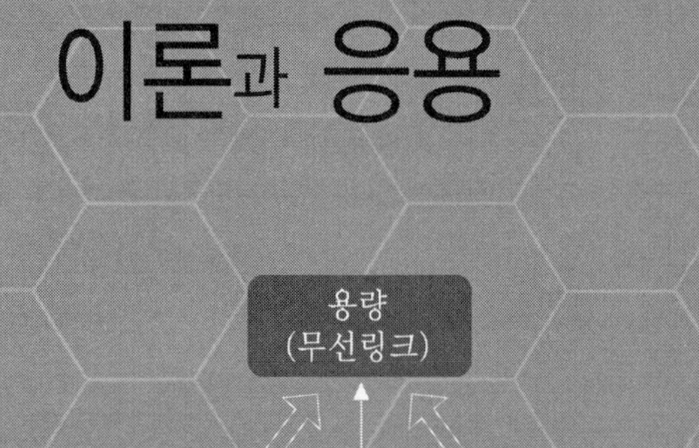


清文閣

# 머리말

최근 휴대전화의 급속한 대중화와 더불어 유무선통신 및 이동통신 기술들을 융합한 다양한 종류의 정보통신 서비스들이 널리 보급되고 있다. 이러한 기술과 서비스의 발전을 이끌기 위하여 차세대 이동통신 기술과 융합 통신시스템에 대한 연구개발이 활발하게 이루어지고 있다.

이와 함께 이동통신과 관련한 기술규격서 및 전공 도서들이 다양하게 출판되고 있다. 이러한 도서들은 주로 각종 이동 및 무선통신시스템의 기술규격에 관한 내용이나 이동통신 분야의 기초적인 이론서들이 주류를 이루고 있다. 디지털 통신이론이나 이동통신공학 등과 같은 전공 도서들은 대부분 신호에 대한 개념에서 출발하여 송수신 장치가 각각 하나로 구성된 단일 사용자의 통신환경에서 변복조이론, 정보이론, 채널부호화 및 대역확산 통신이론 등을 체계적으로 다루고 있다. 그리고 이동통신시스템의 규격과 관련한 도서들은 대부분 응용기술에 대한 내용들을 다루고 있어, 이동통신에 대한 기초적인 지식이 부족한 독자들에게는 이해하는 데 다소 어려운 점이 있다.

이 책에서는 정보통신공학이나 전자공학 등을 전공으로 하는 학생과 이동통신 관련 분야의 엔지니어들이 이동통신의 기본 이론을 토대로 이동통신시스템의 해석 방법 및 최신 기술들을 상호 유기적으로 이해할 수 있도록 구성하였다. 특히 이동통신에 대한 기본 원리를 이해하는 데 있어서, 많은 수학적 지식을 필요로 하지 않는 대신 그림과 도표 등을 이용하여 전체적인 개념을 보다 쉽게 이해할 수 있도록 하였다. 이 책의 내용은 저자가 1989년부터 14년 여 간 한국전자통신연구원에 근무하면서 부호분할 다중접속(CDMA) 방식의 이동통신시스템(2세대)을 비롯하여 무선가입자망 시스템, WCDMA (3세대) 및 와이브로 시스템(3.5세대) 등의 연구개발을 통해 얻은 경험과 지식, 그리고 이후 6년간 대학 강단에서 학생들에게 이동통신공학을 가르치면서 얻은 지식 등을 토대로 하였다.

전체 내용은 총 7장으로 구성하였으며, 1~5장까지는 이동통신의 전반적인 이론에 대하여, 그리고 6~7장에서는 최신 이동통신 기술과 응용에 대해 다루고 있다. 먼저 1장에서는 우리나라를 비롯하여 미국, 유럽, 일본 등과 같이 이동통신이 널리 보급된 세계 주요 국가들의 셀룰러 이동통신시스템의 주요 발전사에 대하여 살펴보고, 이동통신시스템의 기본 구성 및 개념과 이동통신 서비스를 위한 주파수 할당 내역 등에 대하여 개괄적으로 소개하였다.

2장에서는 휴대전화와 기지국 사이의 이동통신채널에서 발생하는 전파전파 (radio propagation)의 여러 가지 특성과 이러한 특성으로 인한 문제점 및 극복방안 등에 대하여 살펴본다. 또한 이러한 이동통신채널의 특성이 이동통신시스템의 중요한 성능지표들인 통화품질, 무선링크 용량 및 무선 커버리지 등에 미치는 영향에 대하여 알아보았다.

3장에서는 2세대, 3세대 및 4세대 이동통신시스템의 다중접속기술인 CDMA, WCDMA 및 OFDMA 기술의 기본 개념과 동작원리를 이해하고, 4장에서는 이동통신시스템의 주요 장치인 이동전화와 기지국의 구조를 하드웨어와 소프트웨어 관점에서 살펴보았다. 그리고 이동전화가 이동통신망과 접속하여 적절한 수준의 신호품질과 통화품질을 유지하면서 간섭을 억제하기 위한 무선자원관리 기술인 이중화 기술, 전력제어, 핸드오버 및 호처리 등을 체계적으로 이해하도록 하였다.

5장에서는 2세대 및 3세대 셀룰러 이동통신시스템에서 이동통신망의 운용비용이나 통화요금 등과 관련되는 통화품질, 무선링크 용량 및 무선 커버리지 등과 같은 성능지표들의 상호 연관성을 살펴보고, 이러한 성능지표들을 개선할 수 있는 기법들을 소개하였다. 특히 통화품질과 무선 커버리지의 상호 관계를 이해하기 위하여 소프트 핸드오버 제어, 무선링크 적응 및 변조기술, 전력할당 방법 등을 이용하여 트래픽 과부하 문제를 해결하는 여러 가지 기술들에 대하여 소개하고 이들의 성능을 분석하였다.

6장에서는 최근 4세대 이동통신시스템을 위한 표준(후보)규격으로 확정된 모바일 와이맥스(진화)와 LTE(Advanced) 규격의 주요 특징과 함께, 4세대 이동통신시스템의 성능 개선을 위한 펨토셀, MIMO 기술을 포함한 다이버시티 기술, 그리고 중계기 기술을 기반으로 하는 무선협력통신 등의 기본 개념과 동작원리에 대하여 자세히 살펴보았다. 마지막으로 7장에서는 홈 네트워크를 위한 유무선통신 기술의 주요 특징에 대하여 살펴보고, 최근 많은 관심을 모으고 있는 IT 융합기술 중의 한 분야인 이동통신 기술을 이용한 홈 네트워크 응용시스템들을 설계하고 구현하는 방법에 관하여 자세히 소개하였다.

전반적인 내용들은 각 장별로 상호 유기적인 관계로 설명하여 독자들로 하여금 보다 체계적으로 이동통신을 이해할 수 있도록 구성하였으며, 내용의 이해도를 높이기 위하여 각 장별로 연습문제와 함께 참고문헌을 제시하였다. 이 책이 이동통신공학을 전공하는 학생 및 이동통신 분야의 엔지니어들에게 조금이나마 도움이 되기 바라며, 끝으로 출판되기까지 도움을 주신 주위의 많은 분들과 청문각 및 우일미디어 관계자분들께 감사의 마음을 전한다.

2010년 2월

저자

# 차 례

## Chapter 01 셀룰러 이동통신의 개요



## Chapter 02 무선통신시스템과 이동통신채널

## Chapter 05 통화품질과 무선링크 용량 및 무선 커버리지



## Chapter 06 4세대 이동통신시스템

Contents

Chapter

# 01 셀룰러 이동통신의 개요

초고속 인터넷, 이동통신 등과 같은 정보통신 기술의 급속한 발전으로 지구촌 국가들은 가까운 이웃처럼 연결되어 언제 어디서나 누구와도 다양한 종류의 정보를 실시간으로 교환하는 것이 가능하게 되었다. 이와 같은 정보통신 중에서 가장 많은 관심을 받고 있는 분야가 바로 셀룰러 이동통신 기술이다. 셀룰러 이동통신이란 전체 서비스 영역을 여러 개의 작은 서비스 영역인 셀(cell)로 나누어 각각의 셀을 하나의 기지국이 무선전파를 통하여 이동전화와 통신하는 기술을 말한다.

셀룰러 이동통신은 1979년 미국에서 세계 최초로 서비스를 제공하였으며, 30여 년이 지난 오늘날에는 지구촌에서 가장 중요한 통신수단으로 자리잡게 되었다. 우리나라에도 1982년경 도입되어 서비스를 시작한 셀룰러 이동통신은 최근 유선전화 가입자를 추월할 정도로 가입자가 급증하였으며, 유럽이나 일본뿐만 아니라 대부분의 국가에서도 셀룰러 이동통신이 국가의 중추적인 통신수단으로 자리잡게 되었다.

이 장에서는 먼저 한국, 미국, 유럽, 일본 등의 세대별 셀룰러 이동통신시스템의 발전사와 최근 뒤늦게 3세대 이동통신기술 분야에서 출발한 중국의 이동통신 기술개발 동향에 대하여 살펴본다. 그리고 이러한 셀룰러 이동통신시스템을 구성하는 기본적인 요소와 함께 셀룰러 이동통신 기술의 전반적인 내용에 대하여 개괄적으로 소개한다.

## 1.1 셀룰러 이동통신의 발전사

주요 국가별 셀룰러 이동통신시스템의 발전사와 함께 이동통신의 세대별 서비스 특징에 대하여 알아본다.

### 1.1.1 1세대 이동통신

미국의 전기통신회사인 AT&T(American Telephone & Telegraph)는 1979년 세계 최초로 셀룰러 개념을 도입한 아날로그 이동통신시스템인 AMPS(Advanced Mobile Phone System)를 개발하여 1세대(1st generation) 이동통신 서비스를 제공하였다(그림 1.1). 이 시스템은 약 4 kHz의 대역폭을 갖는 음성신호를 20 kHz의 채널대역폭을 통하여 전송하였다. 일반적으로 무선통신시스템에서 동일한 주파수를 이용하여 정보를 전송할 경우 서로 간에 간섭을 야기하여 통신을 할 수 없게 된다. 따라서 AMPS는 여러 이동전화 사용자들이 동시에 통화하기 위하여 사용자들 간에 주파수가 서로 겹치지 않도록 일정한 주파수 대역폭을 할당하여 통신하는 방식인 주파수분할 다중접속인 FDMA (Frequency Division Multiple Access) 기술을 사용하였다. AMPS는 1980년대 말경에 N-AMPS(Narrowband AMPS)로 발전하였다.

우리나라에는 1982년 SK 텔레콤의 전신인 한국이동통신주식회사(KMT)가 AMPS를 도입하여 카폰(car phone)으로 불리는 국내 최초의 이동통신 서비스를 시작하였으며, 1995년경까지 최고 오십여만 명의 가입자들에게 음성 서비스를 제공하였다. 그러나 이와 같은 아날로그 방식의 이동통신시스템은 가입자 수용용량을 증가시키기 어려웠으며, 간섭잡음에 취약할 뿐만 아니라 다른 사람들의 통화내용을 엿들을 수 있는 등 시스템 용량과 통화품질에 한계를 드러냈다. 이런 가운데 국내에서는 급속한 경제성장과 더불어 이동전화에 대한 관심의 증가로 새로운 이동통신 개발에 대한 필요성이 국가적인 차원에서 제기되었으며, 전 세계적으로도 2세대 이동통신인 디지털 이동통신 기술에 대한 관심이 고조되었다.

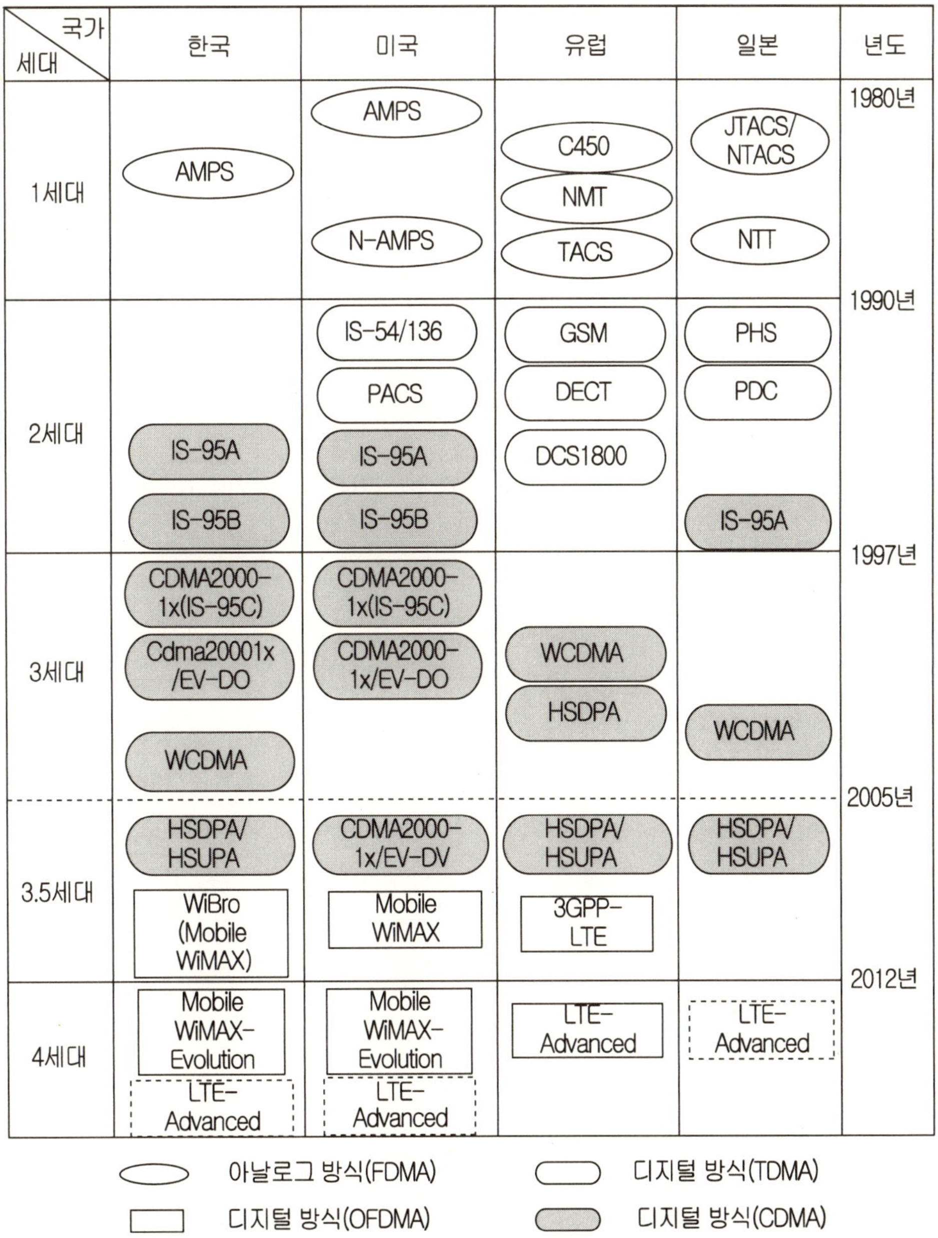


**[그림 1.1]** 세계 주요 국가별 셀룰러 이동통신시스템의 발전사

유럽과 일본에서도 1980년경 자체적으로 아날로그 방식의 1세대 이동통신시스템들을 각각 개발하여 서비스를 제공하였다. 유럽에서는 C450, NMT(Nordic Mobile Telecommunication), TACS(Total Access Communication Service) 등이며, 일본에서는 JTACS (Japan TACS), NTT(Nippon Telephone & Telegraph) 등을 통하여 아날로그 음성 서비스를 제공하였다.

[표 1.1] 셀룰러 이동통신 기술 개발을 위한 각국의 표준화 협회

| 국명 | 표준화 협회 |
|---|---|
| 한국 | TTA(Telecommunications Technology Association) |
| 미국 | TIA/EIA(Telecommunication Industry Association Electronic Industry Association) |
| 유럽 | ETSI(European Telecommunications Standards Institute) |
| 일본 | ARIB(Association of Radio Industries and Businesses) |

### 1.1.2 2세대 이동통신

1세대 이동통신의 문제점인 시스템 용량과 통화품질을 개선하기 위하여 미국, 한국 및 유럽을 중심으로 디지털 음성과 SMS(Short Message Service)를 제공하는 2세대 이동통신인 디지털 셀룰러 이동통신시스템 개발에 박차를 가하게 되었다(그림 1.2). 유럽에서는 1990년경 유럽의 통신표준화 기구인 ETSI(European Telecommunications Standards Institute)를 통하여 GSM(Group Special Mobile) 시스템을 개발하였으며(표 1.1), 이는 1998년경 GSM의 전 세계적인 가입자 증가와 더불어 Global Systems for Mobile communications로 명칭이 변경되기도 하였다. GSM 시스템은 200 kHz의 시스템 대역폭을 사용하며 통화 사용자들 간에 시간적으로 서로 겹치지 않도록 20 msec의 매우 짧은 시간 구간을 동일하게 할당하여 동시에 통화하는 시분할 다중접속인 TDMA (Time Division Multiple Access) 기술을 사용한 디지털 셀룰러 이동통신시스템이다. 이 시스템은 2000년대 초반까지 세계에서 가장 많은 이동전화 가입자에게 서비스를 제공하였는데, 1980년대 말에서 1990년대 초반에 걸쳐 TDMA 기술을 기반으로 하는 DECT(Digital European Cordless Telecommunication)와 1.8 GHz에서 동작하는 DCS1800 등으로 발전하였다.

미국의 2세대 이동통신 기술은 먼저 미국전자공업협회인 EIA(Electronic Industry Association)와 통신산업협회인 TIA(Telecommunication Industry Association)의 표준인 IS-54(Interim Standard), IS-136, PACS(Personal Access Communication Service), 그리고 IS-95 A&B 등으로 발전하게 된다. IS-54/136 및 PACS는 TDMA기술을 사용한 기술규격인 반면에, IS-95A는 부호분할 다중접속인 CDMA(Code Division Multiple Access) 기술을 사용한 시스템이다. 특히 IS-95A는 미국의 퀄컴사가 확산대역통신(spread spectrum communication) 기술을 적용한 세계 최초의 셀룰러 이동통신 시스템의 무선접속(휴대전화와 기지국간) 기술 규격이다.

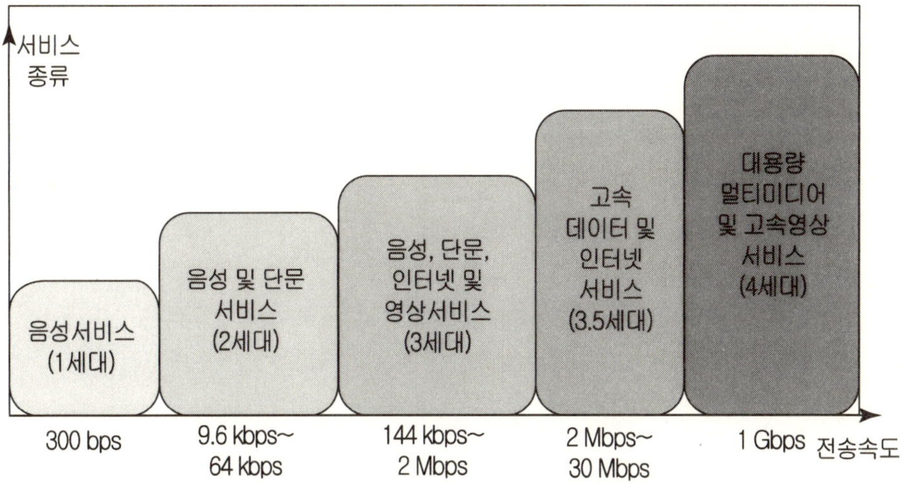


**[그림 1.2]** 셀룰러 이동통신시스템의 세대별 서비스 특징

한편 한국에서는 시스템 용량의 한계에 이르러 가입자를 더 이상 수용하기 어렵게 된 AMPS 시스템을 대체하기 위하여 새로운 디지털 이동통신 기술에 대한 연구개발이 절실히 요구되었다. 이에 정부와 ETRI(한국전자통신연구원)를 중심으로 하는 연구추진팀에서는 유럽의 GSM과 미국의 IS-54 및 IS-95A 등에 대하여 통화품질, 용량, 기술발전 전망 등의 관점에서 광범위하게 연구한 결과 최종적으로 IS-95A를 공동개발하는 것으로 결정하였다. GSM은 기존의 대표적인 아날로그 시스템인 AMPS에 비해 통화품질은 크게 개선될 수 있는 장점이 있으나 용량면에서는 큰 차이를 보이지 못했다. 반면에 IS-95A는 AMPS에 비해 이론적 용량이 10배 이상이었으며 통화보안성 측면에서도 유리한 점 등 여러 가지 면에서 우수한 것으로 판단한 결과였다.

IS-95A 기술규격은 1990년대 초 독자적인 전자교환기술을 보유하고 있던 ETRI가 당시 중소 벤처기업에 불과했던 미국의 퀄컴사와 공동개발을 시작하여, 이후 삼성전자, LG정보통신 등을 포함한 국내의 주요 통신장비 제조업체들이 상용 시스템을 성공적으로 개발함으로써 1996년경 우리나라에서 CDMA 방식의 이동통신서비스를 세계 최초로 제공하게 되었다. IS-95A와 IS-95B는 1.25 MHz의 시스템 대역폭으로 음성 및 SMS를 제공하였으며, 기존의 GSM 시스템과 아날로그 이동통신시스템이 지닌 시스템 용량과 통신보안 등과 같은 취약점을 획기적으로 개선할 수 있었다. 한편 2세대 이동통신 기술을 개발할 당시에는 표준화 규격 협회인 TTA가 없었으며, 이 협회는 3.5세대로 불리는 와이브로를 국내 및 국제 표준 규격으로 개발하기 위하여 설립되었다.

일본의 2세대 이동통신은 TDMA 방식의 PHS(Personal Handy-phone System)를 시작으로 PDC(Phone Digital Cellular) 시스템을 개발하여 음성과 데이터 서비스를 제공

하였다. 일본은 1세대뿐만 아니라 2세대 이동통신(TDMA) 모두 한국보다 먼저 개발하여 서비스를 제공하였지만, 자국의 이동통신 시장을 보호하기 위하여 국내용 규격으로 개발하였기 때문에 이동통신시스템의 국제화에는 실패하였다. 또한 한국에서 CDMA 기술을 기반으로 하는 IS-95A 시스템이 성공적으로 서비스를 제공한 직후, 일본에서도 이동통신사인 KDDI에서 IS-95A를 도입하여 서비스를 제공하게 되었다.

### 1.1.3 3세대 이동통신

TDMA와 CDMA 기술을 기반으로 하는 2세대 셀룰러 이동통신시스템들은 제한된 대역폭과 낮은 주파수 사용효율 등으로 인하여 음성, 데이터뿐만 아니라 다양한 종류의 멀티미디어 서비스를 제공하는 데는 한계가 있었다. 이와 같은 문제점을 보완하기 위하여 세계 각국에서는 3세대 이동통신 기술에 대한 필요성이 증가하게 되었으며, 1998년경부터 이동통신 관련 업계에서는 IMT-2000(International Mobile Telecommunication for 2000)의 개발에 관심을 보이게 되었다. 이를 위하여 유럽연합의 국가들이 주도하는 표준화 그룹인 3GPP(3rd Generation Partnership Project)와 미국 등이 주도하는 3GPP2가 결성되어 비동기식 시스템인 WCDMA(Wideband CDMA)와 동기식 시스템인 CDMA20001x(IS-95C)를 각각 표준화하게 되었다. 한국은 3GPP와 3GPP2 양 진영에 모두 참여하여 3세대 이동통신시스템의 표준화에 크게 기여하였다.

한편 이동통신시스템에서 통화중에 다른 기지국의 서비스 영역으로 이동할 경우 이전 기지국에서 새로운 기지국으로 사용자의 정보를 전달해야 한다. 이를 위해서는 기본적으로 두 기지국 간에 정보를 보내고 받는 시각이 일치해야만 하는데 이를 기지국 간 동기라고 한다. WCDMA 시스템은 미 국방부의 위성시스템인 GPS(Global Positioning System)에서 제공하는 시각정보를 이용하지 않고 특수한 코드를 사용하여 기지국 간 동기를 맞춘다. 반면에 CDMA20001x는 여러 개의 GPS 위성에서 전송하는 정밀한 시각 정보를 모든 기지국들에 설치되어 있는 GPS 수신기에서 수신하여 기지국 간 동기를 맞춘다. 따라서 WCDMA를 비동기식 시스템, CDMA2001x를 동기식 시스템으로 부르기도 한다.

CDMA20001x는 이후 한국을 비롯한 미국, 캐나다 등에서 서비스되었으며, 2 Mbps 급의 데이터 전용 서비스를 위한 CDMA20001x-EVDO(EVolution-Data Only) 등으로 발전하게 된다. WCDMA 시스템은 2000년대 중반 유럽을 비롯하여 한국, 일본 등에서 음성, 데이터, 정지영상을 포함한 동영상 서비스를 제공하게 되었다. 특히 WCDMA 시스템은 2005년경부터 이동전화에서 고속의 데이터 또는 동영상 정보를 수신할 수 있는 고속하향링크패킷접속 시스템인 HSDPA(High-Speed Downlink Packet Access)와 이동전화에서 고속의 데이터를 송신할 수 있는 HSUPA(High-Speed Uplink Packet Access) 등을 개발하여 서비스를 제공하게 되었다.

3세대 이동통신시스템인 CDMA20001x 및 CDMA20001x-EVDO와 WCDMA는 음성뿐만 아니라 인터넷 서비스, 고속 데이터 서비스 등 다양한 종류의 멀티미디어 서비스를 효과적으로 제공한다는 당초 목표에 한계를 보였다. 서비스 측면에서 볼 때 3세대 이동통신시스템은 서비스 영역이 전국을 대상으로 하여야 하며, 통신망은 음성과 데이터 서비스를 함께 제공해야 하므로 총 투자비용이 매우 높아서 서비스 요금이 상대적으로 비싸져 사용자에게 매력적으로 다가가지 못하는 문제점이 있었다. 이와 같은 문제점을 해결하기 위해 국내에서는 2001년경 무선랜의 빠른 전송속도, 저렴한 이용요금과 셀룰러 이동통신과 같은 넓은 서비스 커버리지 및 고속의 이동성을 함께 갖춘 휴대인터넷 기술의 연구 개발에 착수하게 되었다.

2006년경 ETRI는 삼성전자 등과 공동으로 2.3 GHz 대역에서 동작하는 휴대인터넷 시스템인 WiBro(Wireless Broadband Internet Access)를 성공적으로 개발하였다. 와이브로 시스템은 직교 주파수분할 다중접속인 OFDMA(Orthogonal Frequency Division Multiple Access) 기술을 사용하여 시속 60 km 이상으로 이동하는 자동차나 기차 등에서도 고속의 무선인터넷을 즐길 수 있는 특징을 가지고 있다. 국내의 독자적인 기술인 와이브로 시스템은 미국의 인텔사와의 협력 등에 힘입어 2007년경 세계표준 규격(Mobile WiMAX)으로 채택되는 쾌거를 이루기도 하였다. 와이브로 시스템은 우리나라에서 KT 등에 의해 2007년경부터 서비스되었으며, 미국에서도 삼성전자와 스프린터사에 의해 Mobile WiMAX 시스템의 서비스가 제공되고 있다. Mobile WiMAX는 표준 기구인 IEEE 802.16(Institute for Electronics and Electrical Engineer) 등에서 Mobile WiMAX-Evolution 규격을 연구하고 있다. 이와 같은 Mobile WiMAX와 HSDPA/HSUPA 등을 3.5세대 이동통신시스템이라 부르기도 한다.

한편 셀룰러 이동통신기술 분야에서 뒤늦게 출발한 중국은 독일의 지멘스사와 공동개발한 3세대(3G) 이동통신 표준규격인 시분할 연동 부호분할 다중접속(Time Division-Synchronous CDMA: TD-SCDMA) 기술을 기반으로 3세대 이후의 이동통신시스템인 B3G(Beyond 3G)를 개발하고 있다. 이를 위하여 중국은 FuTURE(Future Technologies for a Universal Environment)란 프로젝트를 통하여 4세대 이동통신에 대한 핵심기술 연구에 박차를 가하고 있다.

### 1.1.4 4세대 이동통신

3세대 및 3.5세대 이동통신시스템은 다양한 종류의 고품질 멀티미디어 서비스를 장소, 시간, 서비스 종류 등에 구애받지 않고 자유롭게 제공하는 데는 한계를 드러냈다. 따라서 이러한 한계를 해소하면서 새로운 통신 패러다임에 부응할 수 있는 이동통신인 4세대 이동통신시스템(IMT-Advanced)에 대한 비전을 국제전기통신연합인 ITU-R(International Telecommunication Union-Radio)에서 발표하였다. 4세대 이동통신시스템은 중고속의 이동환경에서 100 Mbps급, 정지 상태에서 최대 1 Gbps급의 초고속 영상 및 다양한 종류의 대용량 멀티미디어 서비스를 2012년경에 제공하는 것을 목표로 한다. 이를 위하여 유럽의 3GPP 중심의 3GPP-LTE(Long Term Evolution)와 한국과 미국 주도의 Mobile WiMAX 기술이 향후 2012년경 서비스될 것으로 예상되는 4세대 이동통신을 위한 표준 후보규격으로 선정되었으며, 최종 4세대 표준규격을 위하여 LTE-Advanced와 Mobile WiMAX-Evolution의 규격명으로 발전시키고 있다.

## 1.2 셀룰러 이동통신시스템의 주파수 할당 현황

여기서는 ITU-R에서 정의하는 전파의 주파수 대역별 용도를 알아보고, 국내 이동통신 사들에 할당된 주파수 사용 현황에 대하여 살펴본다.

### 1.2.1 주파수 대역별 명칭과 용도

국제전기통신연합에서는 전파(radio wave)를 자유공간을 전파(propagation)하는 3 kHz 이상 3000 GHz(=3 THz) 이하의 전자기파(electromagnetic wave)로 정의한다. 1992년 제네바 협약에 따라 세계전파통신회의인 WRC(World Radio-communication Conference)는 매 2년마다 회의를 개최하여 국제적으로 준수해야 할 주파수 대역과 위성궤도의 분배 및 이용방법, 무선국의 운용 등과 관련한 제반 전파규제 사항 등을 결정한다. ITU-R에서 규정하는 전파의 주파수 대역별 명칭과 용도는 [표 1.2]와 같다.

[표 1.2] 전파의 주파수 대역별 명칭과 용도

| 주파수 대역 | 명 칭 | 파 장 | 용 도 |
|---|---|---|---|
| 3~30 [kHz] | 초장파(VLF) | 100~10 [km] | 무선 항해 |
| 30~300 [kHz] | 장파(LF) | 10~1 [km] | 기상통보, 선박, 항공기 유도 |
| 300~3000 [kHz] | 중파(MF) | 1000~100 [m] | AM방송, 선박조난통신(SOS), 항공통신 |
| 3~30 [MHz] | 단파(HF) | 100~10 [m] | 아마추어통신(HAM), 단파방송 |
| 30~300 [MHz] | 초단파(VHF) | 10~1 [m] | FM방송, TV방송, 경찰무선통신 |
| 300~3000 [MHz] | 극초단파(UHF) | 100~10 [cm] | 이동전화, TV방송 |
| 3~30 [GHz] | 마이크로파 또는 센티파(SHF) | 10~1 [cm] | 위성방송, 레이더, 마이크로파 통신 |
| 30~300 [GHz] | 밀리파(EHF) | 10~1 [mm] | 위성통신, 레이더 |
| 300~3000 [GHz] | 서브밀리파(EHF) | 1~0.1 [mm] | 전파천문 |

VLF: Very Low Frequency
LF: Low Frequency
MF: Medium Frequency
HF: High Frequency
VHF: Very High Frequency
UHF: Ultra High Frequency
SHF: Supper High Frequency
EHF: Extreme High Frequency
(파장 = $3 \times 10^8$ (m/sec)/주파수)

일반적으로 무선 전파는 주파수가 높을수록(파장이 짧을수록) 건물 등과 같은 장애물을 침투(penetration)하는 성질은 상대적으로 좋은 편이지만, 여러 장애물들에 부딪힌 전파 신호의 왜곡현상은 심하게 된다. 그리고 전파의 파장이 클 경우엔 기지국이나 무선 단말기에서 송신하는 정보를 주변에 위치하는 건물이나 산 등을 넘어 멀리까지 진행할 수 있다. 이와 같은 전파의 성질을 회절성이라 하는데 고주파일수록 회절성이 좋지 않다. 따라서 높은 대역의 주파수는 낮은 대역의 주파수에 비해 일반적으로 전파손실(propagation loss)이 큰 특징을 가진다.

## 1.2.2 국내 이동통신사의 주파수 사용 현황

[그림 1.3]은 국내의 3개 이동통신사들에 할당된 주파수 사용현황을 나타낸 것이다. 1996년경 2세대(2G) 이동통신 서비스를 위하여, 우리나라 정부에서는 1세대(1G) 이동통신 서비스를 제공한 SKT를 비롯하여, KT(당시 회사명은 KTF였음), LGT, 신세기 텔레콤 및 한솔 PCS 등 총 5개의 이동통신사들에 2세대 이동통신 서비스를 허가하였다. 이를 위하여 각 이동통신사들에 각각 총 20 MHz의 대역폭(이동전화 송신용 10 MHz와

기지국 송신용 10 MHz)을 할당하였다. 이들 통신사들 중에서 SKT와 신세기 텔레콤은 당초 셀룰러 시스템으로 불린 IS-95A시스템으로 서비스를 제공하였으며, 반면에 KT, LGT 및 한솔 PCS 등 3개사는 PCS(Personal Communication System)로 불린 IS-95B로 서비스를 제공하였다.

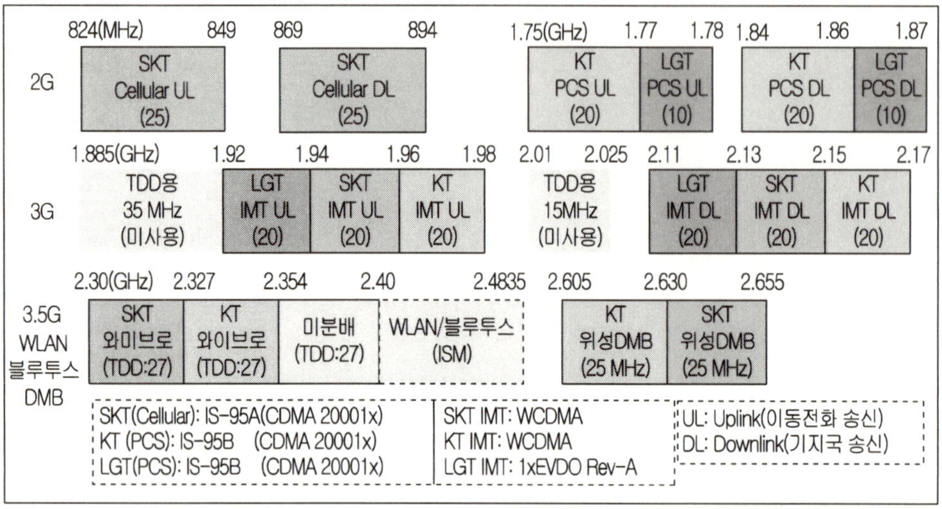


**[그림 1.3]** 국내 이동통신사들의 2G, 3G 및 3.5G 서비스를 위한 주파수 사용 현황

그러나 신규 이동전화 가입자의 증가율이 당초 예상과는 달리 크게 증가하지 않아, 이들 통신사들 중에서 신세기 텔레콤은 SKT에, 한솔 PCS는 KT에 각각 합병되었다. 이에 따라 KT의 2세대(2G)용 주파수 대역은 2배로 증가하여 상하향링크 합쳐 40 MHz로 확대되었으며, SKT의 주파수 대역은 다른 통신사들과의 형평성과 1세대 서비스를 먼저 제공한 점 등을 고려하여 상향링크와 하향링크 각각에 5 MHz씩만 추가한 전체 50 MHz로 증가하였다. 이후 2세대 이동통신시스템(IS-95A 또는 IS-95B)은 IS-95C로 불린 CDMA20001x와 CDMA20001x-EVDO 규격으로 발전하면서, 각 이동통신사에서는 2세대용 주파수 대역을 통하여 이들 중에서 2개(LGT는 1x-EVDO Revision A를 3세대(3G)용 주파수 대역에서 서비스) 또는 3개(SKT와 KT)의 규격으로 서비스를 제공하고 있다(2010년 현재).

SKT는 단말기 송신(기지국 수신)용으로 824~849 MHz 사이의 25 MHz대역을 사용하며(시스템 대역폭은 1.25 MHz), 기지국 송신(단말기 수신)용으로 869~894 MHz까지의 25 MHz 대역폭을 각각 사용한다. 반면에 KT는 단말기 송신용으로 1750~1770 MHz 사이의 20 MHz 대역폭과 기지국 송신용으로 1840~1860 MHz 간의 20 MHz 대역폭을 각각 사용한다. LGT는 단말기 송신용으로 1770~1780 MHz와 기지국 송신용으로 1860~1870 MHz의 대역폭을 각각 사용한다.

한편 정부에서는 3G서비스를 위하여 여러 개의 이동통신 표준규격을 허가하는 정책을 발표하였으며, 이들 3개 통신사들에 각각 40 MHz(이동전화 송신 및 기지국 송신용 전체)의 대역폭을 사용하도록 허가하였다. 이에 따라 SKT와 KT(당시 3G서비스를 위한 회사명은 KTICom이었음)는 비동기식 3G서비스로 불린 WCDMA 규격으로 서비스를 제공하였으며, LGT는 동기식 3G로 불린 CDMA 20001x-EVDO Revision-A 규격으로 서비스를 제공하였다. 또한 국내에서 개발된 TDD(Time Division Duplex) 모드로 동작하는 3.5세대 와이브로 서비스를 제공하기 위하여, 정부에서는 2.3~2.4 GHz 대역의 총 100 MHz 대역폭 중에서 27 MHz씩을 SKT와 KT에 각각 할당하였다.

## 1.3 셀룰러 이동통신시스템의 구성

셀룰러 이동통신시스템은 [그림 1.4]와 같이 기본적으로 휴대전화(이동전화, cellular phone, cell phone, mobile phone 또는 mobile station), 기지국 그리고 이동통신교환기 등으로 구성된다. 여기서 이동통신 서비스 전체 영역을 여러 개의 작은 서비스 영역인 셀(cell)로 나누어 각 셀을 하나의 기지국이 관할하면서 이동전화에 서비스를 제공하게 된다. 이와 같이 여러 개의 셀들로 구성되어 있는 무선통신시스템에서 통화중인 사용자(휴대전화)들이 셀 간을 이동하여도 끊김 없는 통화가 가능한 통신방식을 셀룰러 이동통신시스템이라 한다.

셀룰러 이동통신시스템에서 휴대전화는 사용자들이 전송하는 통화정보를 전기적인 신호로 변환한 후 무선 전파를 통하여 송신하거나 기지국으로부터 전달되는 정보를 수신하는 기능을 수행한다. 반면에 기지국은 사용자 정보를 이동통신교환기로 전달하거나 이들 정보를 휴대전화로 전송하는 역할을 수행한다. 이와 같이 이동전화에서 기지국 방향의 무선통신로를 상향링크(uplink 또는 역방향 링크)라 하고 기지국에서 휴대전화 방향의 무선통신로를 하향링크(downlink 또는 순방향 링크)라고 한다. 그리고 이동통신교환기는 공중전화망이나 다른 이동통신교환기와 접속하여 사용자의 통화 정보를 송수신하는 기능을 수행한다. 그리고 [그림 1.4]에서 무선전파를 사용하여 정보를 송수신하는 이동전화와 기지국 사이의 구간을 이동통신채널이라 하는데, 2장에서 이에 관한 여러가지 물리적인 특성과 문제점들에 대하여 자세하게 살펴본다.

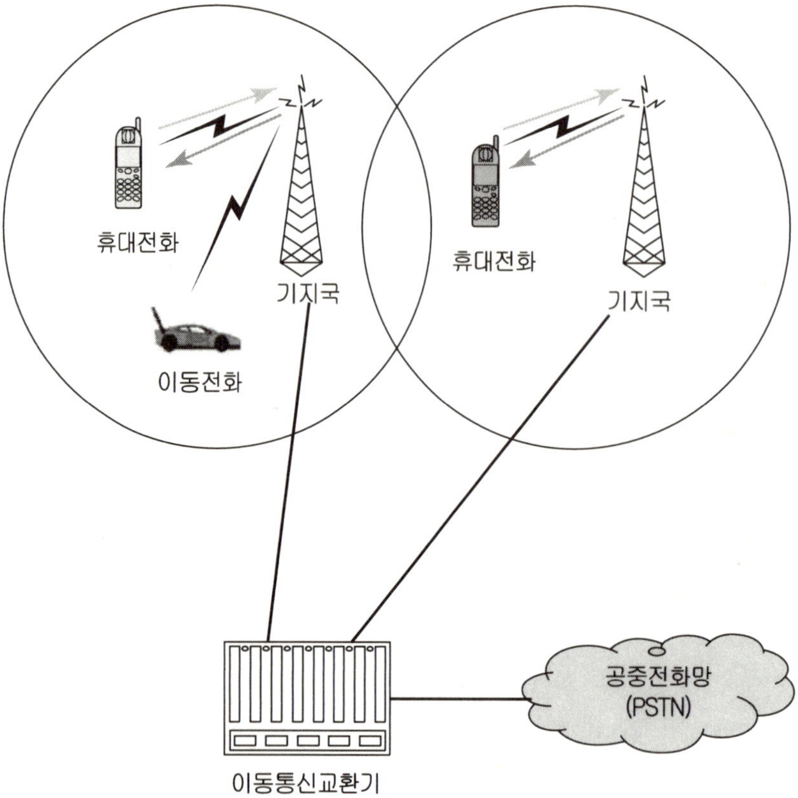


**[그림 1.4]** 셀룰러 이동통신시스템의 기본 구성

셀의 모양은 [그림 1.5]에서 보는 바와 같이 일반적으로 정육각형, 원형, 자유형 등으로 표현할 수 있는데, 전파의 전파(propagation) 성질 등을 고려할 때 자유형으로 보는 것이 타당하다. 그러나 셀룰러 이동통신시스템의 성능이나 전파전파 특성 등을 해석하는 데 있어 편리함을 위하여 셀 모양을 정육각형 또는 원형으로 나타내기도 한다. 또한 셀의 크기는 반경이 수십 킬로미터에 이르는 초대형셀(global cell)에서부터 대형셀(macrocell), 소형셀(microcell), 반경 수십 미터 정도의 초소형셀(picocell), 옥내셀인 펨토셀(femtocell) 등으로 나눌 수 있다.

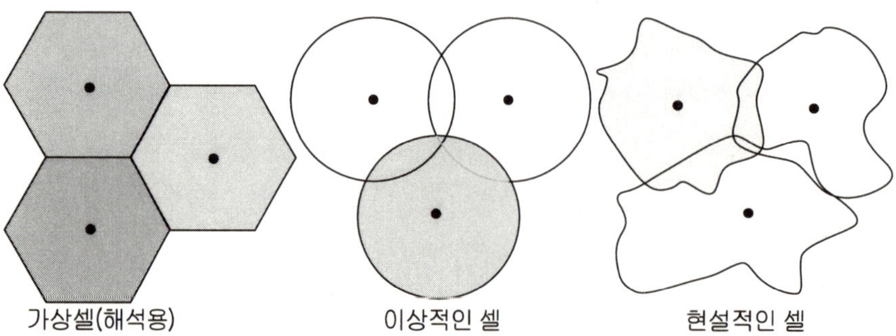


**[그림 1.5]** 셀 모양(예)

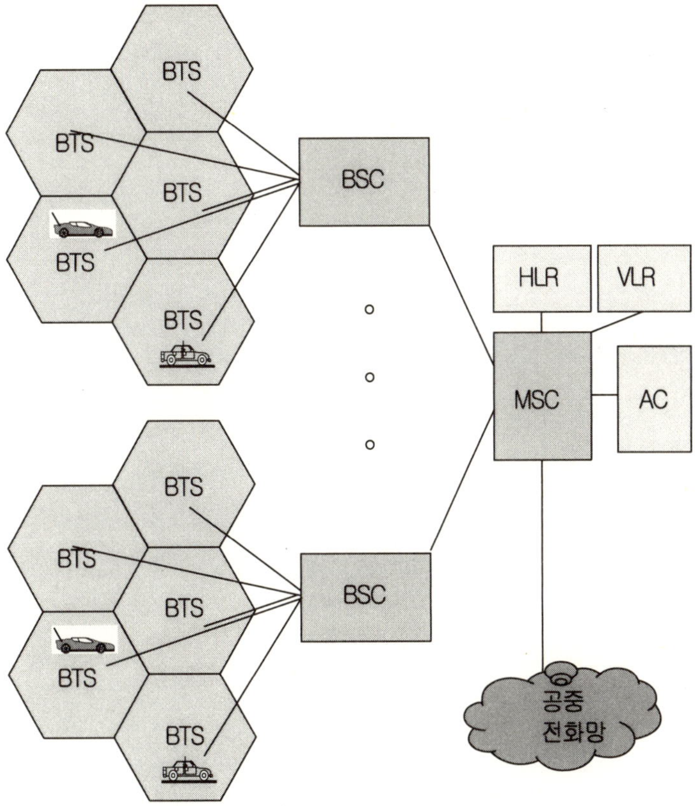


BTS(Base Station Transceiver Subsystem): 기지국 송수신장치
BSC(Base Station Controller): 기지국 제어장치
MSC(Mobile Switching Center): 이동통신교환기
AC(Authentication Center): 인증 센터
HLR(Home Location Register): 홈 위치 등록기
VLR(Visitor Location Register): 방문자 위치 등록기

**[그림 1.6]** 셀룰러 CDMA 이동통신시스템의 구성

한편 셀룰러 CDMA 이동통신시스템은 기본적으로 [그림 1.6]과 같이 구성되는데, [그림 1.4]에서 나타낸 기지국은 기지국 송수신장치(BTS)와 기지국 제어장치(BSC)로 구성된다. BTS는 휴대전화에서 전송한 무선 신호를 수신할 수 있는 안테나와 수신한 아날로그 신호를 디지털 정보로 변환하는 장치 등으로 구성되며, 이들 다수의 기지국 송수신장치를 BSC가 제어한다. 이동통신교환기(MSC)는 가입자 인증센터(AC), 홈위치 등록기(HLR), 방문자 위치 등록기(VLR) 등의 도움으로 사용자들의 정보를 교환하는 역할을 한다.

인증센터는 휴대전화 가입자가 통화를 시도할 경우 정상적인 가입자인지 여부를 인증하는 기능을 하고, 홈 위치 등록기는 해당 이동통신교환기 관할 지역에서 등록하는 가입자들의 정보를 가지고 있는 데이터베이스이며, 방문자 위치 등록기는 홈 위치 등록기에 등록된 가입자들이 다른 이동통신교환기가 관리하는 지역으로 이동할 경우 이들에 대한 정보를 기록하는 데이터베이스 역할을 한다. 특히 셀룰러 이동통신시스템에서 방문자 위치 등록기의 기능 덕분에 로밍(roaming)이 가능하게 된다. 셀룰러 CDMA 이동통신시스템에서 핵심기술인 핸드오버, 전력제어 등은 대부분 이동전화와 기지국에서 수행되는데, 이에 관해서는 4장에서 자세하게 다룬다.

## 1.4 이중화와 다중접속기술

이동통신시스템의 상향링크와 하향링크에서 동일 또는 서로 다른 주파수를 이용하여 사용자 정보를 송신/수신하는 이중화(duplex) 기법, 이동전화들이 동시에 하나의 기지국과 통신하고자 하는 다중접속(multiple access)기술의 종류와 특징에 대하여 알아본다.

### 1.4.1 이중화 기술

셀룰러 이동통신시스템에서 이동전화는 상향링크를 통하여 기지국으로 무선 신호를 송신하고, 반대로 기지국은 하향링크를 통하여 무선 신호를 이동전화에 전송한다. 이와 같이 두 개의 통신링크로 나누어 신호를 송수신하는 전송방식을 이중화(duplex)라고 한다. 셀룰러 이동통신시스템에서 널리 사용되는 이중화 방식에는 이들 두 통신링크를 서로 다른 주파수로 구분하여 신호를 송수신하는 주파수 분할 이중화(Frequency Division Duplex: FDD) 방식과 하나의 주파수를 시간적으로 나누어 상향링크와 하향링크의 무선 신호를 송수신하는 시분할 이중화(Time Division Duplex: TDD) 기법이 있다.

FDD 방식은 동시에 양방향으로 정보를 전송할 수 있기 때문에 정보를 전송하는 데 지연시간이 적게 소요된다. 반면에 TDD 기술은 매 순간 한 방향으로만 전송이 가능하기 때문에 지연시간이 많이 소요된다. 1세대 및 2세대 셀룰러 이동통신시스템에서는 FDD 방식을 주로 사용하였다. 그러나 FDD 방식은 지연시간이 적은 반면에 주파수 자원 사용 측면에서는 TDD 방식에 비해 효율이 떨어진다. 특히 무선 전파는 제한된 자원이기 때문에 효율적으로 사용하는 것이 대단히 중요하다. 이러한 점을 고려하여 4세대 이동통신을 위한 모바일 와이맥스 진화규격과 3GPP LTE-Advanced 시스템에서는 TDD 방식도 함께 지원한다(그림 1.7). 이와 같은 이중화 기술에 대해서는 4장에서 좀 더 자세하게 설명한다.

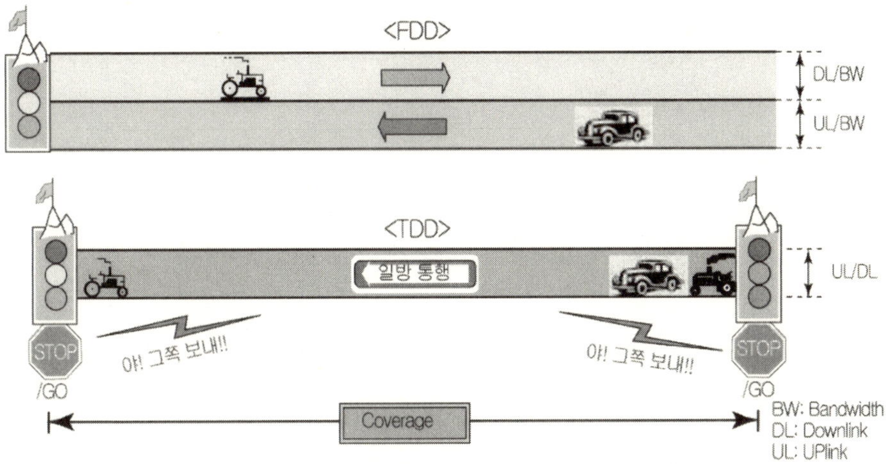


[그림 1.7] 주파수 분할 이중화와 시분할 이중화 개념

## 1.4.2 다중접속기술

이동통신시스템에서 제한된 주파수 자원을 효율적으로 사용하기 위한 기술들 중에서 여러 명의 휴대전화 사용자들이 동시에 기지국과 접속하여 통신할 수 있도록 해주는 기술을 다중접속(multiple access)이라 한다. 다중접속기술에는 주파수, 시간 및 부호 등을 효과적으로 사용하는 방법에 따라 각각 주파수 분할 다중접속(FDMA), 시분할 다중접속(TDMA), 부호 분할 다중접속(CDMA) 그리고 직교 주파수 분할 다중접속인 OFDMA (Orthogonal Frequency Division Multiple Access) 방식 등이 있다.

### 1.4.2.1 주파수 분할 다중접속(FDMA)

FDMA 방식은 이동통신시스템에서 주어진 주파수 대역폭을 각 사용자들이 일정한 대역폭으로 서로 나누어서 동시에 사용하는 방식을 말한다. [그림 1.8]에서 보는 바와 같이 시스템에서 사용 가능한 전체 주파수 대역폭을 동일한 대역폭으로 나누어 이들 채널을 각 사용자들에게 할당하여 동시에 신호를 전송하는 기술이다. FDMA 방식은 1세대 아날로그 이동통신시스템에서 주로 사용한 기술이다.

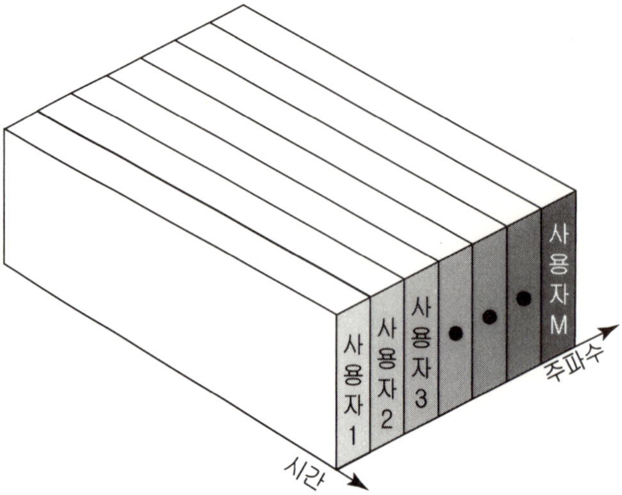


[그림 1.8] 주파수 분할 다중접속 방식(예)

### 1.4.2.2 시분할 다중접속(TDMA)

TDMA 방식은 FDMA 방식에서 각 사용자들에게 할당된 주파수를 다시 시간적으로 독립되게 나누어서 동시에 이들을 사용하여 신호를 전송하는 방식이다. [그림 1.9]의 예에서 보는 바와 같이 총 K개의 독립된 주파수 채널 각각을 다시 시간적으로 J구간으로 독립되게 분할한 뒤 이들 분할된 시간 동안 사용자들이 정보를 전송한다.

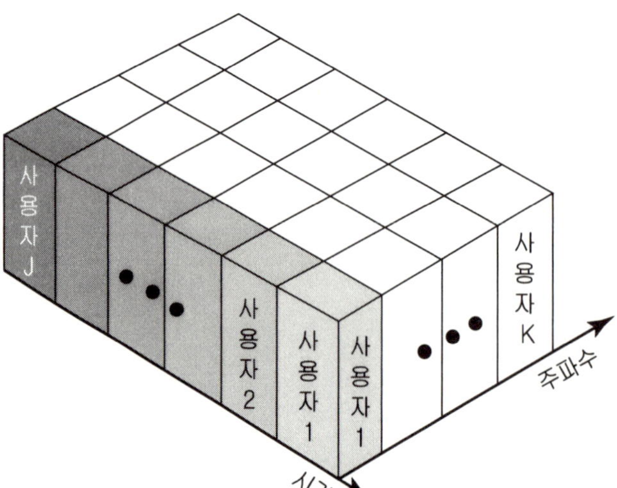


[그림 1.9] 시분할 다중접속 방식(예)

### 1.4.2.3 부호 분할 다중접속(CDMA)

CDMA 방식은 기지국(또는 휴대전화)에 할당되어 정보를 전송하는 반송파의 주파수 대역폭을 모든 사용자들이 동시에 사용하면서 서로 독립된 부호(code)를 각 사용자에게 할당하여 정보를 전송하는 다중접속 기술이다.

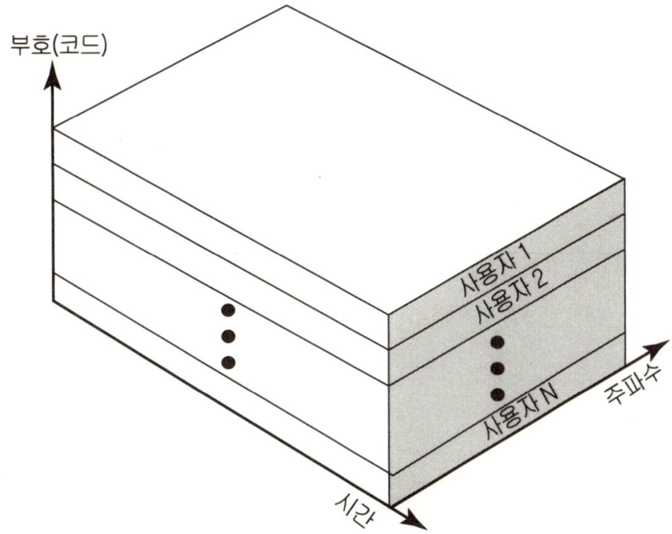


**[그림 1.10]** 부호분할 다중접속 방식

따라서 셀룰러 CDMA 이동통신시스템에서는 모든 셀에서 동일한 주파수를 사용하여 기지국과 휴대전화 간에 정보를 전송한다. [그림 1.10]에서 보는 바와 같이 부호분할 다중접속 방식은 주파수나 시간 자원을 분할하지 않는 대신 이들 자원을 동시에 사용자들이 공유하면서 서로 독립된 부호를 분할하여 신호를 송수신한다. CDMA 시스템에 대한 보다 상세한 내용은 3장과 4장에서 다룬다.

#### 1.4.2.4 직교 주파수 분할 다중접속(OFDMA)

하나의 반송파를 이용하여 정보를 전송하는 FDMA, TDMA 및  CDMA와는 달리 직교 주파수 분할 다중화인 OFDM(Orthogonal Frequency Division Multiplexing) 기술은 다수의 부반송파를 이용하여 사용자 정보를 전송한다. 즉 OFDM 시스템은 사용 가능한 (전체) 시스템 대역폭을 여러 개의 직교하는 부반송파로 나눈 뒤 이들을 통하여 고속의 정보를 전송하는 방식을 말한다.

그런데 이동통신채널에서 다중경로 페이딩으로 인하여 각 경로의 신호들은 시간적으로 서로 다르게 수신기에 도달하게 된다. 이로 인하여 수신 신호 상호 간에 간섭을 야기하여 신호의 품질을 떨어뜨리는 요인으로 작용한다. 이러한 문제점을 해결하기 위하여 OFDM 시스템에서는 다수의 부반송파들을 통하여 사용자 정보를 전송하기 전에 일정한 시간의

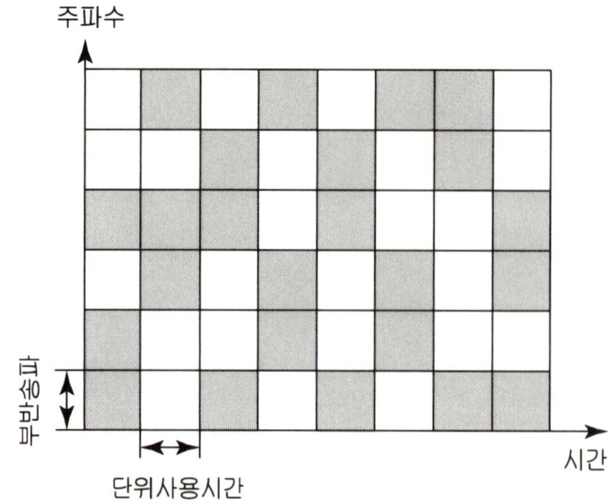


**[그림 1.11]** 직교주파수 분할 다중접속 방법

보호구간을 두어 수신 신호 간에 간섭을 피하도록 한다.

이와 같은 OFDM 전송기술을 기반으로 직교하는 주파수를 시간적으로 변경해 가면서 여러 명의 이동통신 사용자들이 무선 접속하여 정보를 전송하는 다중접속 방식을 직교주파수 분할 다중접속(Orthogonal Frequency Division Multiple Access: OFDMA)이라 한다(그림 1.11). 따라서 OFDMA는 서로 다른 사용자의 정보 간 간섭을 줄이면서 넓은 대역폭을 이용하여 고속의 정보를 전송할 수 있는 특징이 있다. 이와 같은 OFDMA 기술은 3.5세대 와이브로 시스템과 4세대 이동통신 후보규격인 Mobile WiMAX 진화규격과 LTE-Advanced 등에서 사용하고 있다. OFDMA 시스템의 동작원리에 대한 보다 자세한 내용은 3장에서 다루고, 이 기술을 적용한 4세대 이동통신시스템의 기술에 대해서는 6장에서 다룬다.

## 1.5 셀룰러 이동통신시스템에서 주파수 재사용

### 1.5.1 주파수 재사용 거리와 계수

전자기파 중에서 무선통신으로 사용할 수 있는 전파 자원은 매우 제한적이다(표 1.2). 따라서 무선통신시스템에서 이러한 전파자원을 효율적으로 사용하는 것은 대단히 중요한 문제이다. 기존의 무선통신시스템에서는 간섭 문제 때문에 동일한 무선 주파수(radio frequency) 자원을 같은 시간에 공동으로 사용할 수 없었다. 그러나 셀룰러 시스템의 도입으로 이동통신시스템에서 사용하는 동일한 무선 주파수를 일정한 거리만큼 떨어진 지역에서도 재사용할 수 있게 되었다.

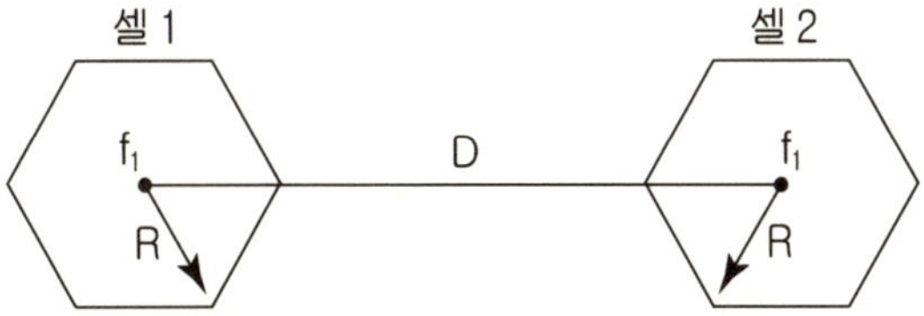


**[그림 1.12] 주파수 재사용 개념**

[그림 1.12]는 셀룰러 이동통신시스템에서 $f_1$의 주파수를 사용하는 셀 1(반경 R)에서 거리 D만큼 떨어진 지역의 셀 2(반경 R)에서도 동일한 주파수를 사용하는 주파수 재사용 개념을 나타낸다. 여기서 기지국이 위치하는 셀 중심 간의 거리 D를 주파수 재사용 거리(frequency reuse distance)라고 하며, D/R는 동일채널 간섭 감소계수라고 한다. 거리 D가 클수록 두 셀 간의 거리가 멀어져 이들 셀에서 통화중인 이동전화(또는 기지국)에서 받는 간섭의 영향이 감소하여 통화품질은 개선될 수 있다. 그러나 D가 증가할수록 셀룰러 이동통신시스템이 전체 영역을 서비스하기 위해서는 새로운 주파수 자원이 더 많이 요구된다. 즉 동일한 주파수 자원을 재사용할 수 있는 거리가 증가함에 따라 주파수 재사용 효율은 감소하게 된다.

여러 개의 셀로 구성되는 셀룰러 이동통신시스템에서 사용하는 대표적인 주파수 재사용 패턴은 4가지가 있다(그림 1.13). 그림에서 f는 각 셀에 할당되어 이동전화나 기지국에서 전송하는 무선 신호를 송수신할 때 사용하는 주파수를 나타낸다. 그림에서 클러스터란 서로 다른 주파수를 사용하는 셀들의 그룹을 말한다.

[그림 1.13(a)]는 주파수 재사용 패턴 및 계수가 7로, 하나의 클러스터에 서로 다른 주파수를 사용하는 셀이 7개로 구성된다. 이와 같은 패턴은 주로 FDMA 방식의 셀룰러 이동통신시스템에서 사용한다. [그림 1.13(b)]는 주파수 재사용 계수가 4로, 4개 셀마다 동일한 주파수를 다시 사용해도 그곳에서 통화중인 휴대전화 사용자들에게 양질의 통화품질을 제공할 수 있음을 의미하며, 주로 TDMA 방식의 셀룰러 이동통신시스템인 GSM 및 IS-54 등에서 사용하는 방법이다.

[그림 1.13(c)]는 CDMA 방식의 이동통신시스템에서 사용하는 주파수 재사용 방법으로써 모든 셀에서 동일한 주파수를 사용해도 휴대전화 사용자들에게 적절한 통화품질을 제공할 수 있다. 그리고 [그림 1.13(d)]는 이동통신시스템에서 사용 가능한 주파수 대역을

다수의 부채널(f1, f2, f3, …, f6 등)로 나누어, 간섭이 덜 미치는 셀의 안쪽 영역에 위치하는 이동전화 사용자들은 모든 부채널(F)을 사용하지만, 셀 가장자리에 위치하여 간섭을 많이 수신하는 이동전화 사용자들은 서로 다른 부채널을 사용하는 방법이다. 이와 같은 주파수 재사용 방식은 OFDMA 시스템에서 주로 사용하는데, 주파수 재사용 계수는 평균 1에 가깝다. 각 셀별로 부채널을 실질적으로 다르게 사용할 수 있기 때문에 셀 가장자리에 위치한 사용자들이 수신하는 인접 셀로부터 수신하는 간섭량을 크게 줄일 수 있다.

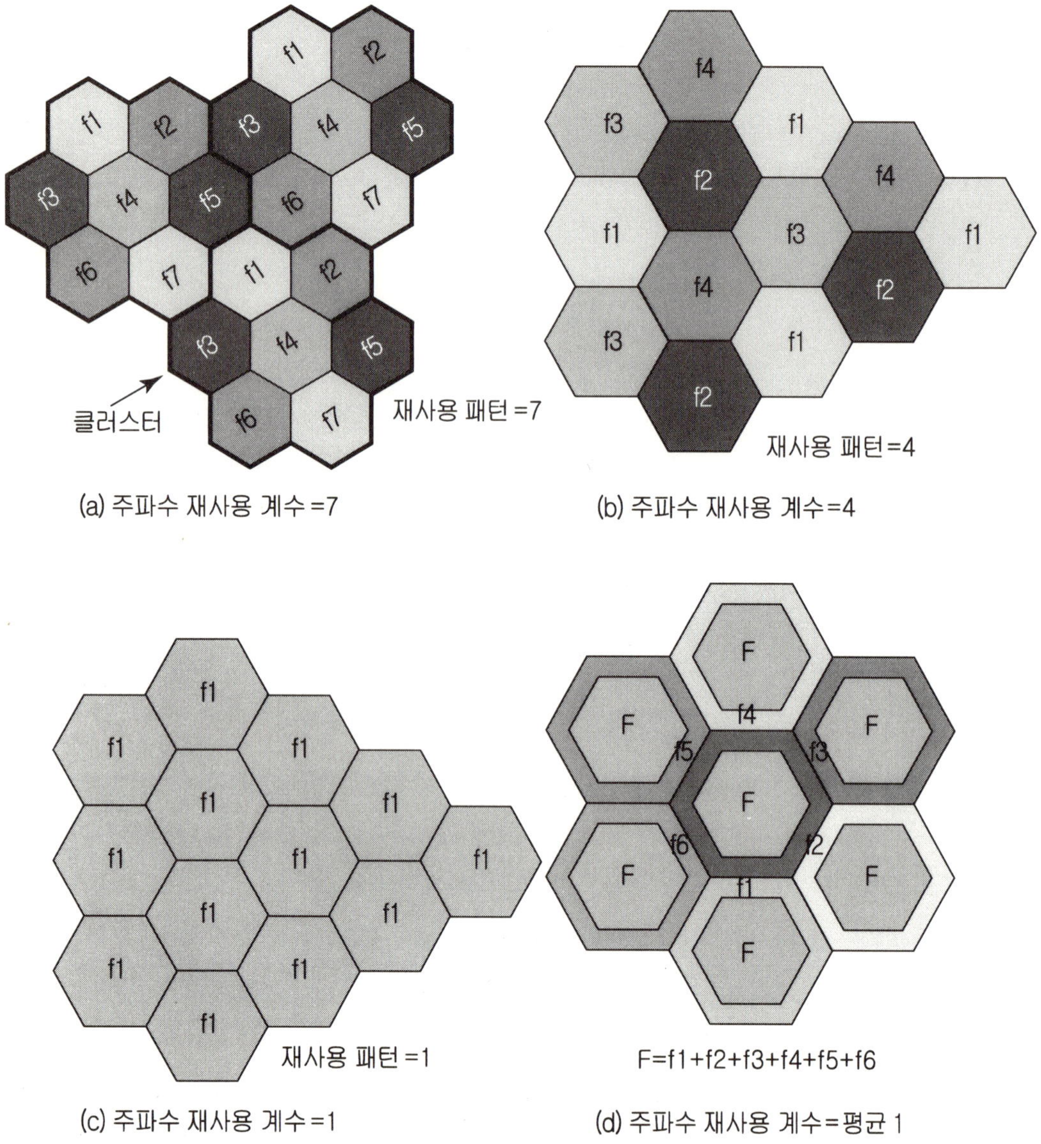


(a) 주파수 재사용 계수 =7

(b) 주파수 재사용 계수=4

(c) 주파수 재사용 계수 =1

(d) 주파수 재사용 계수=평균 1

[그림 1.13] 여러 가지 주파수 재사용 방법

## 1.5.2 동일채널 간 간섭

셀룰러 이동통신시스템에서 동일한 주파수를 사용하는 채널 간에는 간섭신호가 영향을 미쳐 통화품질을 저하시키는데 이를 동일채널 간섭이라 한다.

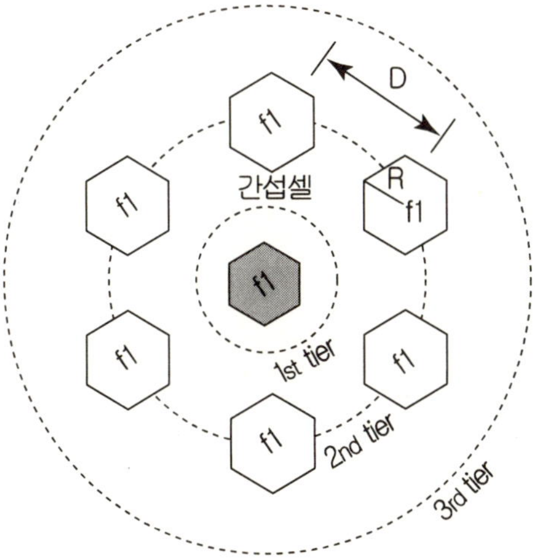


**[그림 1.14]** 동일채널 간섭 개념도

특히, 중심셀을 첫 번째 티어셀(1st tier), 두 번째 동심원에 위치하는 셀들을 두 번째 티어셀 그리고 세 번째 동심원의 링에 위치하는 셀들을 세 번째 티어셀이라 한다(그림 1.14).

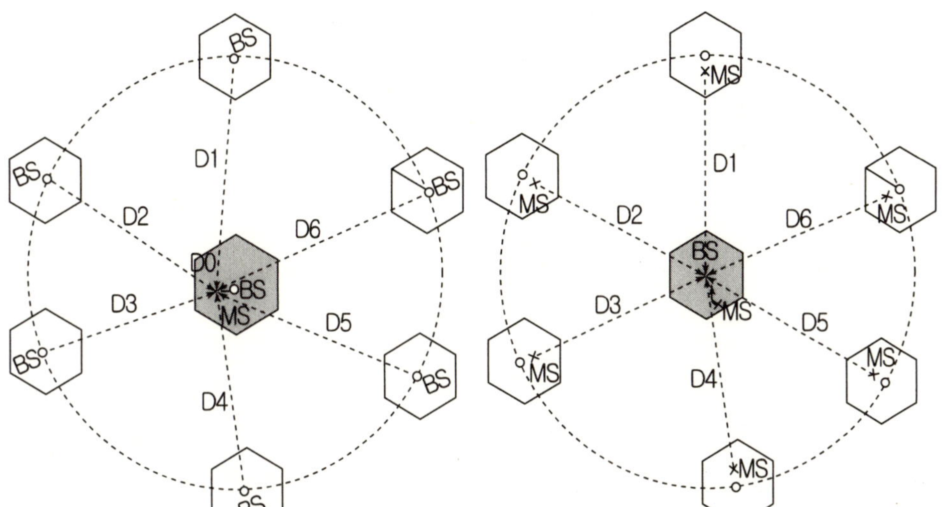


(a) 이동전화에서 수신하는(하향링크) 동일채널 간섭

(b) 기지국에서 수신하는(상향링크) 동일채널 간섭

**[그림 1.15]** 하향링크와 상향링크의 동일채널 간섭

그리고 동일채널 간섭은 이동전화에서 수신하는 하향링크에서의 간섭과 기지국에서 수신하는 상향링크의 간섭으로 구별할 수 있다(그림 1.15). [그림 1.15(a)]는 중심셀에 위치한 이동전화가 각각 거리 D만큼 떨어진 6개의 인접셀들로부터 수신하는 동일채널 간섭을 나타낸다. [그림 1.15(b)]는 중심셀로부터 거리 D만큼 떨어진 6개의 인접셀에서 통화중인 이동전화로부터 중심셀에 위치하는 기지국에서 수신하는 동일채널 간섭을 나타낸다. 즉 인접셀에 위치하는 기지국과 통화중인 이동전화들의 송신신호는 동일 주파수를 사용하는 중심셀의 기지국에도 수신된다. 이와 같은 신호는 결국 간섭으로 작용하여 신호품질(또는 통화품질)을 저하시키는 요인으로 작용하게 된다.

## 1.6 이동통신채널

기지국과 이동통신교환기 사이는 유선통신에서 사용하는 광선로와 같은 높은 신뢰성을 갖는 전송 선로를 사용하기 때문에 비교적 사용자들의 정보를 안전하게 전송할 수 있다. 그러나 무선 전파를 사용하는 이동전화와 기지국 장치(BTS) 사이인 이동통신채널에서는 이들 장치에서 전송하는 전파 신호에 악영향을 미쳐 통화품질을 떨어뜨리는 여러 가지 특성이 있다. 이러한 성질로는 경로손실, 다중경로 페이딩, 음영손실 및 도플러 확산 등이 있는데 자세한 내용은 2장에서 살펴본다. 그리고 이러한 이동통신채널의 문제점들을 극복하기 위하여 여러 가지 무선접속 기술들이 휴대전화와 기지국 장치 등에 소프트웨어나 하드웨어 형태로 탑재된다.

## 1.7 이 책의 개요

이후부터 이 책은 다음과 같은 내용으로 구성된다. 2장에서는 이동통신채널에서 발생하는 전파전파의 여러 가지 성질에 대하여 기술한다. 3장에서는 협대역 통신과 광대역 통신의 특징에 대하여 살펴보고 대역확산 통신과 CDMA 원리에 대하여 심도있게 다룬다. 특히 단일셀 및 다중셀 환경에서 CDMA 이동통신시스템의 용량을 해석하고 이를 Shannon의 채널용량과 비교하여 고찰한다. 또한 대표적인 셀룰러 CDMA 이동통신시스템인 IS-95A의 상향 및 하향링크 채널구조에 관하여 기술한다.

4장에서는 IS-95기반의 셀룰러 이동통신시스템의 구성에 대하여 살펴보고, 이동전화와 기지국 사이의 무선접속구간에서 발생하는 여러 가지 문제점들을 제어하기 위한 다이버시티 기술, 호처리, 전력제어, 핸드오버 등을 포함한 무선접속기술에 대하여 기술한다. 아울러 이와 같은 기술들이 소프트웨어 및 하드웨어로 구현되어 탑재되는 단말기(이동전화)와 기지국(BTS) 장치 및 기지국 제어장치 등의 구조에 관하여 기술한다.

5장에서는 이와 같은 CDMA 이동통신시스템의 여러 가지 성능을 송수신 신호전력, 신호품질, 통화품질, 무선링크 용량 및 무선 커버리지 등의 관점에서 해석적인 방법으로 분석한다. 특히 다중셀 환경에서 간섭분석 방법과 다중경로 페이딩 환경에서 멀티미디어 서비스를 제공할 경우 요구되는 신호의 송수신 전력과 무선링크 용량 등에 관하여 고찰한다.

6장에서는 차세대 이동통신시스템의 발전방향 및 주요 기술적 특징들에 대하여 고찰하는데, 특히 3세대 이동통신시스템을 포함한 3.5세대 및 4세대 이동통신 기술 등에 대하여 비교 고찰한다. 그리고 4세대 이동통신시스템의 성능을 향상시키기 위한 여러 가지 기술들을 소개한다.

최근에 들어서 셀룰러 이동통신은 이동전화 가입자의 급격한 증가와 더불어 이동전화가 각 가정과 사회에서 필수품으로 자리매김하기에 이르렀다. 특히 최근에 와서는 이와 같은 이동통신 환경에서 이동통신 기술을 다른 분야와 융합한 여러 가지 유형의 IT(Information Technology) 융합/복합 시스템들에 대한 관심이 급증하고 있다. 이러한 사항을 고려하여 마지막으로 7장에서는 홈 네트워크의 개요와 함께, 이동통신 기술을 홈 네트워크 분야에 활용한 이동통신응용 시스템의 설계 및 구현 방법 등에 대하여 기술한다.

# Chapter 01

# 연습문제

1. 셀룰러 이동통신시스템은 기술 및 서비스 특징에 따라 세대(generation)를 구분한다. 이와 같은 세대별 이동통신시스템의 종류와 서비스 특징을 설명하시오.

2. 이동통신망의 구성을 그리고 각 구성 요소별 기능에 대하여 간략히 기술하시오.

3. 이동통신시스템에 관한 다음 물음에 답하시오.
   1) 주파수 재사용의 개념을 설명하고, 여러 가지 방법에 관해 논하시오.

   2) 무선통신 전송방식 중에서 FDD 방식과 TDD 방식의 차이점을 설명하시오.

   3) FDD 방식을 사용하는 CDMA 이동통신시스템에서 역방향 링크와 순방향 링크가 무엇인지 설명하시오.

4. 셀룰러 이동통신시스템에서 다중접속 기술의 종류와 특징에 대하여 기술하시오.

# 참고문헌


[1.1] A collection of reports from TIA's subcommittee TR45.5 standardization activities & CTIA's wideband spread spectrum (WB/SS) open forum subcommittee activities, Qualcomm, May 1992.

[1.2] ETRI CDMA ATP Test Report, Qualcomm, March 1993.

[1.3] R.C.V Macario, Personal and Mobile Radio Systems, Peter Peregrinus Ltd., 1991.

[1.4] Ramjee Prasad, *CDMA for Wireless Personal Communication,* Artech House, Boston 1996.

[1.5] Vijay K. Garg, Joseph E. Wilkes, *Wireless and Personal Communications Systems*, AT&T Bell Laboratories Division, Prentice Hall PTR, 1996.

[1.6] 홍희식 외 5인, 기초이론에 충실한 초고주파공학, 복두출판사, 2006.

[1.7] 어윤, 황민태, 이훈, 박동규, 강창순, 석종원, 정보통신공학개론, 도서출판 한산, 2007

[1.8] William C.Y. Lee, *Wireless & Cellular Telecommunications*, McGraw Hill, 2006.

[1.9] D. P. Agrawal and Q.A.Zeng, Introduction to Wireless and Mobile Systems, Thomson, 2006.

Chapter

# 02 무선통신시스템과 이동통신채널

셀룰러 이동통신시스템에서 기지국과 이동통신교환기 사이는 광선로 등과 같이 높은 신뢰성을 갖는 유선 전송 선로를 사용하기 때문에 사용자들의 정보를 비교적 안전하게 전송할 수 있다. 반면에 무선 전파를 사용하여 정보를 전송하는 휴대전화와 기지국 사이는 잡음이나 신호왜곡 등으로 인하여 수신신호의 품질을 저하시키는 여러 가지 물리적인 현상이 있다.

2장에서는 이와 같이 이동통신채널에서 사용자 정보의 전송품질을 저하시키는 여러 가지 물리적인 특성에 대하여 고찰한다. 또한 이러한 성질이 무선 신호품질과 통화품질 등에 미치는 영향을 개념적으로 살펴보고, 이러한 문제점들을 극복하기 위하여 이동통시스템에서 사용할 수 있는 기술 등에 대해서도 알아본다.

## 2.1 무선통신시스템의 구성

일반적으로 무선통신시스템은 송신장치와 수신장치로 구성된다(그림 2.1). 송신장치는 사용자들이 전송하고자 하는 정보 소스를 부호화(source encoding)한 후 채널 부호화(channel encoding) 과정과 변조(modulation) 과정을 거친 후 고주파 신호처리를 거쳐 안테나를 통하여 공간으로 전파시킨다.

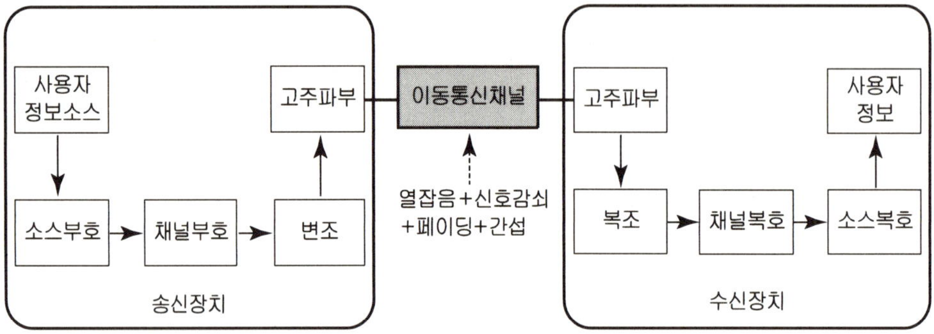


**[그림 2.1]** 무선통신시스템과 이동통신채널

반면에 수신장치는 수신 안테나 및 고주파 처리부를 통하여 수신한 고주파 신호를 기저대역 신호로 변환 후 복조(demodulation) 과정과 채널복호(channel decoding) 및 소스복호(source decoding) 과정을 각각 거쳐 송신측에서 보낸 사용자 정보를 수신하게 된다. 이와 같이 구성되는 무선통신시스템에서 특히 송신 또는 수신장치가 이동하면서 통신하는 무선통신시스템을 이동통신시스템이라 하고, 송신장치와 수신장치 사이에서 무선신호가 전파하는 공간을 이동통신채널이라고 한다.

한편 디지털 셀룰러 이동통신시스템에서 주로 사용하는 변조 방식으로는 BPSK(Binary Phase Shift Keying), QPSK(Quadrature Phase Shift Keying) 및 QAM(Quadrature Amplitude Modulation) 방식 등이 있다. BSPK 방식에서는 [그림 2.2]와 같이 +1과 −1 두 비트의 신호(또는 심볼)를 각각 $\sqrt{E_b}$ 와 $-\sqrt{E_b}$ 의 비트 에너지를 가지면서 180도의 위상 차이를 갖도록 표현하는 방식이다. 비트 에너지($E_b$)는 한 비트에 대한 신호전력($S$)과 시간구간($T$)의 곱으로, $E_b = S.T$와 같이 주어진다. 여기서, 한 비트의 시간구간($T$)이 증가할수록 전송속도는 감소하며, 신호전력($S$)이 증가할수록 비트 에너지($E_b$)도 증가하게 된다. 특히 비트 에너지가 증가할수록 심볼(+1)과 심볼(−1) 사이의 거리가 늘어나기 때문에 수신기(복조기)에서의 수신 에러확률이 감소하게 된다. 따라서 디지털 무선통신시스템에서는 기본적으로 송신전력($S$)을 증가시키거나, 전송속도($T$)를 감소시키면 수신 에러를 줄일 수 있다.

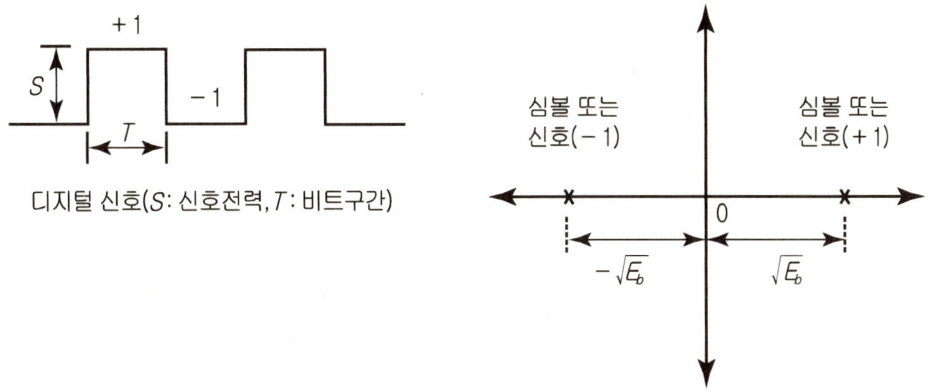


**[그림 2.2]** BPSK 변조 방식에서 신호(심볼)와 비트 에너지($E_b$) 표현

## 2.2 이동통신채널의 특성

이동통신시스템에서 이동통신채널을 통하여 수신하는 무선신호들은 수신장치의 안테나를 포함한 초고주파부에서 발생하는 열잡음으로 인하여 신호품질이 저하된다. 휴대전화가 이동하면서 무선 전파를 사용하는 이동통신채널에서는 열잡음뿐만 아니라 수신신호들을 왜곡하거나 감쇠 및 페이딩 현상 등으로 인하여 신호품질을 저하시키는 여러 가지 물리적 성질이 있다. 또한 동일 사용자의 송신장치에서 전송한 신호들 간의 상호 간섭과 동일한 주파수를 사용하는 다른 사용자의 송신장치에서 전송한 신호에 의한 간섭(5장 참조) 등도 이동통신채널을 통하여 수신장치에 수신되어 신호품질을 악화시키는 요인으로 작용한다.

여기서는 이와 같이 신호품질을 저하시키는 열잡음과 함께 경로손실, 동일 사용자의 신호들간에 간섭을 야기하는 다중경로 페이딩, 음영손실 및 도플러 확산 등으로 인한 문제점을 이해하고, 이러한 문제점을 극복하기 위한 주요 기술들에 관하여 알아본다. 이러한 기술들은 휴대전화와 기지국 장치 등에 소프트웨어나 하드웨어 형태로 탑재된다.

### 2.2.1 열잡음

#### 2.2.1.1 열잡음과 AWGN 채널

무선통신시스템의 송수신 장치에서는 전자(electron)의 운동으로 열이 발생하게 되는데, 이와 같은 열에 의한 잡음을 열잡음(thermal noise)이라 한다. 1 Hz의 대역폭(bandwidth)당 존재하는 전력량을 전력밀도(power spectral density)라 하는데, 열잡음 전력밀도 $N_o$와 열잡음 전력 $N$의 관계는 식 (2.1)과 같이 주어진다.

$$N_o = KT \text{ (watts/Hz)}$$
$$N = N_o W \tag{2.1}$$

단, $N_o$: 열잡음 전력밀도

$T$ : 절대온도(Kelvin 온도)

$K$ : Boltzman 상수 = $1.38 \times 10^{-23}$ (Joule/Kelvin)

$W$ : 대역폭

$N$ : 열잡음 전력 (watt)

따라서 실온(290 Kelvin 온도)에서 열잡음 전력밀도 $N_o$는 −174 dBm이 된다. 이러한 열잡음은 모든 주파수 성분에서 균일하게 분포하기 때문에 백색잡음(white noise)이라고도 하는데, 이와 같은 열잡음만 존재하는 이상적인 이동통신채널을 부가성 백색가우시안 잡음인 AWGN(Additive White Gaussian Noise) 채널이라고 한다.

#### 2.2.1.2 AWGN 채널에서 에러성능

무선통신시스템에서 BPSK 방식으로 신호를 변조하여 송신할 경우 수신측에서는 다음과 같은 두 가지 경우에 에러가 발생할 수 있다. 즉 +1을 전송했는데 −1로 수신할 경우와, 반대로 −1을 전송했는데 +1을 수신할 경우이다. 그런데 위와 같은 두 가지 경우에 대한 에러 발생확률은 같고, 또한 +1과 −1을 각각 전송할 확률도 같다고 가정할 경우 비트에러 확률(bit error probability: Pe)은 아래와 같이 조건부 확률로 얻을 수 있다 [식 (2.2)].

$$\begin{aligned} P_e &= P(\text{'}-1\text{' 수신/'}+1\text{' 전송})P(\text{'}+1\text{' 전송}) + P(\text{'}+1\text{' 수신/'}-1\text{' 전송})P(\text{'}-1\text{' 전송}) \\ &= \frac{1}{2}P(\text{'}-1\text{' 수신/'}+1\text{' 전송}) + \frac{1}{2}P(\text{'}+1\text{' 수신/'}-1\text{' 전송}) \\ &= P(\text{'}-1\text{' 수신/ '}+1\text{' 전송}) \\ &= P(\text{'}+1\text{' 수신/ '}-1\text{' 전송}) \end{aligned} \tag{2.2}$$

그런데 BPSK 방식으로 신호를 변조하여 AWGN 채널을 통하여 전송할 경우 발생하는 비트에러 확률은 다음과 같은 방법으로 구할 수 있다. 즉 $P(z\,수신/'-1'\,전송)$과 $P(z\,수신/'+1'\,전송)$은 모두 식 (2.3)과 같이 주어지는 가우시안 확률밀도함수(Gaussian Probability Density Function)를 가진다.

$$N(t)=\frac{1}{\sqrt{2\pi\sigma^2}}\int_{-\infty}^{\infty}\exp\{-(t-m)^2/2\sigma^2\}dt \tag{2.3}$$

단, $\sigma$는 표준편차, $m$은 평균을 각각 의미한다.

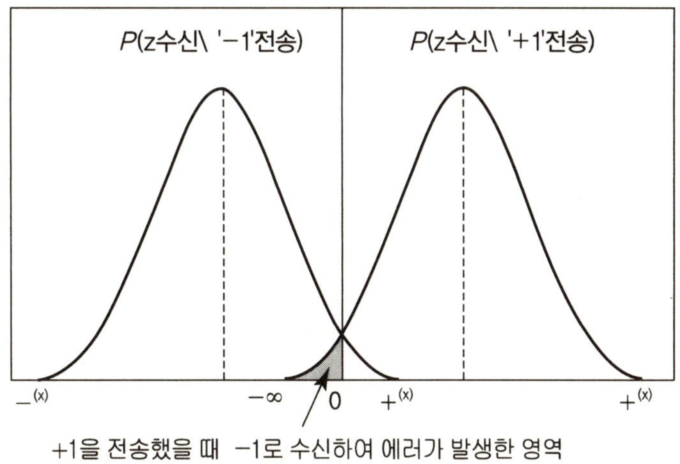


**[그림 2.2]** 가우시안 확률밀도함수와 수신신호의 비트에러 확률

즉 −1을 전송하여 뭔가(z; +1 또는 −1)를 수신할 확률과 +1을 전송했을 때 z(+1 또는 −1)를 수신할 확률은 [그림 2.2]와 같이 모두 가우시안 분포(또는 정규분포)를 따른다.

따라서 [그림 2.2]를 이용하면 식 (2.2)에서 주어진 비트 에러 확률을 다음과 같이 얻을 수 있다.

$$P_e=\int_{-\infty}^{0}p(z\,수신\backslash'+1'\,전송)dy=\int_{0}^{\infty}p(z\,수신\backslash'-1'\,전송)dy \tag{2.4}$$

식 (2.4)는 식 (2.5)와 같이 주어지는 상오차함수(complementary error function)를 이용하면 구할 수 있으며, 식 (2.6)과 같이 얻어진다.

$$Q(x) \equiv \frac{1}{\sqrt{2\pi}} \int_{x}^{\infty} \exp\left(-\frac{u^2}{2}\right) du \tag{2.5}$$

$$P_e = \frac{1}{\sqrt{2\pi}} \int_{\sqrt{2E_b/N_o}}^{\infty} \exp\left(-\frac{u^2}{2}\right) du$$

$$= Q\left(\sqrt{\frac{2E_b}{N_o}}\right) \tag{2.6}$$

여기서, $Q(x)$는 상오차함수를 나타내며, [부록 2.1]과 같이 변수 $x$값에 따른 $Q(x)$값을 얻을수 있다.

한편 평균이 0, 표준편차 1을 갖는 정규분포 함수가 곧 식 (2.5)와 같음을 알 수 있다. 그리고 [그림 2.2], 식 (2.6) 및 [부록 2.1]로부터 알 수 있듯이, $x$값이 클수록 $Q(x)$값은 감소하며 $P_e$도 감소한다. 따라서 AWGN 채널에서($N_o$ 주어짐) 비트 에너지($E_b$)가 증가할수록 $P_e$가 감소함을 알 수 있다. 즉 주어진 변복조 시스템에서 수신(또는 송신) 신호의 $E_b/N_o$가 클수록 비트 에러가 발생할 확률이 감소한다는 것을 알 수 있다. 한편 BPSK 변조방식뿐만 아니라 QPSK 변조신호 등에 대한 에러성능도 유사한 방법으로 얻을 수 있다.

### 2.2.2 경로손실

셀룰러 이동통신시스템에서는 이동전화가 이동하면 기지국과 이동전화 간의 거리가 변화하여, 이동전화나 기지국에서 송신하는 신호전력의 세기가 상대 수신기에 도달할 때 약해진다. 이와 같이 송수신기간의 거리(경로)차에 의하여 송신전력이 감쇠하는 물리적인 현상을 경로손실(path loss)이라 한다. 경로손실에 의한 송신신호의 감쇠는 송신전력과 수신전력의 상대적인 비로 나타낼 수 있으며, 자유공간에서 감쇠 정도는 식 (2.7)과 같이 주어진다.

$$\frac{P_r}{P_t} = K\frac{\lambda^2}{d^2}, \quad \text{또는} \quad P_r = P_t K\frac{\lambda^2}{d^2} \tag{2.7}$$

단, $P_r$은 수신전력(receive power), $P_t$는 송신전력, $K$는 송수신 안테나 이득 및 이동통신채널 특성과 연관된 전파환경 상수, $\lambda$는 전파(반송파)의 파장, $d$는 송수신기간의 거리를 각각 나타낸다. 자유공간(free space)에서 경로손실은 반송파 파장의 제곱에 반비례하고, 거리의 제곱에 비례하여 신호가 감쇠한다. 즉, $\lambda = c / f_c$(단, $f_c$는 반송파 주파수)이므로, 반송파 주파수나 송수신기 간의 거리가 증가할수록 신호 감쇠가 심해져 수신신호세기가 약해진다. 이와 같은 신호감쇠는 이동통신채널의 환경에 따라 달라지는데, 일반적으로 자유공간이나 가시권 전파 환경인 LOS(Line-of-Sight)에서는 식 (2.7)과 같이 거리의 제곱에 비례하지만, 대도시 지역과 같이 콘크리트 등으로 만든 장애물이 많은 곳에서는 거리의 4제곱에 비례한다.

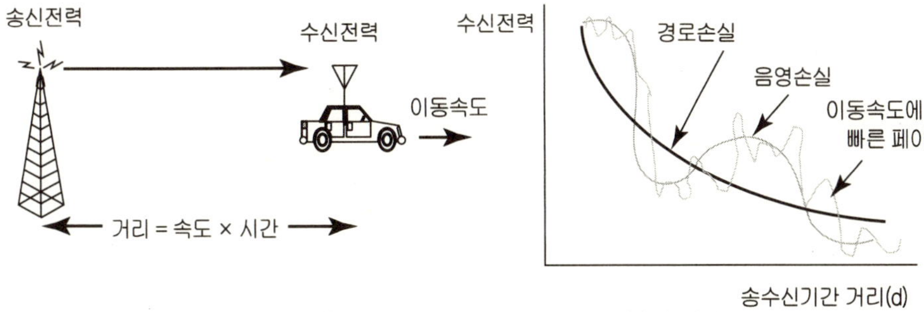


**[그림 2.3]** 이동통신채널에서 수신 신호전력의 변화

[그림 2.3]은 이동전화가 일정한 속도로 이동할 때 송수신기 간의 경로차(거리)에 따라 변하는 수신신호전력을 나타낸 것이다. 송신기에서 전송하는 전력은 수신기와의 거리가 멀어짐에 따라 기하 급수적으로 감소하게 된다. 이러한 경로손실로 인하여 기지국(또는 휴대전화)에서 송신하는 무선신호전력은 지수함수적으로 감쇠하여 휴대전화(또는 기지국)에 도달하게 된다. 이러한 경로손실을 보상하기 위하여 휴대전화나 기지국에서는 송신전력을 제어한다. 즉 휴대전화나 기지국에서 무선신호를 전송하기 전에 이들 송수신기 사이의 거리를 추정한 후 어떤 기준값에 비하여 경로차가 클 경우엔 송신전력을 증가시키고, 반대일 경우엔 송신전력을 감소하는 방법으로 전력제어를 수행한다.

따라서 이와 같은 전력제어의 영향으로 기지국으로부터 보다 멀리 떨어져 있는 휴대전화는 가까이에서 통화하는 휴대전화에 비하여 전원(배터리)이 빨리 소모될 수 있다는 사실을 유추할 수 있다. 2세대 및 3세대 이동통신시스템의 송신전력제어에 대하여 4장에서 자세하게 설명한다.

일반적으로 자유공간에서 경로손실 $PL$을 데시벨(decibel: dB)로 표현하면 식 (2.8)과 같이 주어진다.

$$PL(dB) = 32.45 + 20\log_{10}(f_c) + 20\log_{10}(d) \tag{2.8}$$

단, $f_c$는 반송파 주파수(carrier frequency: 단위 MHz)이며, $d$(단위 km)는 송수신기 간의 거리를 각각 나타낸다. 송수신기 간의 거리와 반송파 주파수가 증가할수록 신호감쇠가 심해진다는 것을 확인할 수 있다.

#### 2.2.2.1 경로손실과 통신품질

사용자의 정보를 무선신호로 변환하여 다른 사용자에게 송수신하는 무선통신시스템에서 통신품질(communication quality)은 주로 신호품질(signal quality)과 통화품질(call quality)에 의해 결정된다. 신호품질은 사용자 정보를 무선통신시스템의 수신기에서 복조 과정을 거친 후(또는 채널 복호 후) 측정 가능한 수신신호전력과 잡음 및 간섭전력의 비인 SINR(signal-to-interference plus noise ratio)로 주어지며, 특히 디지털 무선통신시스템에서는 비트에너지와 잡음전력(및 간섭포함)으로 나타낼 수 있다.

무선 신호를 전송하는 데 필요한 대역폭이 $W$[Hz]인 무선통신시스템에서 열잡음 전력만 존재하는 AWGN 채널을 통하여 수신하는 신호품질인 SNR(signal power-to-noise power ratio)은 식 (2.7)을 이용하면 다음과 같이 주어진다.

$$SNR \equiv \frac{S}{N} = \frac{P_r}{N_o W} = \frac{KP_t\lambda^2}{d^2} \cdot \frac{1}{N_o W} \tag{2.9}$$

단, $S$는 수신(평균)신호전력, $N(=N_o W)$은 열잡음 전력을 각각 나타낸다. 따라서 $SNR$은 송신전력에 비례하고 송수신기 간의 거리에 반비례함을 알 수 있다.

또한 디지털 무선통신시스템의 신호품질을 나타내는 비트에너지와 잡음전력 밀도비, $E_b/N_o$(bit energy-to-noise power spectral density)는 [그림 2.2]와 식 (2.9)로부터 다음과 같이 얻을 수 있다.

$$\frac{E_b}{N_o} = \frac{ST}{N_o} = \frac{S}{R(N/W)} = \frac{S}{N}\left(\frac{W}{R}\right) = \frac{KP_t\lambda^2}{Nd^2}\left(\frac{W}{R}\right) \tag{2.10}$$

단, T는 디지털 정보의 비트구간(bit duration)을 나타내며, 비트 전송률(bit transmission rate 또는 bit rate)인 $R$의 역수와 같다. 식 (2.10)에서 보는 바와 같이 디지털 신호품질의 척도인 $E_b/N_o$은 송신전력과 신호 대역폭에는 비례하지만 비트 전송률과 송수신기 간의 거리에는 반비례함을 알 수 있다. 특히, SNR(또는 $E_b/N_o$)과 신호대역폭(W)은 디지털 무선통신시스템의 채널 전송용량과 밀접한 관계가 있으며 이 내용에 대해서는 2.2.2.3절에서 기술한다. 그리고 $W/R$는 대역확산통신(또는 CDMA 이동통신) 시스템의 무선링크 용량을 결정하는 중요한 요소로 작용하는데, 이는 3장에서 자세히 살펴보도록 한다.

셀룰러 이동통신시스템에서 사용자가 실제로 체감하는 통화품질은 수신장치의 복조(또는 채널 복호과정 포함) 과정을 거친 비트의 에러확률과 같은 물리계층에서의 통화품질뿐만 아니라, 통화(또는 호) 실패(call failure) 확률 및 핸드오버 실패확률 등 네트워크 계층에서의 여러 가지 통화품질과도 밀접한 관계가 있다. 여기서는 물리계층 관점에서의 통화 품질에 관하여 살펴본다.

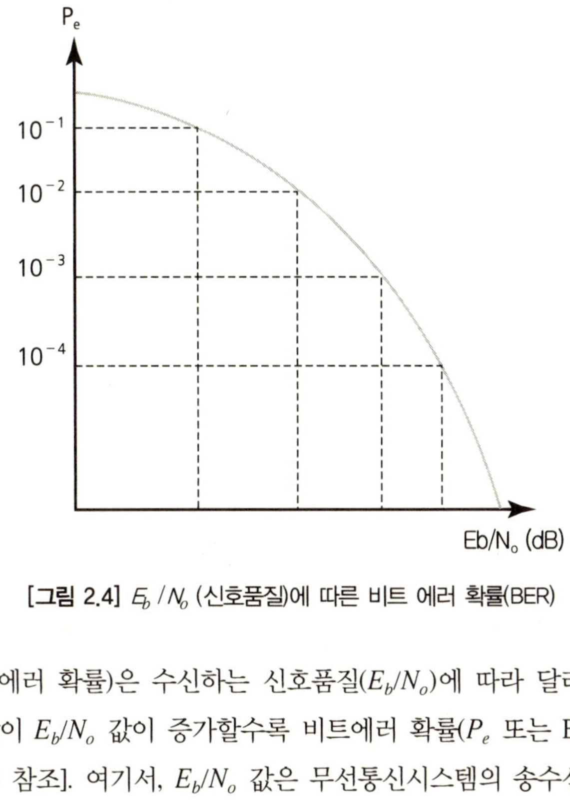


**[그림 2.4]** $E_b/N_o$ (신호품질)에 따른 비트 에러 확률(BER)

통화품질(비트에러 확률)은 수신하는 신호품질($E_b/N_o$)에 따라 달라진다. [그림 2.4]에서 보는 바와 같이 $E_b/N_o$ 값이 증가할수록 비트에러 확률($P_e$ 또는 BER)이 감소함을 알 수 있다[식 (2.4) 참조]. 여기서, $E_b/N_o$ 값은 무선통신시스템의 송수신장치에서 사용하는 변복조(또는 채널 부호화 포함) 방식에 따라 크게 달라진다. 즉, 사용자가 요구하는 적절한 통화품질(평균 BER)의 목표치를 만족시키기 위해 요구되는 $E_b/N_o$ 값이 주어지게 된다. 예를 들어, 음성 서비스를 위해 정보를 송수신할 경우엔 일반적으로 목표로 하는 평균 BER을 $10^{-3}$으로 하지만, 영상이나 데이터 서비스의 경우엔 평균 목표 BER이 더 낮아지며, 이를 위해 요구되는 $E_b/N_o$ 값은 더 증가하게 된다.

### 2.2.2.2 경로손실과 채널용량

지금까지 경로손실의 개념, 경로손실과 신호품질 및 통화품질 등과의 관계에 대하여 살펴 보았다. 여기서는 경로손실에 따른 신호품질과 무선통신시스템의 채널(전송)용량(channel capacity)의 관계에 대하여 알아보자. 디지털(무선)통신시스템이 신호대역폭($W$)을 사용하여 최대로 정보를 전송할 수 있는 능력을 채널용량이라 한다. 이와 관련하여 샤논(Shannon)은 1948년경 디지털 통신 역사에 중요한 이정표로 기록된 이른바 샤논 채널용량을 발표하였다.

즉 샤논의 채널용량은 다른 사용자들에 의한 간섭신호 없이 열잡음만 존재하는 이상적인 통신채널인 AWGN 채널에서 신호대역폭 $W$와 수신신호품질 SNR을 갖는 디지털(무선)통신시스템이 최대로 전송할 수 있는 정보 전송률로 정의되며, 식 (2.11)과 같다.

$$C = W \log_2\left(1+\frac{S}{N}\right)\text{[bit/sec]} \tag{2.11}$$

단, 로그함수의 밑수 2는 2진(디지털) 정보를 의미하며, $C$는 채널용량을 나타내며 단위는 초당 비트 전송률(bit per second: bps)로 주어진다. 식 (2.11)에서 보는 바와 같이 AWGN 채널에서 디지털 통신시스템의 채널용량은 신호대역폭($W$)과 SNR에 비례함을 알 수 있다. 이와 같이 주어지는 채널용량은 극히 이상적인 것으로서, 열잡음 전력 외에 간섭전력이나 다중경로 페이딩 등이 존재하는 일반적인 이동통신채널 환경에서는 그 용량이 감소한다.

### 2.2.2.3 경로손실과 무선 커버리지

셀룰러 이동통신시스템은 하나의 기지국이 관할하는 셀 커버리지 내에서 음성, 영상 및 데이터 등 다양한 종류의 서비스를 제공한다. 이와 같은 서비스들에 대하여 적절한 수준의 품질을 보장하기 위해서는 각 서비스 종류별로 서로 다른 수준의 수신신호품질(SNR)이 요구된다. 따라서 적절한 수준의 서비스 품질(또는 통화품질)을 제공하기 위해서는 이동통신시스템에서 수신하는 평균 $SNR$이 해당 서비스에서 요구되는 목표 $SNR$값인 $SNR_o$보다 커야 한다(즉 $SNR \geq SNR_o$).

이와 같은 내용을 고려하여 식 (2.9)에서 주어지는 SNR을 신호대역폭($W$)과 기지국과 이동전화 간의 거리의 관점에서 정리하면 다음과 같이 나타낼 수 있다.

$$W \le \frac{KP_t\lambda^2}{d^2 N_o SNR_0}, \quad d \le \sqrt{\frac{KP_t\lambda^2}{N_o W\ SNR_0}} \tag{2.12}$$

즉 경로손실은 정보 전송률과 셀 커버리지(기지국과 이동전화간의 거리)에 영향을 미친다는 사실을 알 수 있다. 식 (2.11)에서 고찰한 바와 같이 채널용량은 수신 SNR이 주어질 경우 정보를 전송하기 위해 사용하는 신호대역폭에 비례한다. 따라서 식 (2.12)의 좌식으로부터 채널(전송)용량은 서비스 종류별로 요구하는 목표 SNR과 거리 *d*가 증가할수록 감소한다는 것을 알 수 있다.

또한 서비스 종류별 목표 SNR이 큰 서비스일수록 셀 커버리지도 감소함을 알 수 있다. 즉 주어진 이동통신채널 환경에서 기지국에서 동일한 송신전력으로 서비스를 제공할 경우 이동전화 사용자들이 적절한 품질의 데이터나 영상 서비스를 제공받을 수 있는 영역, 즉 셀 커버리지는 음성 서비스를 위한 셀 커버리지보다 좁아지게 된다.

## 2.2.3 다중경로 페이딩

### 2.2.3.1 다중경로 페이딩과 신호의 상호간섭

일반적으로 송신기에서 전송하는 무선전파 신호들은 이동통신채널에 있는 건물이나 산 등에 반사되면서 여러 개의 경로로 수신기에 도달한다.

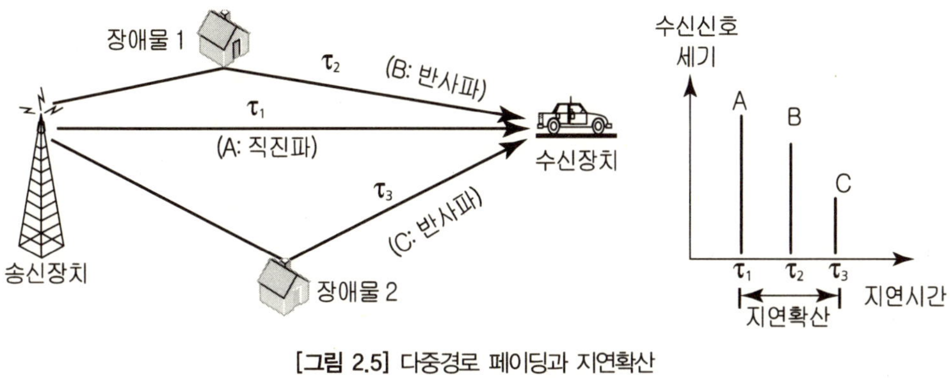


**[그림 2.5]** 다중경로 페이딩과 지연확산

이와 같이 다중경로(multipath)를 통하여 전파 신호가 수신장치에 도달할 때 발생하는 신호전력의 감쇠 및 왜곡현상을 다중경로 페이딩(multipath fading)이라고 한다. 이와 같은 다중경로 페이딩 신호는 각 경로별 감쇠(path loss)를 겪기 때문에 수신장치에 도착하는 각 경로별 신호세기가 다를 뿐만 아니라 각각 다른 도착시각을 가지면서 신호가 왜곡된다.

예를 들어 [그림 2.5]에서 보는 바와 같이 송신장치에서 출발한 송신신호는 수신장치에 $\tau_1$ 만큼의 시간이 걸려 도달하는 직진파인 경로 A의 신호와 장애물에 부딪혀 신호 A에 비해 시간적으로 지연되어 수신장치에 도달하는 경로 B($\tau_2$ 만큼 시간 소요) 및 C($\tau_3$ 만큼 시간 소요)의 반사파 신호 등이 있다. 즉 신호 A에 비하여 신호 B와 C는 각각 경로손실뿐만 아니라 시간지연도 더 큰 과정을 겪게 된다. 특히 수신장치에 가장 빠르게 도착하는 직진파의 도착시간과 가장 늦게 도착하는 반사파의 도착시각의 차이인 $\tau_3 - \tau_1 = \tau_d$ 를 지연확산(delay spread)이라고 한다.

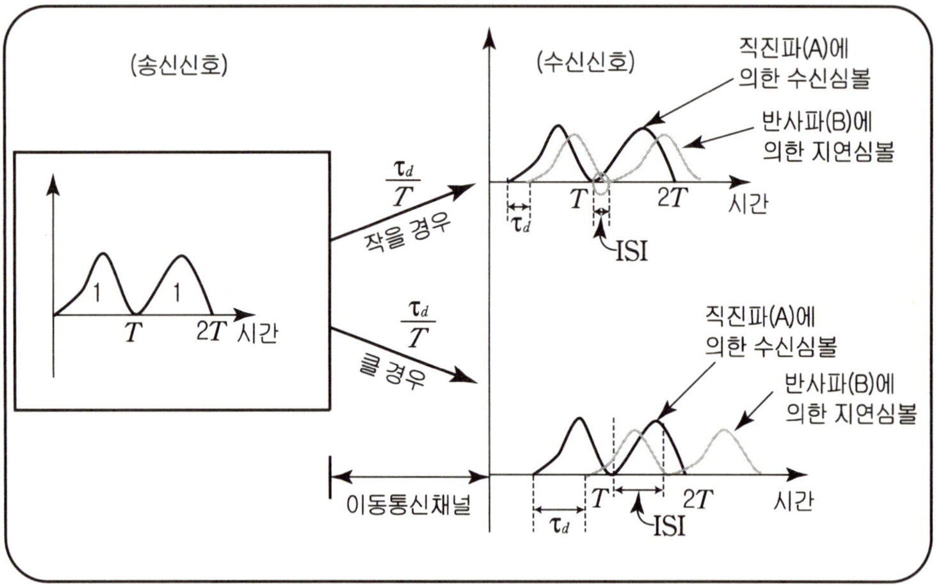


[그림 2.6] 이동통신채널에서 지연확산에 인한 수신심볼간 상호간섭(ISI)

그런데 이동통신시스템에서 심볼(신호)의 시간지연은 결국 신호의 위상차(phase difference)로 귀결되기 때문에 다중경로 페이딩에 의한 지연확산은 통신 신호품질을 저하시키는 또 다른 요인으로 작용하게 된다. 예를 들어, 직진파와 반사파가 각각 하나씩 존재하는 이동통신채널을 통하여 두 개의 심볼을 전송할 때 지연확산으로 인하여 발생하는 수신 심볼간의 간섭인 ISI(Inter-Symbol Interference)에 관하여 살펴보자(그림 2.6).

송신장치에서 $2T$ 구간에 걸쳐 두 개의 심볼을 전송하면 이들은 직진파와 반사파가 각각 하나씩 존재하는 이동통신채널을 통하여 수신장치에 도달하게 된다. 먼저 $T$ 구간 동안 전송된 심볼은 직진파에 의한 심볼과 반사파에 의한 지연심볼 형태로 수신되며, $2T$ 구간에 전송된 하나의 심볼도 직진파 성분의 심볼과 지연심볼의 모습으로 수신된다. 이때 수신된 심볼들 중에서 $T$ 구간의 지연심볼이 $2T$ 구간의 직진파 심볼에 간섭(ISI)을 야기하게 된다.

이러한 ISI는 특히 지연확산($\tau_d$)이 신호의 심볼구간($T$)보다 훨씬 작을 경우엔 수신신호품질에 미치는 영향이 미미하지만, $T$에 비해 지연확산이 클 경우엔 심볼간의 간섭이 신호품질에 심각한 영향을 끼쳐 통화품질을 떨어뜨리는 요인으로 작용하게 된다. 따라서 ISI는 데이터 전송률이 높을수록, 즉 전송 심볼구간이 작을수록 증가한다.

한편 $\tau_d << T$와 같은 특성을 지닌 이동통신채널에서 ISI가 작은 신호 왜곡현상을 평탄 페이딩(flat fading)이라 하고, 반대로 $\tau_d > T$와 같은 이동통신채널에서 ISI의 영향이 큰 신호왜곡 현상을 주파수 선택적 페이딩(frequency selective fading)이라고 한다.

#### 2.2.3.2 다중경로 페이딩과 통화품질

이동통신시스템에서 다중경로 페이딩 채널의 지연확산으로 인해 야기되는 ISI 문제를 해결하기 위하여 여러 가지 송수신 방법이 사용된다. TDMA 시스템에서는 등화기(equalizer)를 사용하여 각각의 다중경로 신호를 적절한 시간만큼 지연시킨 후 모든 신호를 함께 결합하여 수신한다. 반면에 CDMA 시스템에서는 레이크 수신기(rake receiver)를 사용하여 다중경로 페이딩에 의한 ISI 문제를 해결한다(그림 2.7).

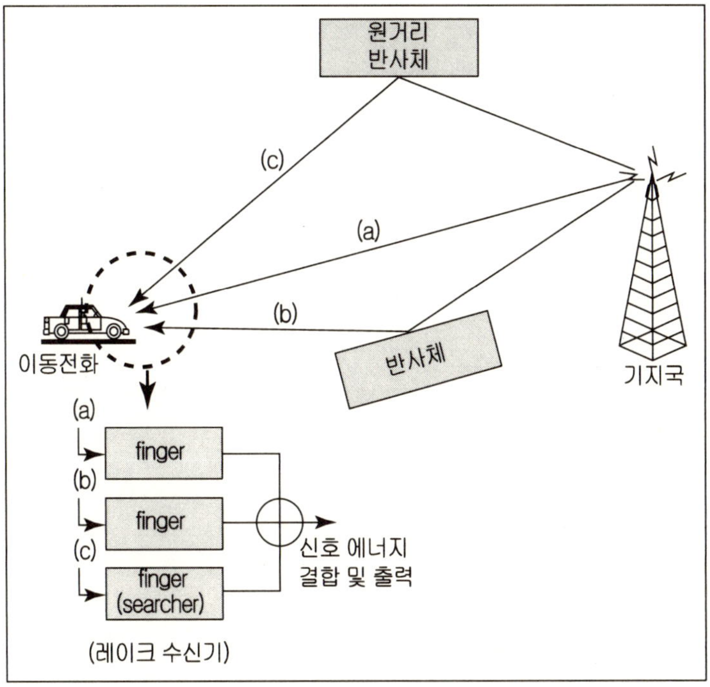


**[그림 2.7]** 다중경로 페이딩 채널에서 레이크 수신기를 이용한 신호결합

즉 수신기에 도달하는 다중경로 각각에 하나의 핑거(finger)를 할당하여 이들 신호를 복조(한 비트구간의 에너지 수신)한 후 각 경로의 신호세기에 따라 중요도(weight)를 달리하여 결합함으로써 신호품질을 개선하는데, 이와 같은 결합기법을 경로 다이버시티(path diversity)라고 한다. 이외에도 셀룰러 이동통신시스템에서 사용하는 다양한 종류의 다이버시티 기법들이 있는데 자세한 내용은 6장에서 다룬다.

그리고 3.5세대 및 4세대 이동통신시스템에서 적용하고 있는 직교 주파수 분할 다중화(OFDM) 시스템에서는 주어진 이동통신채널의 최대 지연확산보다 큰 시간 보호구간(guard period) 등을 삽입하여 사용자 정보를 전송함으로써 ISI를 방지한다.

이와 같이 수신신호품질에 많은 영향을 미치는 지연확산 값은 셀룰러 이동통신 환경에 따라 크게 달라진다. 일반적으로 매크로셀 환경에서는 8마이크로초(μsec) 이하, 마이크로셀 환경에서는 2 μsec 이하 그리고 피코셀 환경에서는 300나노초(nsec) 이하로 알려져 있다.

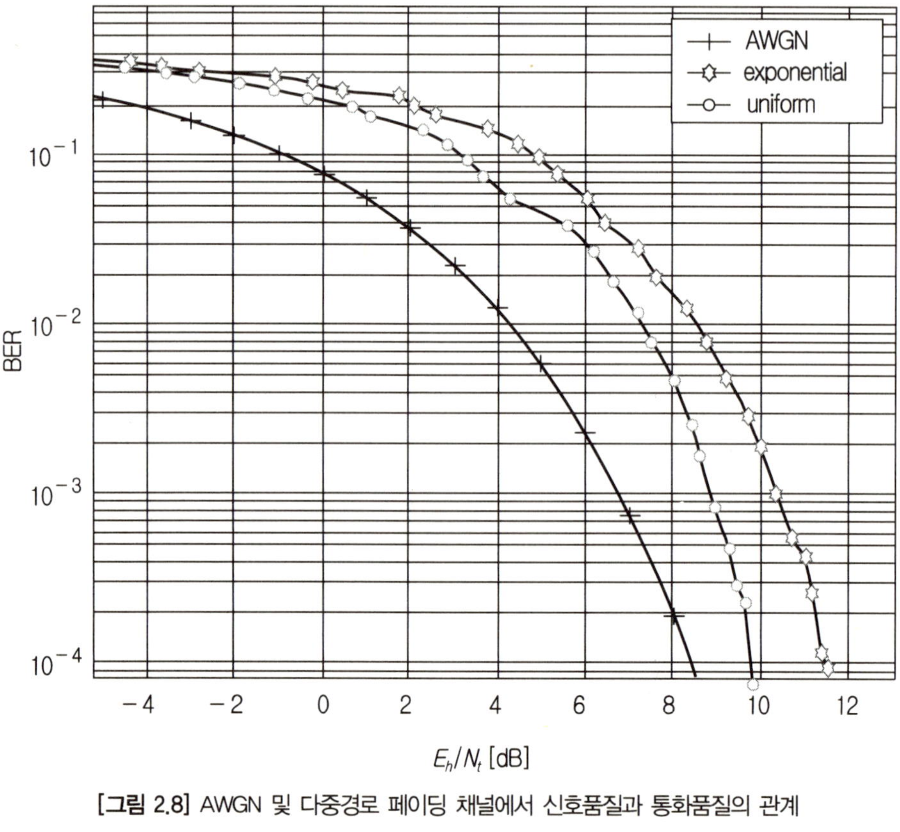


**[그림 2.8]** AWGN 및 다중경로 페이딩 채널에서 신호품질과 통화품질의 관계

그리고 ISI로 인하여 발생하는 신호품질 및 통화품질의 저하는 무선신호가 전송되는 이동통신채널에서 분포하는 다중경로수에 따라 그 차이가 크게 달라진다. 예를 들면, 가

장 이상적인 AWGN 채널과 다중경로 각각의 감쇠 및 시간지연이 균일한 분포(uniform distribution), 그리고 수신되는 다중경로의 감쇠 및 시간지연 정도가 지수분포(exponential distribution)(그림 2.5)를 하는 세 가지 경우와 같은 이동통신채널에서 요구되는 신호품질($E_b/N_o$)에 따른 통화품질(BER)을 살펴보자(그림 2.8).

다중경로 페이딩 채널에서 적절한 통화품질을 보장하기 위해서는 AWGN 채널 환경에서 보다 높은 신호품질을 요구한다. 특히, 다중경로에 의한 수신 신호들의 페이딩 모양이 지수분포일 경우가 균일 분포를 할 경우에 비하여 보다 높은 신호 품질을 요구한다. 즉 다중경로 페이딩 환경에서 이동통신 사용자들에게 좀 더 양질의 통화품질을 제공하기 위해서는 AWGN 채널 환경에 비하여 좀 더 높은 송신전력이 필요하다는 것을 알 수 있다. [그림 2.8]에서 $E_b/N_t$는 열잡음뿐만 아니라 간섭 전력을 함께 고려한 경우이다.

## 2.2.3 음영 손실

이동통신채널에서 휴대전화와 기지국 사이에 존재하는 높은 장애물이나 건물 지하에서와 같이 기지국 또는 휴대전화에서 송신하는 전파에 그림자(음영)가 드리워져 이들 송신신호의 전력이 감쇠하는 현상을 음영손실(shadowing loss 또는 shadow fading)이라고 한다(그림 2.9).

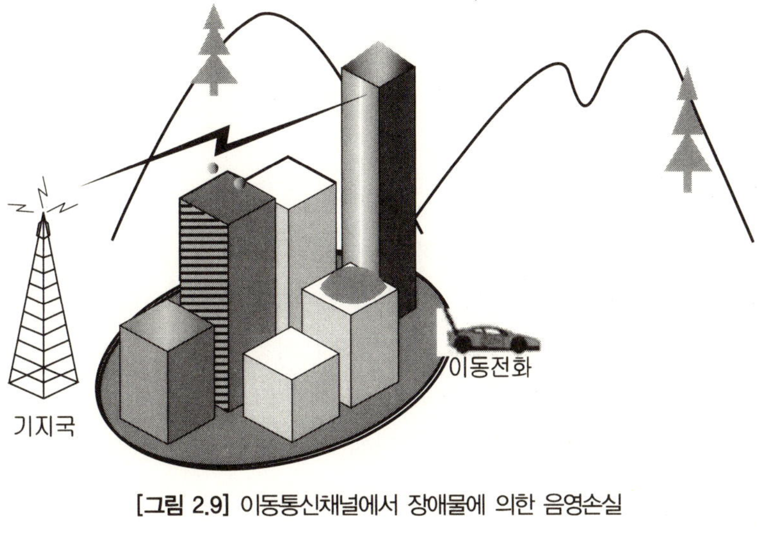


**[그림 2.9]** 이동통신채널에서 장애물에 의한 음영손실

이동통신시스템에서 사용하는 전파의 주파수가 높을수록 파장은 짧아지기 때문에 높은 산이나 건물과 같은 장애물 바로 뒤에 위치하는 송수신기의 신호전력이 심하게 감쇠

한다. 따라서 이동통신시스템에서 사용하는 주파수가 높을수록 음영손실이 증가하여 무선 커버리지가 축소된다.

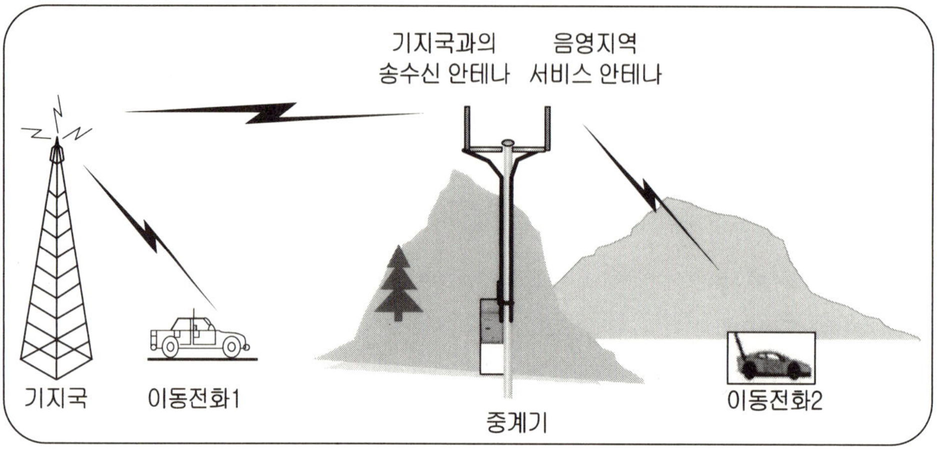


**[그림 2.10]** 이동통신시스템에서 중계기 사용(예)

전파 음역지역을 해소하기 위하여 셀룰러 이동통신시스템에서는 무선 중계기(repeater 또는 relay)를 사용하여 미약해진 신호를 증폭하여 재전송함으로써 수신신호품질을 개선한다. 이러한 중계기는 기지국을 구성하는 장치 중에서 최소한의 무선장치로만으로 구성할 수 있기 때문에 소형으로 만들 수 있으며, 주로 전봇대나 건물의 벽에 부착하여 사용한다.

[그림 2.10]은 전파 음영지역에 중계기를 설치하여 음영손실을 해소하는 예를 나타낸 것이다. 이동전화 1은 기지국으로부터 직접 서비스를 받을 수 있지만, 이동전화 2는 산악지형으로 인하여 전파 음영지역에 위치해 있기 때문에 기지국으로부터 직접 전파를 수신할 수 없어 중계기를 통하여 기지국과 정보를 송수신하게 된다.

한편 이동전화 근처에 존재하는 여러 가지 지형지물에 의해 전파가 다중경로의 산란(scattering)으로 인하여 신호가 빠르게 왜곡되는 이른바 빠른 페이딩(fast fading) 현상이 발생한다. 이러한 빠른 페이딩은 이동전화의 이동 속도가 증가할 경우에 비례하여 증가한다. 반면에 음영손실은 신호의 왜곡 현상이 상대적으로 천천히 발생하기 때문에 느린 페이딩(slow fading)이라고 한다. 일반적으로 음영손실은 평균이 0이고 8 dB 내외의 표준편차를 갖는 대수정규분포(log-normal distribution)로 모델링할 수 있다.

그리고 이동통신 환경에서 경로손실, 음영손실 및 안테나 높이 등을 고려한 ITU-R의 전파손실 모델은 식 (2.13)과 같으며, 이 모델은 옥내외 이동통신환경에 대한 성능분석에 널리 활용되고 있다.

$$L(dB) = 40(1 - 4x10^{-3}h_{BS})\log(d) - 18\log(h_{BS}) + 21\log(f_c) + 80 + \zeta \quad (2.13)$$

여기서 $L$은 dB로 표현한 전파손실, $d$는 송신기와 수신기간의 거리(km), $h_{BS}$는 안테나 높이, $f_c$는 반송파 주파수(MHz)이다. 그리고 $\zeta$는 이동통신채널에서 이동전화나 기지국이 겪는 음영손실로, 일반적으로 평균은 0, 표준편차가 $\sigma$인 대수정규분포를 따른다.

그렇다면 반송파의 주파수와 무선 커버리지는 어떠한 상관관계가 있는지 살펴보자. 셀룰러 이동통신시스템에서 사용하는 주파수의 높고 낮음은 사용자들이 체감하는 통신품질이나 무선 커버리지, 시스템 설치비용 등에 영향을 미친다. 이동전화와 기지국에서 사용하는 전파(반송파)의 파장이 클수록 기지국이나 이동전화에서 송신하는 무선신호들이 장애물에 의한 전파 음영지역에 보다 쉽게 도달할 수 있다. 반면에 주파수가 높을수록 파장이 짧기 때문에 전파의 직진성은 좋아지나 장애물을 돌아가는 회절성이 떨어진다.

따라서 동일한 서비스 영역(커버리지)을 제공하기 위해서는 보다 많은 기지국을 필요로 하여 이동통신망의 설치비용 증가를 초래할 수 있다. 즉, 동일한 통신환경에서 동일한 기지국의 송신전력으로 정보를 송신할 경우 주파수가 낮을수록 무선 커버리지가 넓어지기 때문에 수천 개 이상의 기지국을 설치하는 셀룰러 이동통신시스템에서는 주파수 대역이 시스템 설치비용에 큰 영향을 미치게 된다. 그런데 설치 비용을 줄이기 위하여 기지국 수를 줄이게 되면 양호한 통화가능 지역이 줄어들게 되어 결국 전반적인 통화품질에 악영향을 미칠 수 있다.

### 2.2.4 도플러 확산

멀리서 다가오는 기차소리는 점점 커지는 반면에 멀어져 가는 기차소리는 점점 미약하게 들리는 현상을 쉽게 접할 수 있다. 마찬가지로 이동통신에서 송신기나 수신기가 통화중에 이동할 경우 송신기에서 신호를 실어 나르는 전파(반송파)의 주파수가 수신할 때 변한다. 이와 같은 현상을 도플러 천이(Doppler shift) 또는 도플러 확산(Doppler spread)이라 하며, 이때 원래 주파수로부터 변화된 주파수 크기를 도플러 주파수(Doppler frequency)라 한다. 무선통신시스템에서는 송신기와 수신기에서 사용할 주파수를 미리 정하여 사용하기 때문에 통화중에 반송파 주파수가 변할 경우 정확하게 정보를 수신할 수 없게 된다.

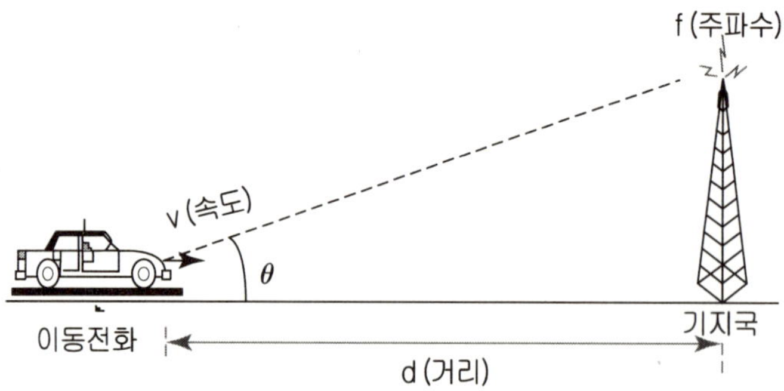

[그림 2. 11] 셀룰러 이동통신시스템에서 도플러 확산

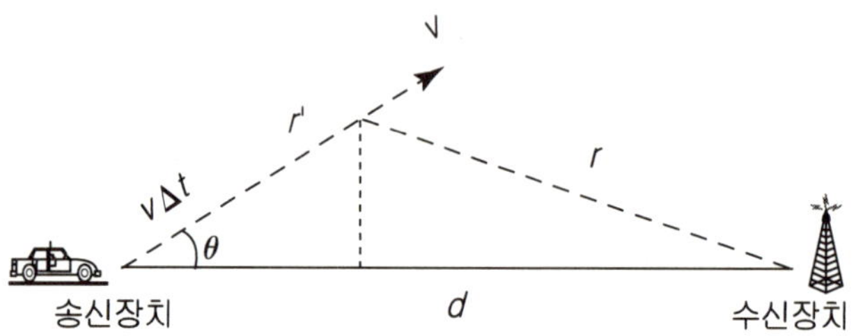

[그림 2.12] 도플러 확산에 의한 도플러 주파수 계산 모델(출처: Cheng[2.10])

셀룰러 이동통시스템에서 이동전화가 이동함에 따라 발생하는 도플러 확산의 예를 살펴보자. [그림 2.11]에서 보는 바와 같이 이동전화는 $v$의 속도로 기지국 방향으로 이동하면서 반송 주파수 $f$로 통화한다. 이때 기지국과의 거리는 $d$만큼 떨어져 있다. 이와 같은 환경에서 이동전화와 기지국이 사용하는 반송파 주파수 $f$가 어떻게 변하는지 알아보기 위하여 [그림 2.12]와 같은 모델을 이용한다.

즉 속도 $v$로 이동하는 이동전화(송신장치)가 지면과 각 $\theta$를 이루면서 $\Delta t$시간 동안 이동한 거리는 $v\Delta t$가 되며, 이 지점에서 수신장치(기지국)까지의 거리를 r이라 하자. 초기시간, $t$=0일 때와 $t = \Delta t$만큼 시간이 경과한 시점에서 각각 전파 신호를 송신할 때 시간과 거리의 관계, 그리고 $\Delta t$=1/$f$를 고려하면 변화된 주파수 $f'$을 다음과 같이 얻을 수 있다[2.10].

$$f' = \frac{f}{\left(1 - \frac{v}{c}\cos\theta\right)} \cong f\left(1 + \frac{v}{c}\cos\theta\right),\ \text{단}\ (v/c)^2 << 1 \qquad (2.14)$$

단, $c$는 자유공간에서 전파속도를 나타낸다. 식 (2.14)에서 송신 및 수신장치에서 사용한 원래의 반송파 주파수($f$)로부터 변화된 주파수의 크기인 도플러 주파수($f_D$)를 다음과 같이 얻을 수 있다.

$$f_D = \left| f' - f \right| = \frac{fv}{c}\cos\theta \tag{2.15}$$

그리고 이동전화의 이동방향과 관련한 $\theta$를 고려하면 다음과 같은 도플러 주파수를 얻을 수 있다.

$$f_D = \begin{cases} \dfrac{fv}{c} = \dfrac{v}{\lambda}, & \theta = 0^{\circ} \\ 0, & \theta = 90^{\circ} \\ (-)\dfrac{fv}{c} = (-)\dfrac{v}{\lambda}, & \theta = 180^{\circ} \end{cases} \tag{2.16}$$

단, $\lambda$는 파장을 의미한다. 따라서 다음과 같은 도플러 주파수의 성질을 고찰할 수 있다. 먼저, 반송파 주파수 $f$로 통신하는 이동전화에서 송신한 신호가 기지국에 직각을 유지하면서 도래하면 반송파 주파수가 전혀 변하지 않는다. 그러나 이동전화의 송신신호가 기지국 방향으로 일직선으로 이동하면 원래 사용 주파수보다 $fv/c$ 만큼 증가한다. 반면에, 이동전화의 송신신호가 기지국과 반대 방향이면서 일직선으로 이동하면 $fv/c$ 만큼 감소함을 알 수 있다. 따라서 최대 도플러 주파수는 $f_D = fv/c$와 같다.

예) 반송파 주파수 $f$ = 1 GHz, 이동속도 $v$ = 시속 100 km일 경우,
도플러 주파수 $f_D$ = 92.6 Hz가 된다.

송신기 방향으로 이동하는 수신기는 일정한 중심 반송파 주파수를 갖는 전파를 통해 송신기에서 전송하는 신호를 직진파 경로와 반사파 경로를 통하여 수신하게 된다. 이때 직진파 경로를 통하여 신호를 전달하는 전파의 주파수는 증가하는 반면에 반사파 경로를 통하여 신호를 전달하는 전파의 주파수는 감소하게 된다. 즉 수신기가 송신기 방향으로 이동할 경우 주파수가 증가하는 반면에 송신기와 멀어질 경우 주파수가 감소하게 된다.

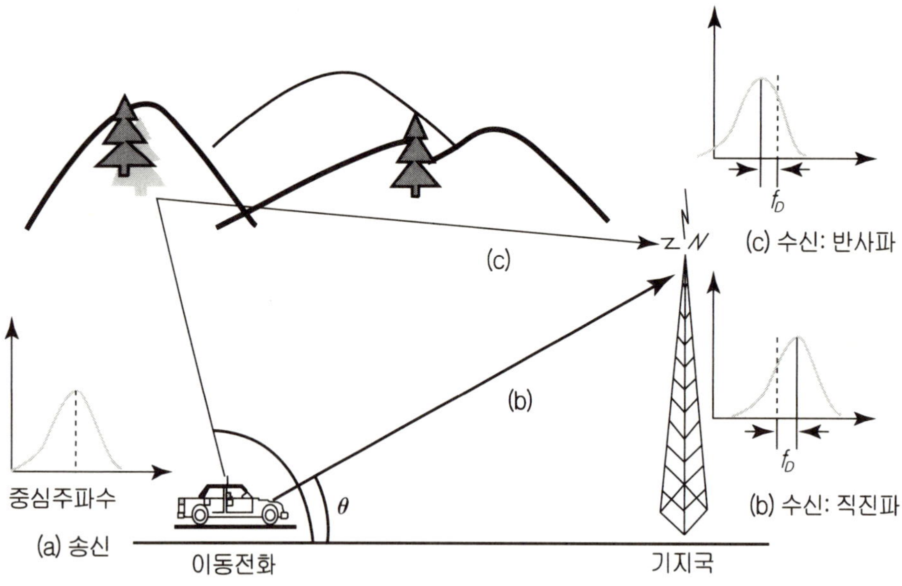


**[그림 2.13]** 도플러 확산이 수신신호에 미치는 영향

도플러 확산이 수신 신호에 어떠한 영향을 미치는지 고찰해 보자(그림 2.13). [그림 2.13(b)]로부터 송신장치에서 송신하는 전파의 출발각이 직진파와 같이 90도 미만일 경우 도플러 주파수($f_D$)만큼 반송파 주파수가 증가함을 볼 수 있다. 반면에, 전파 출발각이 90도에서 180도 사이의 반사파일 경우 도달하는 주파수가 원래의 반송파 주파수보다 $f_D$ 만큼 감소함을 알 수 있다. 즉, 도플러 확산으로 인하여 전송 신호의 스펙트럼이 도플러 주파수만큼 확장하는 문제가 발생한다. 따라서 셀룰러 이동통신시스템에서는 이러한 주파수 편이를 개선하기 위하여 통화중에 주파수를 지속적으로 추적하여 보상한다.

**[표 2.1]** 셀룰러 환경에서 지연확산과 도플러 확산의 특성(출처 : Paulraj[2.5])

| 셀룰러 환경 | 지연확산 | 도플러 확산(주파수) |
|---|---|---|
| 매크로셀(교외지역) | 0.5 μsec | 190 Hz |
| 매크로셀(도심지역) | 5 μsec | 120 Hz |
| 마이크로셀(도심) | 0.3 μsec | 10 Hz |
| 피코셀(옥내) | 0.1 μsec | 5 Hz |

1.8 GHz 대역에서 동작하는 셀룰러 이동통신 환경에서 지연확산(delay spread)과 도플러 확산(Doppler spread)에 대한 전형적인 값은 [표 2.1]과 같다. 즉 수많은 장애물들로 인한 반사파수의 증가로 다중경로수가 상대적으로 증가하는 도심지역에서 운영하는 매크로셀 환경에서 지연확산이 가장 크며, 옥내에서 운용하는 피코셀의 지연확산이 가장 작다. 반면에, 이동전화가 좀 더 빠르게 이동할 수 있는 매크로셀 환경인 교외지역에

서의 도플러 확산이 도심지역이나 옥내 환경에서보다 크다는 것을 알 수 있다.

### 2.2.5 Rayleigh 페이딩과 Rician 페이딩

지금까지 기술한 이동통신채널의 페이딩 특성을 정리하면 크게 대규모 페이딩과 소규모 페이딩으로 구분할 수 있다(그림 2.14). 대규모 페이딩은 송신 및 수신장치 사이의 경로 손실로 인하여 발생하는 신호감쇠와 음영 손실에 의한 신호감쇠로 나눌 수 있다. 소규모 페이딩으로는 다중경로를 통한 전파전파로 인한 시간 지연확산과 이동전화의 이동에 의한 반송파 주파수가 변화하는 도플러 확산을 들 수 있다. 특히, 다중경로에 의한 지연 확산이 큰 경우에 해당하는 주파수 선택적 페이딩(frequency selective fading)과 지연 확산이 작은 경우에 대한 평탄 페이딩(flat fading) 등으로 나눌 수 있다.

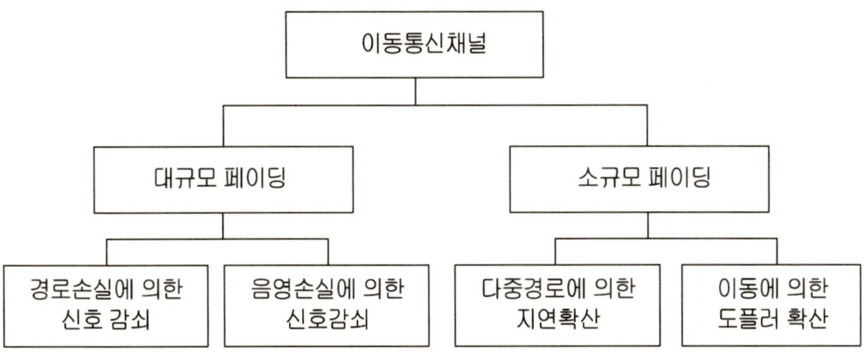


**[그림 2.14]** 이동통신채널에서 소규모 및 대규모 페이딩 종류

그런데 다중경로 페이딩 채널을 통하여 신호가 전송될 때 다중경로 각각의 포락선(envelope)이 열화(fluctuation)된다. 이와 같은 포락선 열화 현상을 확률밀도함수로 나타내면 일반적으로 레일레이(Rayleigh) 분포와 라이시안(Rician) 분포를 따른다고 알려져 있다. 먼저 라이시안 분포의 확률밀도함수 $P_r(r)$은 다음 식과 같이 주어진다.

$$P_r(r) = \frac{r}{\sigma^2}\exp\left[-\frac{r^2+s^2}{2\sigma^2}\right]I_o\left[\frac{sr}{\sigma^2}\right], \quad 0 \le r < \infty, \ s \ge 0 \tag{2.17}$$

단, $s$는 직진파 성분과 관련 있는 파라미터, $I_o(.)$는 0-차수의 수정된 베셀(Bessel)함수를 각각 나타낸다. 식 (2.17)과 같이 주어지는 라이시안 페이딩은 주로 수신신호가 LOS(직진파) 성분만으로 구성되는 분포이다.

그런데 다중경로페이딩 채널에서 LOS 성분이 없고, 수신신호가 단순히 여러 개의 반사파 성분만으로 구성될 경우에는 라이시안 분포는 레일레이 분포로 된다. 즉, 식 (2.17)에서 $s$=0이면 식 (2.18)과 같은 레일레이 분포가 되며, $s$가 매우 커지면 가우시안(Gaussian) 분포와 근사하게 된다.

$$P_r(r) = \frac{r}{\sigma^2}\exp\left[-\frac{r^2}{2\sigma^2}\right], \quad 0 \le r < \infty \tag{2.18}$$

[부록 2.1 ] $x$값에 따른 상오차 함수 $Q(x)$ 값 예시

| x | Q(x) | x | Q(x) | x | Q(x) | x | Q(x) | x | Q(x) | x | Q(x) |
|---|---|---|---|---|---|---|---|---|---|---|---|
| 0.00 | 5.0e−1 | 0.50 | 3.0854 | 1.00 | 1.5866 | 1.50 | 6.6807 | 2.00 | 2.2750 | 2.50 | 6.2097 |
| 0.01 | 4.9601 | 0.51 | 3.0503 | 1.01 | 1.5625 | 1.51 | 6.5522 | 2.01 | 2.2216 | 2.51 | 6.0366 |
| 0.02 | 4.9202 | 0.52 | 3.0153 | 1.02 | 1.5386 | 1.52 | 6.4255 | 2.02 | 2.1692 | 2.52 | 5.8677 |
| 0.03 | 4.8803 | 0.53 | 2.9806 | 1.03 | 1.5151 | 1.53 | 6.3008 | 2.03 | 2.1178 | 2.53 | 5.7031 |
| 0.04 | 4.8405 | 0.54 | 2.9460 | 1.04 | 1.4917 | 1.54 | 6.1780 | 2.04 | 2.0675 | 2.54 | 5.5426 |
| 0.05 | 4.8006 | 0.55 | 2.9116 | 1.05 | 1.4686 | 1.55 | 6.0571 | 2.05 | 2.0182 | 2.55 | 5.3861 |
| 0.06 | 4.7608 | 0.56 | 2.8774 | 1.06 | 1.4457 | 1.56 | 5.9380 | 2.06 | 1.9699 | 2.56 | 5.2336 |
| 0.07 | 4.7210 | 0.57 | 2.8434 | 1.07 | 1.4231 | 1.57 | 5.8208 | 2.07 | 1.9226 | 2.57 | 5.0849 |
| 0.08 | 4.6812 | 0.58 | 2.8096 | 1.08 | 1.4007 | 1.58 | 5.7053 | 2.08 | 1.8763 | 2.58 | 4.9400 |
| 0.09 | 4.6414 | 0.59 | 2.7760 | 1.09 | 1.3786 | 1.59 | 5.5917 | 2.09 | 1.8309 | 2.59 | 4.7988 |
| 0.10 | 4.6017 | 0.60 | 2.7425 | 1.10 | 1.3567 | 1.60 | 5.4799 | 2.10 | 1.7864 | 2.60 | 4.6612 |
| 0.11 | 4.5620 | 0.61 | 2.7093 | 1.11 | 1.3350 | 1.61 | 5.3699 | 2.11 | 1.7429 | 2.61 | 4.5271 |
| 0.12 | 4.5224 | 0.62 | 2.6763 | 1.12 | 1.3136 | 1.62 | 5.2616 | 2.12 | 1.7003 | 2.62 | 4.3965 |
| 0.13 | 4.4828 | 0.63 | 2.6435 | 1.13 | 1.2924 | 1.63 | 5.1551 | 2.13 | 1.6586 | 2.63 | 4.2692 |
| 0.14 | 4.4433 | 0.64 | 2.6109 | 1.14 | 1.2714 | 1.64 | 5.0503 | 2.14 | 1.6177 | 2.64 | 4.1453 |
| 0.15 | 4.4038 | 0.65 | 2.5785 | 1.15 | 1.2507 | 1.65 | 4.9471 | 2.15 | 1.5778 | 2.65 | 4.0246 |
| 0.16 | 4.3644 | 0.66 | 2.5463 | 1.16 | 1.2302 | 1.66 | 4.8457 | 2.16 | 1.5386 | 2.66 | 3.9070 |
| 0.17 | 4.3251 | 0.67 | 2.5143 | 1.17 | 1.2100 | 1.67 | 4.7460 | 2.17 | 1.5003 | 2.67 | 3.7926 |
| 0.18 | 4.2858 | 0.68 | 2.4825 | 1.18 | 1.1900 | 1.68 | 4.6479 | 2.18 | 1.4629 | 2.68 | 3.6811 |
| 0.19 | 4.2465 | 0.69 | 2.4510 | 1.19 | 1.1702 | 1.69 | 4.5514 | 2.19 | 1.4262 | 2.69 | 3.5726 |
| 0.20 | 4.2074 | 0.70 | 2.4196 | 1.20 | 1.1507 | 1.70 | 4.4565 | 2.20 | 1.3903 | 2.70 | 3.4670 |
| 0.21 | 4.1683 | 0.71 | 2.9885 | 1.21 | 1.1314 | 1.71 | 4.3633 | 2.21 | 1.3553 | 2.71 | 3.3642 |
| 0.22 | 4.1294 | 0.72 | 2.3576 | 1.22 | 1.1123 | 1.72 | 4.2716 | 2.22 | 1.3209 | 2.72 | 3.2641 |
| 0.23 | 4.0905 | 0.73 | 2.3270 | 1.23 | 1.0935 | 1.73 | 4.1815 | 2.23 | 1.2874 | 2.73 | 3.1667 |
| 0.24 | 4.0517 | 0.74 | 2.2965 | 1.24 | 1.0749 | 1.74 | 4.0930 | 2.24 | 1.2545 | 2.74 | 6.0720 |
| 0.25 | 4.0129 | 0.75 | 2.2663 | 1.25 | 1.0565 | 1.75 | 4.0059 | 2.25 | 1.2224 | 2.75 | 2.9798 |
| 0.26 | 3.9743 | 0.76 | 2.2363 | 1.26 | 1.0383 | 1.76 | 3.9204 | 2.26 | 1.1911 | 2.76 | 2.8901 |
| 0.27 | 3.9358 | 0.77 | 2.2065 | 1.27 | 1.0204 | 1.77 | 3.8364 | 2.27 | 1.1604 | 2.77 | 2.8028 |
| 0.28 | 3.8974 | 0.78 | 2.1770 | 1.28 | 1.0027 | 1.78 | 3.7538 | 2.28 | 1.1304 | 2.78 | 2.7179 |

| x | Q(x) | x | Q(x) | x | Q(x) | x | Q(x) | x | Q(x) | x | Q(x) |
|---|---|---|---|---|---|---|---|---|---|---|---|
| 0.29 | 3.8591 | 0.79 | 2.1476 | 1.29 | 9.8525e-2 | 1.79 | 3.6727 | 2.29 | 1.1011 | 2.79 | 2.6354 |
| 0.30 | 3.8209 | 0.80 | 2.1186 | 1.30 | 9.6800 | 1.80 | 3.5930 | 2.30 | 1.0724 | 2.80 | 2.5551 |
| 0.31 | 3.7828 | 0.81 | 2.0897 | 1.31 | 9.5098 | 1.81 | 3.5148 | 2.31 | 1.0444 | 2.81 | 2.4771 |
| 0.32 | 3.7448 | 0.82 | 2.0611 | 1.32 | 9.3418 | 1.82 | 3.4380 | 2.32 | 1.0170 | 2.82 | 2.4012 |
| 0.33 | 3.7070 | 0.83 | 2.0327 | 1.33 | 9.1759 | 1.83 | 3.3625 | 2.33 | 9.903e-3 | 2.83 | 2.3274 |
| 0.34 | 3.6693 | 0.84 | 2.0045 | 1.34 | 9.0123 | 1.84 | 3.2884 | 2.34 | 9.6419 | 2.84 | 2.2557 |
| 0.35 | 3.6317 | 0.85 | 1.9766 | 1.35 | 8.8508 | 1.85 | 3.2157 | 2.35 | 9.3867 | 2.85 | 2.1860 |
| 0.36 | 3.5942 | 0.86 | 1.9489 | 1.36 | 8.6915 | 1.86 | 3.1443 | 2.36 | 9.1375 | 2.86 | 2.1182 |
| 0.37 | 3.5569 | 0.87 | 1.9215 | 1.37 | 8.5343 | 1.87 | 3.0742 | 2.37 | 8.8940 | 2.87 | 2.0524 |
| 0.38 | 3.5197 | 0.88 | 1.8943 | 1.38 | 8.3793 | 1.88 | 3.0054 | 2.38 | 8.6563 | 2.88 | 1.9884 |
| 0.39 | 3.4827 | 0.89 | 1.8673 | 1.39 | 8.2264 | 1.89 | 2.9379 | 2.39 | 8.4242 | 2.89 | 1.9262 |
| 0.40 | 3.4458 | 0.90 | 1.8406e-1 | 1.40 | 8.0757 | 1.90 | 2.8717 | 2.40 | 8.1975 | 2.90 | 1.8658 |
| 0.41 | 3.4090 | 0.91 | 1.8141 | 1.41 | 7.9270 | 1.91 | 2.8067 | 2.41 | 7.9763 | 2.91 | 1.8071 |
| 0.42 | 3.3724 | 0.92 | 1.7879 | 1.42 | 7.7804 | 1.92 | 2.7429 | 2.42 | 7.7603 | 2.92 | 1.7502 |
| 0.43 | 3.3360 | 0.93 | 1.7619 | 1.43 | 7.6359 | 1.93 | 2.6803 | 2.43 | 7.5494 | 2.93 | 1.6948 |
| 0.44 | 3.2997 | 0.94 | 1.7361 | 1.44 | 7.4934 | 1.94 | 2.6190 | 2.44 | 7.3436 | 2.94 | 1.6411 |
| 0.45 | 3.2636 | 0.95 | 1.7106 | 1.45 | 7.3529 | 1.95 | 2.5522 | 2.45 | 7.1428 | 2.95 | 1.5889 |
| 0.46 | 3.2276 | 0.96 | 1.6853 | 1.46 | 7.2145 | 1.96 | 2.4998 | 2.46 | 6.9469 | 2.96 | 1.5382 |
| 0.47 | 3.1918 | 0.97 | 1.6602 | 1.47 | 7.0781 | 1.97 | 2.4419 | 2.47 | 6.7557 | 2.97 | 1.4890 |
| 0.48 | 3.1561 | 0.98 | 1.6354 | 1.48 | 6.9437 | 1.98 | 2.3852 | 2.48 | 6.5691 | 2.98 | 1.4412 |
| 0.49 | 3.1207 | 0.99 | 1.6109 | 1.49 | 6.8112 | 1.99 | 2.3295 | 2.49 | 6.3872 | 2.99 | 1.3949 |
| | | | | | | | | | | 3.00 | 1.3349 |

# 연습문제

**1.** 아래와 같은 이동통신채널의 특징에 대하여 설명하고, 이러한 특징(문제점)들을 극복하기 위한 주요 기술에 대하여 설명하시오.

1) 경로손실(path loss)

2) 다중경로 페이딩(multipath fading)

3) 음영손실(shadowing loss)

**2.** 하나의 직진파와 두 개의 반사파로 구성되는 다중경로 페이딩 채널에서 2T시간 구간 동안 2개의 심볼을 전송할 경우, 지연확산으로 인하여 발생하는 심볼(신호) 간 간섭 현상을 그림으로 그리고 설명하시오.

**3.** 이동통신시스템에서 열잡음만 존재하는 이상적인 통신환경과 다중경로 페이딩이 존재하는 현실적인 통신환경에서 신호품질($E_b/N_o$)과 통화품질(BER)의 관계에 대하여 설명하시오.

**4.** 이동전화와 기지국 간에 거리 $d$만큼 떨어져 통신하고 있다고 하자. 이때 이동전화에서 대역폭 $W$를 필요로 하는 무선신호를 기지국으로 전송할 때 기지국에서 요구하는 수신신호품질을 SNR이라고 할 경우 아래 물음에 답하시오.

1) 경로손실에 따른 신호품질의 변화를 설명하시오.

2) 경로손실에 따른 통화품질(BER)의 변화를 설명하시오.

3) 경로손실과 기지국이 서비스하는 무선 커버리지의 관계를 설명하시오.

**5.** 1 GHz의 반송파 주파수를 사용하는 이동통신시스템에서 이동전화가 통화중에 기지국 방향으로 시속 50 km 속도로 이동하고 있다. 이때 이동전화가 기지국으로부터 수신하는 직진파는 90도 미만을 유지한다고 가정한다.

1) 도플러 주파수를 계산하시오.

2) 기지국에서 수신하는 이동전화의 신호 스펙트럼이 어떻게 변하는지 그 특성을 설명하시오.

3) 이때 이동전화가 기지국으로부터 수신하는 전파가 지면을 기준으로 180°로 수신된다고 할때 반송파 주파수는 얼마가 되는지 계산하시오.

4) 주어진 반송파 주파수가 전혀 변하지 않는 이상적인 통신환경을 이동전화의 송신신호가 기지국에 도래하는 방향과 관련하여 설명하시오.

**6.** 셀룰러 이동통신시스템에서 셀의 크기, 통신환경, 다중경로 페이딩 및 도플러 확산 관점에서 이동통신채널의 특성을 설명하시오.

## 참고문헌


[2.1] Bernard Sklar, Digital communications–Fundamentals and Applications, PTR Prentice Hall, 1988.

[2.2] Samuel C. Yang, CDMA RF System Engineering, Artech House, London, 1998.

[2.3] T. S. Rappaport, *Wireless Communications: Principles and Practice*, Prentice Hall PTR, 1996.

[2.4] G. L. Stuber, *Principles of Mobile Communication*, Kluwer Academic Publishers, 1996

[2.5] A. Paulraj and C.B. Papadias,"Array Processing for Mobile Communications,"CiteSeer IST Home Cashed page, 2005.

[2.6] J. D. Kraus, *Antenna*, McGraw–Hill, New York, 1988.

[2.7] ITU–R M.1225, "Guidelines for the Evaluation of Radio Transmission Technologies for IMT–2000,"1997.

[2.8] Simon, Hinedi, and Lindsey, Digital Communication Techniques–signal design and detection, PTR Prentice Hall, 1995.

[2.9] R. Verdone and A. Zanella, "Power and traffic driven handover algorithm in microcellular networks with non–Uniform traffic distribution," IEEE VTC'99, pp.1604–1608, 1999.

[2.10] David K. Cheng, Fundamentals of Engineering Electromagnetics, Addison–Wesley, 1994.(김남 외 3인 공역)

[2.11] 강창순, 조기형, 성단근, "Link capacity and signal power of CDMA system according to spreading code and bandwidth allocations in multipath fading environments," *IEICE Trans. On Communications*, vol. EB84–B, no. 12, pp. 3218–3225, Dec. 2001.

[2.12] J. Anderson, T. Rappaport, S. Yoshida, "Propagation measurements and model for wireless communications channel," *IEEE Communications Magazine*, January 1995.

[2.13] H. Bertoni, Radio propagation for modem wireless systems, Upper Saddle River, NJ; Prentice Hall, 2000.

[2.14] 김상우, 이동통신공학 강의노트, KAIST, 1999.

Chapter

# 03 대역확산통신과 다중접속기술

셀룰러 이동통신시스템에서 다수의 이동전화 사용자가 하나의 기지국과 통신할 수 있도록 접속하는 방법을 다중접속(multiple access) 기술이라 한다. 셀룰러 이동통신시스템에서 가장 널리 사용하는 다중접속 기술로 FDMA(1세대), TDMA(2세대), CDMA(2세대 및 3세대) 그리고 OFDMA(4세대) 방식 등이 있다. 3장에서는 이와 같은 다중접속 기술 중에서 디지털 셀룰러 이동통신 기술의 패러다임을 획기적으로 변화시킨 CDMA 방식과 4세대 이동통신시스템에서 채택하고 있는 OFDMA 기술의 기본적인 동작 원리에 대하여 알아본다.

이를 위하여 먼저 디지털 무선통신시스템의 변조방식 중에서 협대역 변조방식과 광대역 변조방식에 대한 개념을 토대로 대역확산 통신에 대한 전반적인 이론에 대하여 이해한다. 대역확산 통신방식으로 가장 널리 사용되고 있는 직접시퀀스 대역확산(DSSS)과 주파수도약 대역확산(FHSS) 방식에 대하여 살펴본다.

또한 위의 두 가지 대역확산 통신방식 중에서 2세대 및 3세대 셀룰러 이동통신시스템(IS-95A, IS-95B 및 WCDMA)에서 널리 사용하고 있는 CDMA 방식의 동작 원리에 대하여 이해한다. 이와 함께 셀룰러 CDMA 시스템의 무선링크 용량을 단일셀과 다중셀 환경에서 분석하고, 이러한 용량을 샤논의 채널(전송)용량과 비교하여 고찰한다.

마지막으로 4세대 이동통신 표준(후보)규격으로 선정된 모바일 와이맥스와 LTE-Advanced 시스템에서 모두 사용하는 직교 주파수 분할 다중접속(OFDMA)기술과 함께 직교 주파수 분할 다중화(Orthogonal Frequency Division Multiplexing : OFDM) 전송방식의 동작원리와 기본 성능에 대하여 고찰한다.

## 3.1 디지털 변조방식

디지털 무선통신시스템은 디지털 부호와 복호, 디지털변조 및 복조, 초고주파 송수신부 등으로 구성된다(그림 3.1).

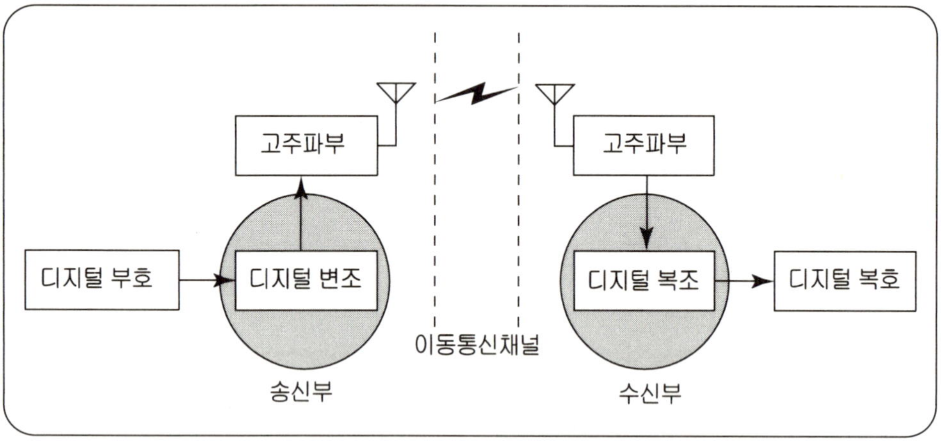


[그림 3.1] 디지털 무선통신시스템의 구조

이와 같이 구성되는 무선통신시스템은 기본적으로 사용자의 정보를 보다 정확하게 전송할 수 있어야 한다. 특히 무선통신시스템은 제한된 자원인 무선 주파수(스펙트럼 또는 spectrum)를 사용하여 정보를 전송하기 때문에 주파수 사용효율을 높일 수 있는 전송기술이 매우 중요하다. 이러한 전송 기술 중에서 협대역 변조방식과 광대역 변조방식에 대하여 살펴본다.

### 3.1.1 협대역 변조

무선 주파수 자원을 사용하여 사용자의 정보를 전송하는 데 있어서, 정보를 전기적 신호로 변환하여 전송하는 데 필요한 최소한의 대역폭만을 이용하는 변조방식을 협대역 변조(narrowband modulation)라고 한다. 이와 같은 협대역 변조방식으로는 진폭, 주파수 및 위상을 변화시키는 방법에 따라 ASK(Amplitude Shift Keying), FSK(Frequency Shift Keying) 그리고 PSK(Phase Shift Keying) 등이 있다. 특히, PSK 방식으로는 BPSK, QPSK 등이 있으며, ASK와 PSK의 특징을 합친 QAM(Quadrature Amplitue Modulation) 방식도 있다.

### 3.1.2 광대역 변조

협대역 변조 방식과 같이 최소한의 대역폭만을 이용하여 사용자 정보를 전송할 경우 이동통신채널에서 발생하는 각종 잡음이나 간섭전력 등에 의하여 전송신호의 품질이 저하되기 때문에, 수신하는 정보의 에러확률이 증가하여 결국 무선 주파수 자원의 사용효율도 떨어지게 된다. 따라서 전송하고자 하는 사용자의 정보가 필요로 하는 최소한의 대역폭만을 이용하는 것이 아니라, 의도적으로 그것보다 더 넓은 대역폭을 사용하여 정보를 전송하는 변조방식을 광대역 변조(wideband modulation)라고 한다. 광대역 변조 방식에서는 송신측에서 먼저 협대역 변조 과정을 거친 후 대역폭을 확장하기 위한 변조과정을 추가로 수행하게 되는데, 이와 같은 방식을 스펙트럼 확산(spread spectrum) 또는 대역확산 변조 방식이라 한다.

## 3.2 대역확산 통신(Spread Spectrum Communication)

대역확산 변조 방식에는 직접시퀀스 대역확산(Direct Sequence Spread Spectrum: DSSS), 주파수 도약 대역확산(Frequency Hopping Spread Spectrum: FHSS), 시간 도약 대역확산(Time Hopping Spread Spectrum: THSS) 등이 있으며, DSSS 방식과 FHSS 방식이 이동통신시스템에 널리 사용된다. 특히 DSSS 방식은 2세대 및 3세대 셀룰러 CDMA 이동통신시스템에서 사용하는 대역확산 통신방식이며, FHSS는 주로 군통신에서 사용되어 왔다. 여기서는 이러한 기술들의 동작원리에 대하여 알아본다.

### 3.2.1 직접시퀀스 대역확산 방식

#### 3.2.1.1 시간영역과 주파수 영역의 신호해석

시간영역의 신호는 푸리에 변환(Fourier transform)을 통하여 주파수 영역의 신호로 변환할 수 있다. 예를 들어 구형펄스(rectangular pulse) 신호인 $y(t)=rect(t/T)$를 푸리에 변환하면, 주파수 영역에서 sinc 함수인 $Y(w)=Tsinc(wT/2)$로 표현할 수 있다(그림 3.2). 여기서, $T$는 구형펄스의 시간 구간을 나타내며, $w$는 각주파수, $f$는 주파수를 각각 나타낸다. sinc 함수는 주파수가 0일 때 최대값을 가지며, 주파수가 증가할수록 크기가 감소하는 저주파 통과(low pass) 신호이며, 모든 정수배의 각 주파수에서 크기가 0이 됨을 알 수 있다.

일반적으로 디지털 정보 비트는 구형펄스로 표현할 수 있는데, 정보 전송률이 낮을수록 $T$가 큰 값을 가지게 된다. 반면에, 시간영역에서 $T$가 큰 구형펄스일수록 주파수 영역에서 sinc 함수의 진폭은 커지지만 주파수 축의 폭, 즉 대역폭은 작아지게 된다. 이는 저속의 전송률을 갖는 데이터를 전송할수록 보다 좁은 주파수 대역폭을 필요로 하며, 고속 데이터일수록 넓은 대역폭을 차지한다는 것을 의미한다.

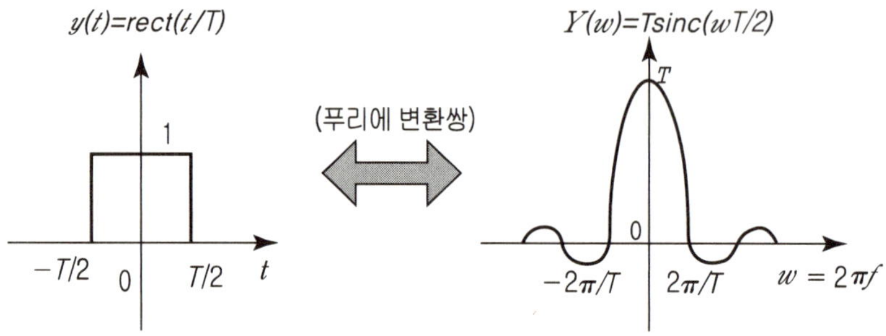

[그림 3.2] 시간영역과 주파수영역에서 신호해석

### 3.2.1.2 직접시퀀스 대역확산

직접시퀀스 대역확산(DSSS) 통신은 확산부호(spreading code)인 고속의 펄스열(sequence)을 사용자의 정보 비트열에 직접(direct) 곱하여 원래 정보가 차지하는 신호대역폭보다 훨씬 넓은 대역폭으로 확산시켜 전송하는 방식을 말한다. DSSS 시스템의 송신장치는 협대역 변조장치와 광대역 변조를 위한 대역확산장치 등으로 구성된다.

반면에, 수신장치는 광대역 역변조를 위한 역확산장치와 역확산을 마친 신호로부터 원래 신호를 복원하기 위한 협대역 복조 과정 등으로 구성된다. 특히, 확산 및 역확산 과정에서 사용되는 확산부호는 사용자 정보 비트열보다 훨씬 빠른 고속의 펄스열을 사용하는데, 일반적으로 전송하는 정보의 보호를 위해 열잡음과 유사한 성질을 지닌 의사잡음(Pseudo random Noise: PN) 부호를 사용한다(그림 3.3).

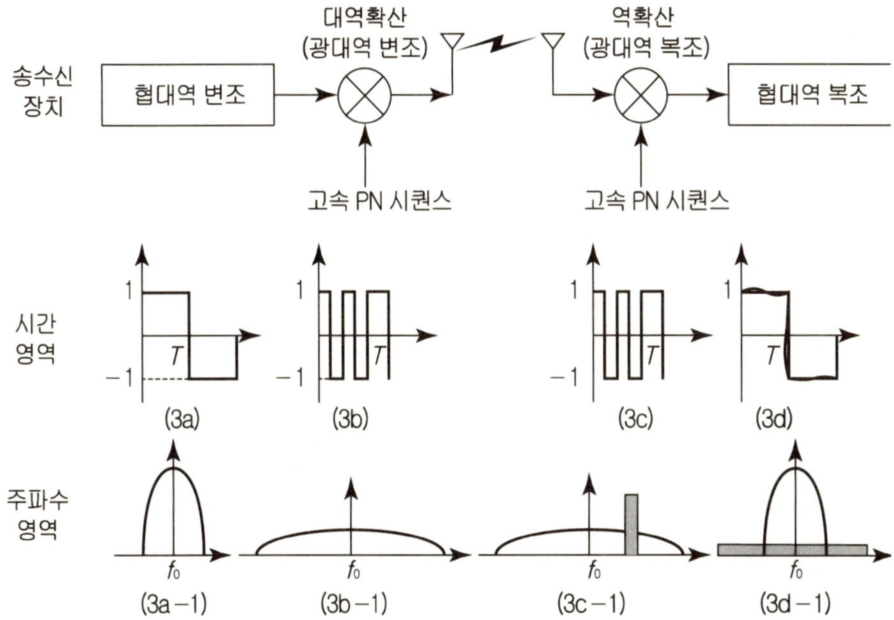


**[그림 3.3]** 직접시퀀스 대역확산(DSSS) 통신시스템

[그림 3.3]을 이용하여 DSSS 통신시스템의 동작과정을 알아보자. 먼저 그림 (3a)와 같은 시간영역의 사용자 정보 비트열을 주파수 영역에서 협대역 변조과정을 거치면 그림 (3a-1)과 같이 중심주파수가 $f_0$인 양측대파(double sideband) 신호를 얻을 수 있다. 그리고 시간영역에서 +1 또는 −1의 값을 가지는 고속 PN 시퀀스(그림 3b)를 +1과 −1을 갖는 사용자 정보비트열(그림 3a)에 직접 곱하면, 그 결과는 고속 PN 시퀀스(부호)의 속도에 의해 결정된다. 이와 같이 얻어진 시간영역에서의 결과를 주파수 영역에서 해석하면 그림 (3b-1)과 같이 대역폭이 원래 신호가 차지하던 대역폭보다 훨씬 넓게 확산됨을 알 수 있다. 이와 같이 확산된 광대역폭을 통하여 사용자 정보들은 이동통신 채널을 경유하여 전송된다.

한편 이동통신채널과 수신안테나를 통하여 전송되는 동안 확산된 신호는 열잡음을 비롯한 여러 가지 간섭신호와 함께 수신장치로 유입된다. 그림 (3c-1)은 이들 중에서 확산신호가 열잡음 신호와 섞여 수신되는 예를 보여준다. 열잡음 등 원하지 않는 신호와 함께 확산된 넓은 대역폭에 퍼져서 수신된 신호는, 송신장치의 확산과정에서 사용한 확산부호와 동일한 고속 PN 시퀀스를 직접 곱하는 역확산 과정을 거치면 송신측에서 보낸 사용자의 협대역 신호(그림 3a)와 열잡음과 같은 원치 않는 신호전력이 넓은 대역폭에 펴져 있는 상태로 복조가 이뤄진다.

왜냐하면, 시간영역에서 +1, −1을 갖는 동일한 확산부호를 서로 곱한 자기상관(auto-correlation)은 1이 되지만, 확산부호와 랜덤한 열잡음을 곱하여 자기상관을 구하면 0이 된다. 마지막 단계로서, 이러한 광대역 복조된 신호를 협대역 복조 과정을 거치면 그림 (3d-1)과 같이 열잡음이 일부 포함된 사용자의 정보를 수신하게 된다. 이러한 수신신호는 최종적으로 전송신호의 대역폭과 동일한 넓이를 갖는 대역통과필터를 거쳐 수신된다.

## 3.2.2 주파수 도약 대역확산 방식

DSSS 시스템은 사용자 정보를 전송하는 데 필요한 최소 대역폭에 비해 훨씬 많은 시스템 대역폭을 이용하여 전송한다. 따라서 전송하고자 하는 사용자 정보의 속성이나 종류와는 무관하게 주어진 시스템 대역폭을 항상 사용하게 된다. 반면에, 주파수 도약 대역확산(FHSS) 시스템은 기본적으로 사용자 정보를 협대역 변조방식으로 변조하여 전송하다가 해당 주파수 대역에 간섭신호가 유입되어 전송신호의 품질이 저하될 경우, 주어진 시스템 대역폭 내에서 다른 협대역폭을 갖는 주파수로 변경하여 사용자 정보의 신호를 전송하게 된다. 이와 같이 원래 주어진 협대역 변조신호를 주어진 시스템 대역폭 내에서 다른 주파수 대역으로 변경한 후 신호를 다시 전송하는 대역확산 통신 기술을 주파수 도약(호핑) 대역확산 통신 방식이라고 한다.

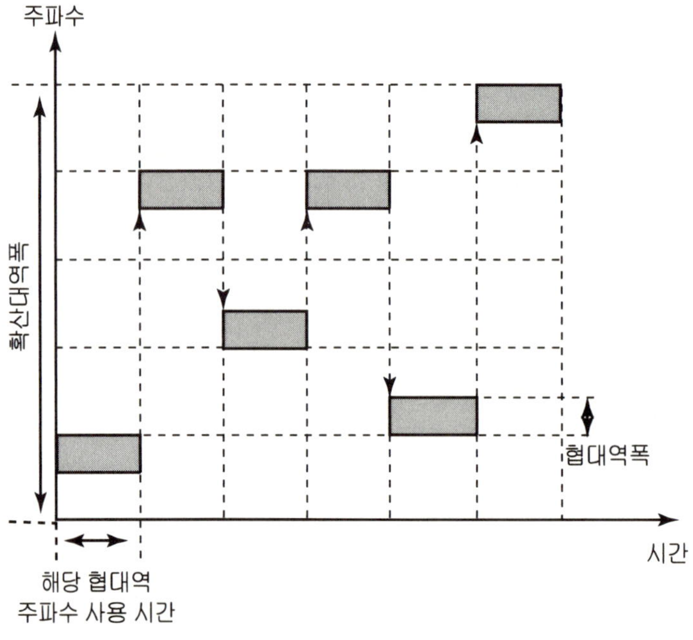


[그림 3.4] 주파수 도약 대역확산 시스템에서 주파수 도약 방법

[그림 3.4]는 협대역 변조된 신호가 시스템 대역폭내에서 간섭신호를 회피하기 위하여 시간에 따라 다른 주파수로 도약하는 예를 나타낸다. FHSS 시스템에서는 기본적으로 사용자의 정보를 전송하기 위해서 협대역 변조된 신호를 전송하는 매 시간마다 비록 협대역폭을 사용하지만 전송시간 전체의 관점에서 보면 확산대역폭 전체를 사용하여 전송한다. 고속 PN 시퀀스를 이용하여 대역을 확산시키는 DSSS 시스템과는 달리 FHSS 시스템에서는 주파수 도약(호핑) 패턴 발생기와 함께 주파수 합성기를 사용하여 대역을 확산시킨다.

따라서 FHSS 시스템과 DSSS 시스템의 공통점은 사용자 정보의 신호가 필요로 하는 대역폭보다 훨씬 넓은 광대역폭을 사용하여 정보를 전송한다. 반면에 DSSS 방식은 고속 PN 시퀀스를 이용하여 직접 협대역폭을 광대역폭으로 확산시키고, FHSS는 원래의 사용자 정보의 신호가 필요로 하는 대역폭만을 이용하여 주파수를 도약하면서 넓어진 시스템 대역폭 전체를 활용하여 정보를 전송한다는 점이다.

## 3.3 부호분할 다중접속(CDMA) 시스템의 원리

DSSS 방식을 셀룰러 시스템에 응용한 최초의 이동통신시스템은 CDMA 방식의 IS-95A 시스템이다. 여기서는 이러한 DSSS-CDMA(이하 CDMA) 시스템의 원리와 주요 특징들에 대하여 살펴본다.

### 3.3.1 확산처리이득과 무선링크 용량

주파수 분할 이중화(FDD) 방식을 사용하는 CDMA 셀룰러 이동통신시스템에서 기지국과 이동전화 간의 무선링크(상향링크 또는 하향링크)를 통하여 제공할 수 있는 최대 사용자수를 무선링크 용량(wireless link capacity)이라고 한다. 즉, 셀룰러 이동통신시스템에서 하향링크 용량(downlink capacity)은 기지국에서 이동국 방향으로의 무선 링크를 통하여 통신하는 데 있어서, 동시에 최대 몇 명까지의 이동전화 사용자들과 적절한 통화 품질을 유지하면서 접속시켜 줄 수 있는지를 말한다. 반대로 상향링크 용량(uplink capacity)은 이동전화에서 기지국 방향으로의 무선 링크를 통하여 정보를 전송하는 데 있어서, 동시에 적절한 수준의 통화품질을 유지하면서 통화할 수 있는 최대 이동전화 사용자 수를 말한다.

따라서 셀룰러 CDMA 이동통신시스템의 무선링크 용량은 시스템의 확산대역폭, 열잡음 전력뿐만 아니라 홈셀 및 인접셀에서 통신하는 이동전화 또는 기지국에 의해 야기되는 간섭전력 등에 많은 영향을 받는다.

#### 3.3.1.1 확산처리이득

확산대역 통신 시스템에서는 사용자 정보를 전송하는 데 필요한 신호대역폭을 광대역 변조과정을 통하여 광대역폭으로 확산시켜 잡음이나 간섭신호로부터 영향을 줄이게 된다. 이와 같이 사용자 신호의 대역폭을 좀 더 넓은 대역폭으로 확산시키는 정도를 확산처리이득(processing gain) $G_p$라고 하며 다음 식과 같이 정의된다.

$$G_p = \frac{T}{T_c} \approx \frac{W}{R} \tag{3.1}$$

단, $T$는 사용자 정보의 비트 구간, $T_c$는 대역확산 부호의 한 비트를 의미하는 칩(chip)의 시간구간을 나타낸다. 그리고 $R(=1/T)$은 사용자 정보의 전송률(transmission bit rate), $W(\approx 1/T_C)$는 확산된 시스템의 대역폭을 각각 나타낸다. 확산처리이득은 확산된 시스템 대역폭에 비례하지만, 사용자의 정보 전송률에는 반비례한다. 또한 대역확산 통신 시스템의 대역폭($W$)은 확산부호의 속도(chip rate)와 거의 같다.

따라서, DSSS 통신시스템에서 확산처리이득은 대역확산 부호인 고속 PN 시퀀스의 속도(chip rate)와 사용자 정보의 전송속도에 의해 주어지며, FHSS 통신시스템의 확산처리이득은 주파수 도약 속도(hopping rate)와 사용자 정보의 전송속도에 의해 결정된다. DSSS 방식의 셀룰러 이동통신시스템인 IS-95A는 상향링크의 대역확산 부호, 즉 이동전화 측에서 사용하는 확산부호는 1.2288 Mcps(Mega chip per second)의 PN부호를 사용한다. 예를 들어, 1.25 MHz의 시스템 대역폭($W$)을 사용하는 IS-95A시스템에서 9.6 kbps의 음성 서비스(채널 부화호율 고려)를 제공할 경우 확산처리이득은 다음과 같이 구할 수 있다.

$$G_p = 10\log\frac{1.2288x10^6}{9.6x10^3} = 10\log 128 = 21\,dB \quad \text{또는}$$

$$G_p = 10\log\frac{1.25x10^6}{9.6x10^3} = 10\log 130 \approx 21\,dB$$

한편 2장에서 언급한 바와 같이 무선통신시스템의 신호품질($E_b/N_o$)은 사용자 정보 전송률과 시스템 대역폭의 관계로 표현할 수 있다. 식 (2.9)와 식 (3.2)를 이용하여 확산처리이득과 신호품질과의 관계를 살펴보자.

$$\frac{E_b}{N_o} = \frac{ST}{N_o} = \frac{S/R}{N/W} = \frac{S}{N}\left(\frac{W}{R}\right) \tag{3.2}$$

식 (3.2)에서 *SNR*은 협대역 변조 및 복조 과정을 통하여 수신한 신호품질을 나타내며, *W*는 시스템 대역폭을 나타낸다. 여기서 확산대역 과정 없이 협대역 변복조 과정만 수행하는 통신시스템에서는 전송하는 신호의 점유대역폭과 시스템 대역폭이 동일하다. 예를 들면, 9.6 kbps의 음성정보를 전송하는 데 요구되는 *W*는 대략 10 kHz 미만이다. 반면에 대역확산 통신시스템에서 *W*는 음성신호대역폭이 아니라 확산대역폭을 나타낸다. 즉, 위의 예에서 보듯이 확산처리이득은 128 정도로 큰 값을 가진다.

따라서 대역확산 통신시스템에서 사용자 정보의 수신신호품질($E_b/N_o$)은 협대역 신호의 품질(SNR)을 확산처리이득($W/R$)만큼 크게 개선시킨 것이다. 즉 사용자 신호를 포함하여 잡음이나 간섭신호가 혼재하는 대역확산 통신환경에서 확산처리이득은 사용자 정보의 신호품질을 개선시키는 방향으로 작용한다는 것을 알 수 있다.

### 3.3.1.2 CDMA 시스템의 무선링크 용량

DSSS 방식의 CDMA 셀룰러 이동통신시스템은 여러 사용자들이 동시에 동일한 주파수를 사용하면서도 직교 성질이 좋은 서로 다른 부호를 이용하여 다른 사용자와 구분하는 통신 방식이다. 따라서 TDMA나 FDMA 방식들과는 달리 비록 동일한 주파수를 사용하여 동시에 통신은 가능하지만, 사용자들이 수신하는 신호에는 열잡음을 비롯하여, 다른 사용자들이 야기하는 간섭신호를 함께 수신하게 된다.

이와 같은 특징을 고려할 때 다중셀로 구성된 CDMA 이동통신시스템에서 특정 셀에서 통화중인 이동전화 사용자의 수신신호품질인 비트에너지대 잡음과 간섭전력밀도의 비, 즉 $E_b/N_t$는 다음과 같이 표현할 수 있다.

$$\frac{E_b}{N_t} = \frac{S/R}{\{N_o W + I_{hc} + I_{oc}\}/W} = \frac{S/R}{\{N_o W + (K-1)S + I_{oc}\}/W} \tag{3.3}$$

단, $I_{hc}$는 $K$명의 사용자가 홈셀(home cell 또는 serving cell)과 통신할 때 $K-1$명의 사용자로부터 수신하는 간섭전력, $I_{oc}$는 홈셀 주변에 인접한 다른 셀로부터 수신하는 간섭전력을 각각 의미한다(그림 3.5 참조). CDMA 이동통신시스템은 모든 사용자들이 동일한 주파수를 함께 사용하기 때문에 홈셀로부터 수신하는 간섭은 해당 사용자를 제외한 $K-1$명의 사용자로부터 수신하게 된다. 그리고 이러한 홈셀 간섭 및 인접셀 간섭 등은 각 셀에서 통화하는 사용자들의 분포나 전파환경 등에 따라 많은 영향을 받는다.

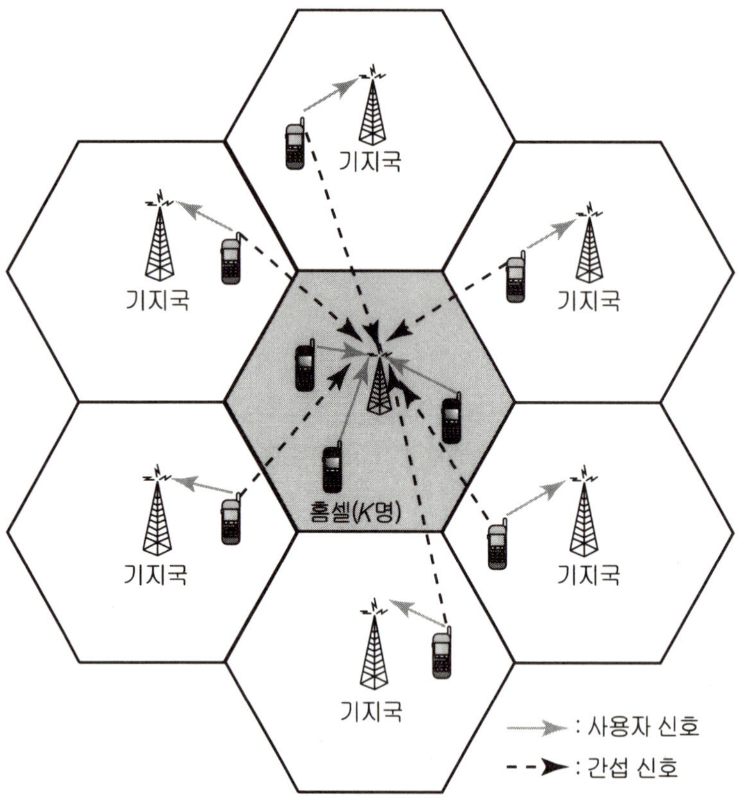


**[그림 3.5]** 셀룰러 CDMA 이동통신시스템에서 홈셀 및 인접셀 간섭 모델

3.3.1.2.1 단일셀 환경에서 무선링크 용량

하나의 셀만으로 구성되는 셀룰러 CDMA 이동통신시스템에서는 인접셀로부터 수신하는 간섭은 없고, 오직 홈셀내에서 발생하는 간섭만 존재한다. 따라서 식 (3.3)으로부터 사용자가 수신하는 신호품질은 다음과 같이 간략화할 수 있다.

$$\frac{E_b}{N_t} = \frac{S/R}{\{N_o W + (K-1)S\}/W} \tag{3.4}$$

일반적으로 사용자가 수신하는 전체전력 중에서 열잡음 전력($N_o W$)은 간섭전력에 비해 매우 작다. 따라서 식 (3.4)에서 열잡음 전력을 무시하면 다음과 같이 근사화할 수 있다.

$$\frac{E_b}{N_t} \approx \frac{W/R}{K-1} \tag{3.5}$$

따라서 단일셀 환경에서 CDMA 이동통신시스템의 무선링크 용량, 즉 하나의 무선링크를 통하여 CDMA 시스템이 제공할 수 있는 최대 사용자 수($K_{max}$)는 다음과 같다.

$$K_{\max} \equiv C \approx \frac{W/R}{E_b/N_t} + 1 \tag{3.6}$$

즉 단일 셀로 구성된 CDMA 시스템의 무선링크 용량은 시스템에서 전송하고자 하는 정보 전송률과 확산처리이득에 비례하고, 전송하고자 하는 정보의 품질을 적절하게 제공하는 데 요구되는 신호품질에 반비례함을 알 수 있다. 즉, 음성 서비스와 같이 전송률이 낮은 경우에는 요구 신호품질도 낮기 때문에 $K_{max}$가 크지만, 고속 전송률과 고품질을 요구하는 데이터나 영상 정보와 같은 경우에는 시스템에서 동시에 서비스해줄 수 있는 최대 사용자 수가 감소하게 된다. 그러나 전체 전송률(aggregated data rate) 관점에서 볼 경우 무선링크 용량은 동일하다고 할 수 있다.

#### 3.3.1.2.2 다중 셀 환경에서 무선링크 용량

여러 개의 셀로 구성되는 셀룰러 CDMA 이동통신시스템에서 이동전화에서 전송한 신호를 기지국에서 수신한 신호의 품질은 식(3.3)과 같이 주어진다. 즉, 역방향 링크에서 기지국이 수신하는 전체 신호전력은 열잡음 전력, 홈셀에서 통화중인 사용자들이 전송하는 신호전력, 그리고 주변셀들에서 사용자들이 전송하는 간섭전력 등으로 구성된다. 그런데 이 중에서 홈셀에서 수신하는 전체 전력은 자기 신호를 뺀 나머지 신호들로서, 모두 다른 사용자들에 의한 간섭신호로 작용하게 된다. 해당 기지국은 홈셀에서 자기와 통신중인 사용자 수를 알기 때문에 홈셀 간섭 전력을 측정할 수 있다. 그러나 홈셀이 아닌 주변 셀들로부터 수신되는 간섭 전력량은 직접 측정할 수 없다.

따라서 다중셀로 구성되는 셀룰러 CDMA 이동통신시스템의 무선링크 용량은 해석적인 방법이나 시뮬레이션을 통하여 보다 정확하게 구할 수 있다. 대신 일반적으로 알려진 근사적인 방법에 의한 무선링크 용량은 홈셀 간섭($I_{hc}$)과 인접셀 간섭($I_{oc}$)의 비를 이용하여 다음과 같이 얻을 수 있다.

$$K_{\max} \equiv C \approx \frac{W/R}{E_b/N_t(1+F)} \tag{3.7}$$

$$F = I_{oc}/I_{hc}$$

식 (3.7)에서 간섭비 $F$를 셀 간 간섭비(inter-cell interference factor)라고 하며, 일반적으로 0.55 정도로 알려져 있다. 그리고 셀 간 간섭비(F)와 1장에서 설명한 주파수 재사용계수(frequency reuse factor), $f$의 근사적인 관계는 $f=(1+F)$로 주어지며, 1/f을 주파수 재사용 효율이라고도 한다. 이상적인 통신환경에서 CDMA 셀룰러시스템의 주파수 재사용계수는 1이지만 사용자가 인접셀로부터 수신하는 간섭 등의 영향으로 증가하게 되어, 주파수 재사용 효율은 일반적으로 0.6~0.7 정도로 알려져 있다.

한편 셀룰러 CDMA 이동통신시스템에서 홈셀에서 통화중인 사용자들의 송신 전력은 기지국에서 제어가 가능하다. 그러나 통상적으로 인접셀에서 통신중인 사용자들의 송신 전력은 홈셀의 기지국에서 제어할 수 없기 때문에 인접셀에서 발생하는 간섭량이 증가할 경우 무선링크 용량은 감소한다. 따라서 다중셀 환경에서 무선링크 용량은 단일셀 환경에서 무선링크 용량에 비해 크게 감소하게 된다.

이와 같이 다중셀 환경에서 용량이 감소하는 문제점을 개선하기 위하여 여러 가지 기술들을 사용한다. 예를 들어, 이동전화 사용자들이 통화중에 항상 이야기(talkspurt)하는 것이 아니라 통화중 묵음 구간이 존재한다. 이러한 묵음 구간 동안에는 이동전화에서 이를 감지하여 송신전력을 최소화할 수 있다. 이와 같이 음성이 존재(통화)하는 구간을 음성활동률(voice activity factor)이라 하며 일반적으로 0.5 정도 된다.

또한 간섭 영향을 줄이기 위하여 기지국에서 사용하는 송수신 안테나를 전방향 안테나가 아닌 지향성 안테나를 이용하여 다수의 섹터를 갖는 기지국을 설치 운용한다. 예를 들어, 3-섹터(sector)로 기지국 안테나를 설치할 경우 하나의 수신(또는 송신) 안테나가 360도 방향으로부터 도래하는 모든 신호를 수신하는 것이 아니라, 120도씩 나누어서(3-섹터) 각각의 안테나들이 이들 방향으로부터 오는 신호들만 수신(송신)함으로써 간섭의 영향을 줄일 수 있다. 이와 같은 것을 섹터화(sectorization)라고 하며, 3-섹터를 사용할 경우 섹터화율은 2.55 정도로 알려져 있다. 따라서 이와 같은 사항들을 고려할 때 다중셀로 구성되는 셀룰러 CDMA 이동통신시스템의 무선링크 용량은 다음과 같이 표현할 수 있다.

$$K_{\max} \equiv C = \frac{W/R}{E_b/N_t}\frac{1}{\alpha}\frac{1}{f}s \tag{3.8}$$

단, $\alpha$는 음성활동률(voice activity factor), $s$는 섹터화율, $f$는 주파수 재사용 계수를 각각 나타낸다.

다중셀 환경에서 CDMA 시스템의 무선링크 용량을 구해보자. 예를 들어 확산부호의 속도가 1.2288 Mcps, 음성서비스의 전송속도 9.6 kbps, 적절한 품질의 음성 서비스를 위해 요구되는 신호품질($E_b/N_t$)을 7 dB(=5.0), 음성활동률 0.5, 주파수 재사용계수 1.55 일 때 1.25 MHz의 시스템 대역폭(확산대역폭)을 사용하는 셀룰러 CDMA 시스템의 섹터당 무선링크 용량은 다음과 같다.

$$K_{\max} = \frac{1228.8/9.6}{5.0}\frac{1}{0.5}\frac{1}{1.55} = 33$$

즉 하나의 전방향(omni-direction) 기지국 안테나(1-섹터)로 구성되는 셀룰러 CDMA 시스템에서 무선링크(상향 또는 하향링크)를 통하여 동시에 수용할 수 있는 섹터당 최대 사용자 수는 약 33명이다. 반면에 기지국을 3개의 섹터로 구성할 경우 섹터화율 2.55를 고려하면 하나의 셀에서 상향링크를 통하여 동시에 수용할 수 있는 최대 사용자 수는 84명으로 증가시킬 수 있다.

한편, 셀룰러 CDMA 이동통신시스템에서 무선링크 용량과 통화품질을 개선하기 위해서는 간섭신호 전력을 적절하게 제어하는 것이 중요하다. 식 (3.7)에서 보는 바와 같이 무선링크 용량을 개선하기 위해서는 무엇보다 신호품질을 나타내는 $E_b/N_t$의 $N_t$를 감소시키면서 $E_b$를 함께 줄여 $E_b/N_t$를 일정하게 해주는 송신전력제어 기술이 필수적이다. 또한 주파수 재사용계수를 줄이기 위해서도 다른 셀로부터 유입되는 간섭을 감소시키는 것이 중요하다. 따라서 CDMA 이동통신시스템은 열잡음 전력이 아닌 간섭전력에 의해 용량이 제한을 받는다고 하여 간섭제약 시스템(interference-limited system)이라고 한다.

#### 3.3.1.3 샤논의 채널용량과 CDMA 무선링크 용량

샤논의 채널용량은 다른 사용자들에 의한 간섭신호 없이 열잡음만 존재하는 이상적인 통신환경인 AWGN 채널에서 신호대역폭 $W$와 수신신호품질(SNR)을 갖는 디지털 무선통신시스템이 최대로 전송할 수 있는 정보 전송률(bps)로 정의되며, 식 (3.9)와 같이 주어진다.

$$C = W \log_2\left(1 + \frac{S}{N}\right)[\text{bit/sec}] \tag{3.9}$$

즉 AWGN 채널에서 디지털 무선통신시스템의 채널용량은 시스템 대역폭($W$)과 SNR에 비례함을 알 수 있다. 여기서, $S/N$은 무선통신시스템에서 사용자 정보의 신호품질로 송신전력에 비례하게 된다. 따라서 대역폭 $W$를 갖는 무선통신시스템에서 사용자의 정보 전송률을 최대로 하기 위한 간단한 방법은 송신전력을 최대로 하면 된다.

그러나 일반적으로 무선통신 환경은 한 명의 사용자만 있는 것이 아니라 다수의 사용자들이 동시에 통신한다. 따라서 어떤 사용자의 신호품질을 개선하기 위하여 송신전력을 증가시키면 다른 사용자들이 수신하는 간섭 전력도 증가하기 때문에 송신전력 ($S$)을 증가시키는 데 한계가 따른다. 한편 이와 같이 주어지는 채널용량은 극히 이상적이며, 열잡음 전력 외에 간섭전력이나 다중경로 페이딩 등이 존재하는 실재 이동통신채널 환경에서는 그 값이 크게 감소하게 된다.

반면에 셀룰러 CDMA 이동통신시스템은 동일한 주파수를 모든 통신 사용자들이 동시에 사용하여 정보를 송수신하기 때문에 AWGN 채널과는 달리 시스템 대역폭내에서 간섭신호를 수신하게 된다. 따라서 셀룰러 CDMA 시스템의 무선링크 용량은 샤논의 채널용량에 비해 감소하게 된다.

특히, 단일셀로 구성되는 CDMA 시스템의 무선링크 용량은 식 (3.6)에서 주어진 것과 같이 시스템 대역폭($W$)에 비례하지만 신호품질($E_b/N_t$)에는 반비례한다. 그런데 여기서 신호품질은 CDMA 시스템에서 제공하는 서비스 종류와 기지국이나 이동전화에서 사용하는 변복조 시스템 등에 의해 결정된다. 즉 고품질을 요구하는 영상 서비스는 일반적으로 음성 서비스에 비해 고속의 전송률을 가지기 때문에 보다 높은 수준의 신호품질을 요구한다. 따라서 음성 서비스를 제공할 경우에 비해 영상 서비스를 제공할 경우 최대 수용 가능한 사용자 수는 감소하지만, 시스템에서 전송하는 최대 정보 전송률(aggregated data rate)은 비슷하다.

### 3.3.2 PN 부호와 월시부호의 상관 특성

직접시퀀스 대역확산(DSSS) 방식의 셀룰러 CDMA 이동통신시스템은 대역을 확산하기 위한 시퀀스로 의사잡음부호(Pseudo random Noise: PN code)를 사용한다. PN 부호는 특정한 패턴을 갖지 않고 열잡음 신호와 같이 랜덤한 패턴을 가지기 때문에 확산된 신호가 잡음 신호처럼 임의의 신호로 변형되어 신호포착에 쉽게 노출되지 않는 성질이 있다.

DSSS 방식의 셀룰러 CDMA 이동통신 시스템인 IS-95A에서는 직접확산을 위해 이동전화에서 상향링크용으로 1.2288 Mcps의 속도를 갖는 PN 부호를 사용한다. 이러한 성질을 갖는 PN 부호는 열잡음 신호와의 상관성(correlation)이 거의 없어 대역 확산된 사용자의 신호가 잡음신호와 함께 섞여 수신기의 상관기(correlator)를 통과하면 거의 0이 되기 때문에 원래 사용자 신호를 쉽게 복원할 수 있게 된다.

IS-95A시스템의 하향링크에서 사용자들을 서로 구분하기 위하여 월시부호(Walsh code)를 사용한다. 월시부호는 월시함수(Walsh function)라고도 하며, 자기상관은 1이고 상호상관(cross-correlation)은 0인 성질을 갖는다. 즉 자기와 동일한 부호(또는 함수)를 곱하면 1(최대상관)이 되고 다른 부호와 곱하면 0이 된다. 이러한 성질을 갖는 월시함수는 다음과 같이 정의된다.

$$W_{2n} = \begin{pmatrix} W_n & W_n \\ W_n & \overline{W_n} \end{pmatrix} \tag{3.10}$$

단, $n$=1, 2, …은 정수이다. 위 식에서 모든 행(row)은 다른 모든 행과 직교(orthogonal)하기 때문에 상관성이 전혀 없다. 즉 상호상관은 0이다. 위 식으로부터 다음과 같은 여러 개의 월시함수(부호)를 얻을 수 있다.

$$W_2 = \begin{pmatrix} 0 & 0 \\ 0 & 1 \end{pmatrix},\ W_4 = \begin{pmatrix} W_2 & W_2 \\ W_2 & \overline{W_2} \end{pmatrix} = \begin{pmatrix} 0 & 0 & 0 & 0 \\ 0 & 1 & 0 & 1 \\ 0 & 0 & 1 & 1 \\ 0 & 1 & 1 & 0 \end{pmatrix},\ \cdots$$

월시함수의 직교(orthogonality) 성질을 고찰해 보자. $W_4$와 같이 주어지는 월시 함수(matrix)에서 4개의 각 행벡터(row vector)를 다음과 같이 표현할 수 있다.

$$W0 = [0 \quad 0 \quad 0 \quad 0], \quad W0\ \text{변환} : [-1 \quad -1 \quad -1 \quad -1]$$
$$W1 = [0 \quad 1 \quad 0 \quad 1], \quad W1\ \text{변환} : [-1 \quad +1 \quad -1 \quad +1]$$
$$W2 = [0 \quad 0 \quad 1 \quad 1], \quad W2\ \text{변환} : [-1 \quad -1 \quad +1 \quad +1]$$
$$W3 = [0 \quad 1 \quad 1 \quad 0], \quad W3\ \text{변환} : [-1 \quad +1 \quad +1 \quad -1]$$

위와 같이 주어지는 월시함수의 각 행벡터들에 대하여 상관 특성을 구해보자. 먼저 $W0$와 $W1$에 대한 상호상관과 $W0$의 자기상관은 다음과 같이 얻어진다.

$$\frac{\sum_{1}^{4} W0 \text{ x } W1}{4} = \frac{(-1+1-1+1)}{4} = 0 \text{ (자기 이외의 월시부호와의 상관)}$$

$$\frac{\sum_{1}^{4} W0 \text{ x } W0}{4} = \frac{(+1+1+1+1)}{4} = 1 \text{ (동일부호 최대상관)}$$

위의 예에서 보는 바와 같이 월시부호는 자기와 동일한 부호와의 자기상관 특성은 최대값을 가지지만, 자기 이외의 다른 부호와의 상관 특성은 최소값을 가진다. 이와 같은 성질 때문에 월시부호는 IS-95A 시스템의 하향링크에서 사용자들을 구분하거나 각종 CDMA 채널들을 구분하는 데 사용한다.

### 3.3.3 직교 가변확산 계수(OVSF) 부호의 특징

한편 비동기식 3세대 이동통신시스템인 WCDMA 시스템에서는 서비스 종류에 따라 가변적인 확산처리 이득을 얻기 위하여 확산계수(spreading factor)가 가변적인 직교가변확산계수, 즉 OVSF(Orthogonal Variable Spreading Factor) 부호를 사용한다. OVSF 부호는 부호나무(code tree)를 이용하여 다양한 종류의 확산계수를 갖는 부호를 생성할 수 있다.

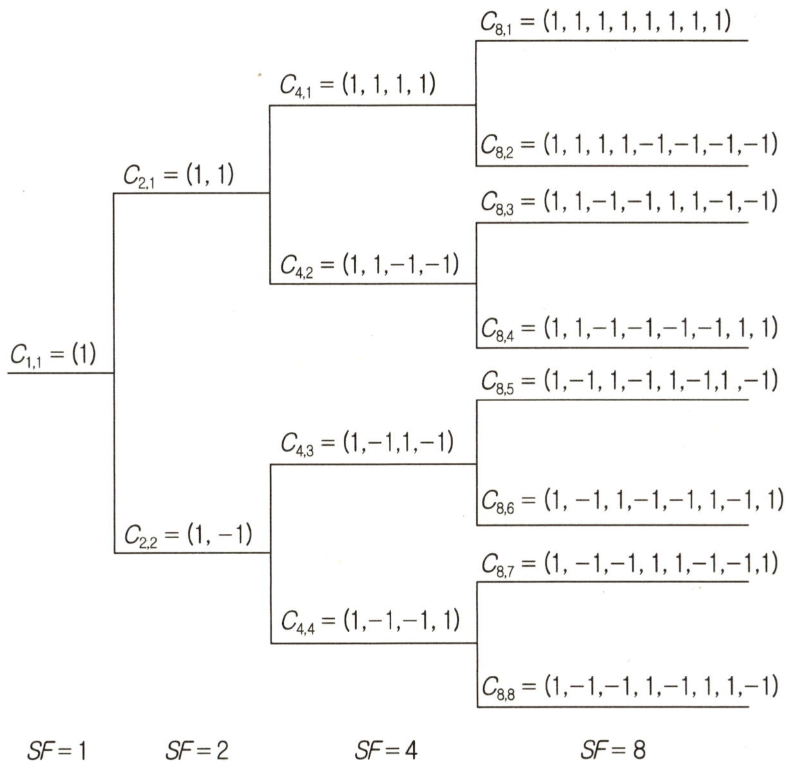


**[그림 3.6]** 직교가변 확산계수(OVSF) 부호

[그림 3.6]은 WCDMA 시스템에서 OVSF 부호나무를 나타낸 것이다. $C_{SF,\,k}$로 나타낸 OVSF 부호는 채널 구분용(channelization)으로도 사용한다. 여기서 *SF*는 확산계수(Spreading Factor), *k*는 부호번호(code number)를 각각 의미하며, 부호번호는 $0 \le k \le SF-1$과 같은 수를 갖는다. 각 OVSF 부호의 열행렬(row matrix)들은 서로 직교(orthogonal)하며, 특정 확산계수(*SF*)를 갖는 직교확산부호 수는 *SF* 값과 같다. 예를 들어, *SF*=4인 직교확산부호 수는 4개, *SF*=8인 부호 수는 8개이다. 따라서 WCDMA 시스템에서는 이와 같이 가변적인 확산계수 부호를 이용하여 가변 전송률을 갖는 서비스를 효과적으로 제공할 수 있다.

### 3.3.4 CDMA 시스템의 무선링크 채널 구조

CDMA 이동통신시스템에서 상향링크 또는 하향링크로 통화 정보를 전송하기 위해서는 여러 종류의 CDMA 채널들을 사용해야 한다. IS-95A시스템의 하향링크와 상향링크에서 제공하는 채널들에 대하여 살펴보자(그림 3.7). 기지국에서 이동전화 방향인 하향링크는 파일럿 채널(Pilot Channel), 동기 채널(Synchronization Channel), 호출 채널

(Paging Channel), 그리고 통화 채널(Traffic Channel) 등 4종류의 채널로 구성되어 있다. 반면에 이동전화에서 기지국 방향인 상향링크는 액세서 채널(Access Channel)과 통화 채널(Traffic Channel) 등 2종류의 채널로 구성되어 있다.

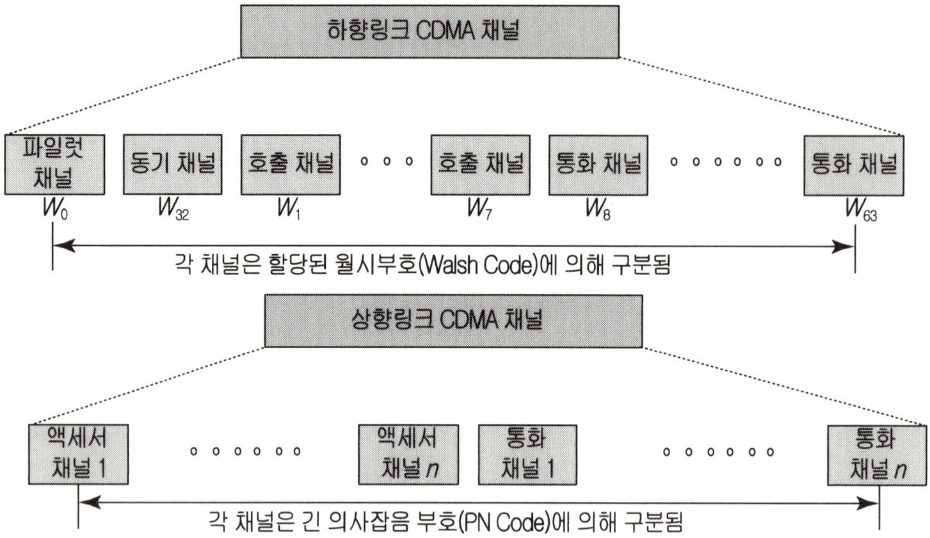


**[그림 3.7]** IS-95A시스템의 CDMA 채널 종류와 월시부호 할당

하향링크에서 파일럿 채널은 각 기지국당 고유한 특성을 가지며, 이러한 기지국의 존재를 주변에서 활동하고 있는 이동전화들에 알려주는 일종의 등대 역할을 한다. 동기 채널은 기지국과 이동전화간의 동기를 유지하는 데 필요한 시각 정보를 기지국에서 GPS로부터 수신한 후 이동전화에 동기 정보를 전송하는 데 이용하는 채널이다. 호출 채널은 자기 기지국 관할의 모든 이동전화들에 네트워크 정보를 전송하거나, 상대방 이동전화에서 특정 이동전화를 찾고자 할 경우 호출 채널을 이용한다. 하향링크 통화 채널은 파일럿, 동기, 호출 채널들을 이용하여 통화를 위한 준비과정을 마무리한 후 휴대전화 방향으로 사용자가 보내고자 하는 음성이나 데이터 등의 정보를 전송하는 채널이다. 이러한 하향링크의 통화 채널은 기지국에서 55개 정도를 가지며 최대로 61개까지 보유할 수도 있다.

반면에 상향링크의 액세서 채널은 휴대전화 사용자가 통화를 시도하기 위해 통화 버튼을 누를 경우 휴대전화의 전자 식별번호(Electronic Serial Number: ESN), 전화번호 등과 같은 휴대전화 관련 정보를 기지국으로 전달하는 채널이다. 그리고 상향링크의 통화 채널은 액세서 채널을 통해 이동통신 네트워크(인증센터와 홈 위치등록기 등)에 전달되어 해당 이동전화가 정당한 사용자라는 것 등에 대한 인증을 마치면 기지국으로 이동전화 사용자가 전달하고자 하는 정보를 전송하는 데 사용되는 채널이다. 상향링크에서 이동전화는 액세서 채널 1개와 통화 채널 1개만 있으면 기지국과 통화할 수 있다.

한편 하향링크에서 사용되는 4종류의 CDMA 채널과 여러 개의 통화 채널들은 고유한 특성을 갖는 월시부호(Walsh Code)로 정보를 포장(covering)하여 전송한다. 이동전화가 통화를 하기 위해서는 파일럿 채널 → 동기 채널 → 호출 채널 → 통화 채널 순서대로 정보를 수신해야 하는데, 각 과정별로 기지국에서 포장한 것과 동일한 부호를 사용하여 포장을 벗긴 후 정보를 수신하게 된다. 그러나 여러 이동전화들이 사용하는 상향링크의 액세서 채널과 통화 채널을 기지국에서 구분하는 방법은 하향링크와 달리 부호길이가 대단히 길면서 의사잡음과 같이 랜덤한 특성을 갖는 PN 부호로 구분한다.

이러한 CDMA 채널들은 이동전화와 기지국내에 소프트웨어 형태로 탑재된다. 즉 상향링크 CDMA 채널들의 송신 기능은 이동전화에 구현되고, 이들을 수신하는 기능은 기지국내에 구성된다. 그리고 하향링크 CDMA 채널들의 송신 기능은 기지국 내에, 이들을 수신하는 기능은 이동전화 내에 각각 구성된다.

### 3.3.5 CDMA 시스템에서 직교성질과 신호품질

셀룰러 CDMA 시스템에서 CDMA 채널 또는 사용자들을 구분하기 위하여 월시부호와 같은 직교성이 우수한 부호를 사용한다. 그런데 대역 확산된 CDMA 사용자들의 신호가 이동통신채널을 통하여 전송될 때 지연확산 특성이 다양한 다중경로 페이딩을 겪게 된다. 이러한 다중경로 페이딩으로 인하여 월시부호에 의해 포장된 이동전화 사용자들의 신호나 CDMA 채널들이 완전한 직교성을 유지하지 못하게 된다. 이와 같은 직교성 상실(orthogonality loss)은 이동전화 사용자의 신호품질을 저하시키는 요인으로 작용하게 된다.

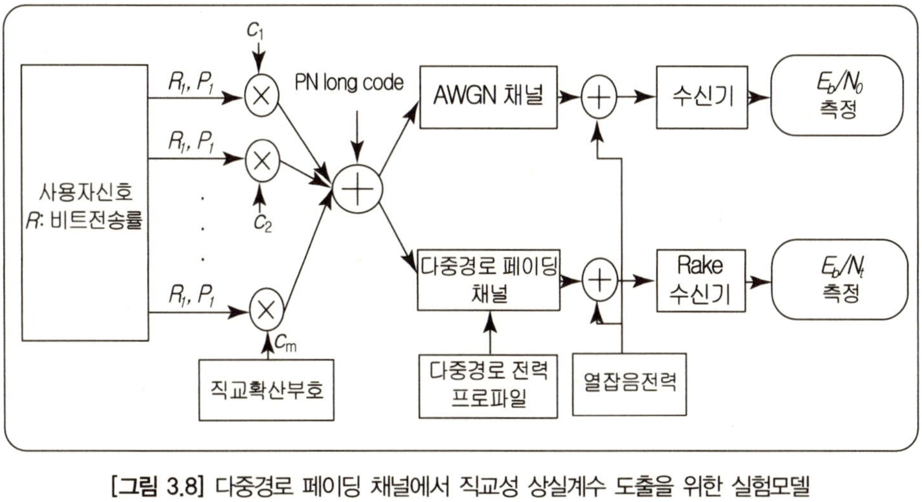


[그림 3.8] 다중경로 페이딩 채널에서 직교성 상실계수 도출을 위한 실험모델

직교성 상실 정도를 정의하기 위하여 AWGN 채널과 다중경로 페이딩 환경에서 신호품질의 비로 직교성 계수(orthogonality factor) $\delta$를 다음과 같이 표현할 수 있다.

$$\delta \equiv \left(\frac{E_b}{N_o}\right)\left(\frac{E_b}{N_t}\right)^{-1} \tag{3.11}$$

단, $E_b/N_o$와 $E_b/N_t$는 각각 AWGN 채널과 다중경로 페이딩 채널에서 비트 에너지대 간섭전력 밀도비를 나타낸다.

이와 같이 정의되는 직교성 계수를 구하기 위하여 시뮬레이션 모델을 이용하여 신호품질을 측정할수 있다(그림 3.8). 즉 직교확산 과정을 거친 사용자 신호를 AWGN 채널을 통과시킨 후 수신기에서 신호품질을 측정하고, 마찬가지로 직교확산 처리된 신호를 다중경로 페이딩 채널을 통과시킨 후 레이크 수신기를 이용하여 신호품질을 측정할 수 있다. 예를 들어, $\delta$=1은 확산된 부호채널 간에 완전한 직교성을 유지(perfect orthogonality)한다는 의미이다. 그리고 $\delta$=0.4는 확산부호 채널 간에 직교성이 40% 정도만 유지되고, 나머지 60% 정도는 확산 부호 간에 상호간섭(mutual interference)으로 작용한다는 의미로 해석할 수 있다.

직교성 상실정도가 신호품질에 미치는 영향을 서로 다른 전력 프로파일(예를 들어 균일분포나 지수분포)을 갖는 다중경로 페이딩 채널에서 통화품질(BER)과 신호품질 관점에서 고찰할 수 있다(그림 3.9). 그림에서 알 수 있는 바와 같이 목표 BER을 $10^{-3}$으로 할 때, AWGN 채널에서 $E_b/N_o \approx 7$ dB이다. 반면에, 균일한 전력 분포(uniform distribution: unif)를 갖는 다중경로 페이딩 채널에서 신호품질은 $(E_b/N_t)_{unif} \approx 9$ dB, 지수분포의 전력 프로파일(exponential distribution: expo)을 갖는 다중경로 페이딩 채널에서 신호품질은 $(E_b/N_t)_{exp} \approx 10.2$ dB와 같이 얻어진다.

따라서 식 (3.11)로부터 직교성 계수($\delta$)가 균일분포를 갖는 다중경로 페이딩 채널에서는 0.63, 지수분포의 다중경로페이딩 채널에서는 0.47 정도를 나타낸다. 즉, 이와 같은 내용은 우수한 직교성질을 가지는 확산부호로 대역 확산하여 여러 채널들을 동시에 전송할 경우, 지수분포와 같은 전력분포를 갖는 다중경로 페이딩 채널에서 채널들 간의 직교 성질이 좀 더 많이 상실되어 상호간섭으로 작용한다는 것을 뜻한다.

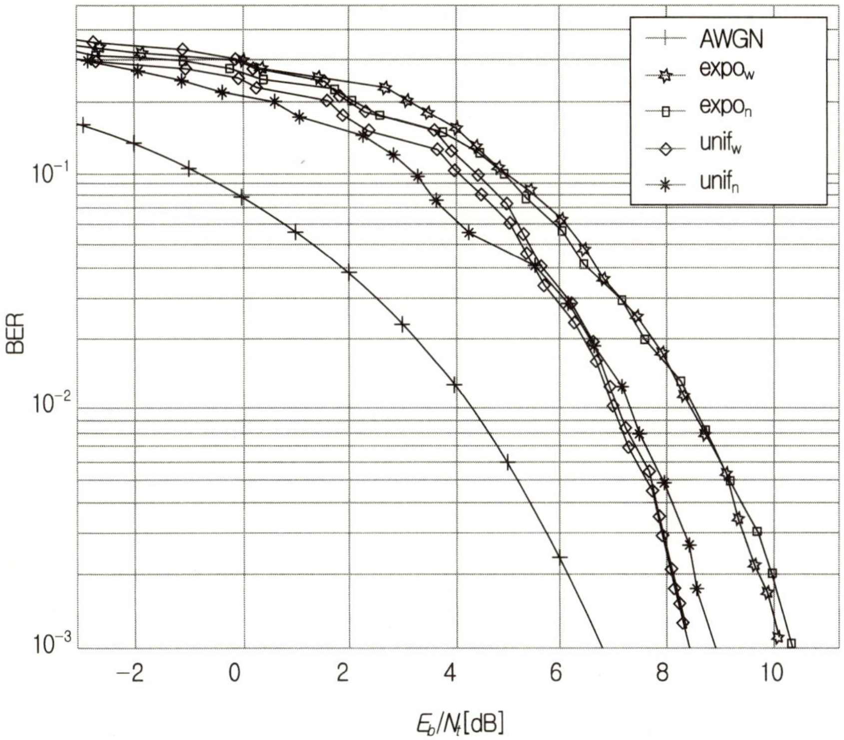


**[그림 3.9]** 다중경로 페이딩 채널에서 통화품질(BER)과 신호품질($E_b/N_t$)

## 3.4 직교 주파수 분할 다중접속(OFDMA) 기술

FDMA, TDMA 및 CDMA 등과 같은 다중접속 기술들은 하나의 반송파를 이용하여 사용자 정보를 변조하여 전송한다. 이와는 달리 직교 주파수 분할 다중화(Orthogonal Frequency Division Multiplexing: OFDM) 방식은 다수의 부반송파를 이용하여 사용자 정보를 다중화하여 전송한다. 1960년대 초고주파 군용시스템에 사용되었던 OFDM 기술은 이후 방송시스템을 비롯하여 최근에는 3.5세대 및 4세대 이동통신시스템에도 사용하게 되었다.

OFDM 기술은 사용 가능한 시스템 대역폭을 여러 개의 직교하는 부반송파로 나눈 뒤 이들을 통하여 고속의 정보를 변조하여 전송하는 방식이다. 그런데 다중경로 페이딩 환경에서 지연확산으로 인하여 수신기에 도달하는 신호(심볼) 상호 간에 간섭(ISI)을 야기하여 신호의 품질을 저하시킨다. 이러한 문제점을 해결하기 위하여 OFDM 시스템은 각 부반송파들을 통하여 사용자 정보를 전송하기 전에 일정한 시간의 보호구간과 사용자 정보의 심볼을 삽입하여 이들 정보들이 수신기에 도달할 때 상호간섭을 제거한다.

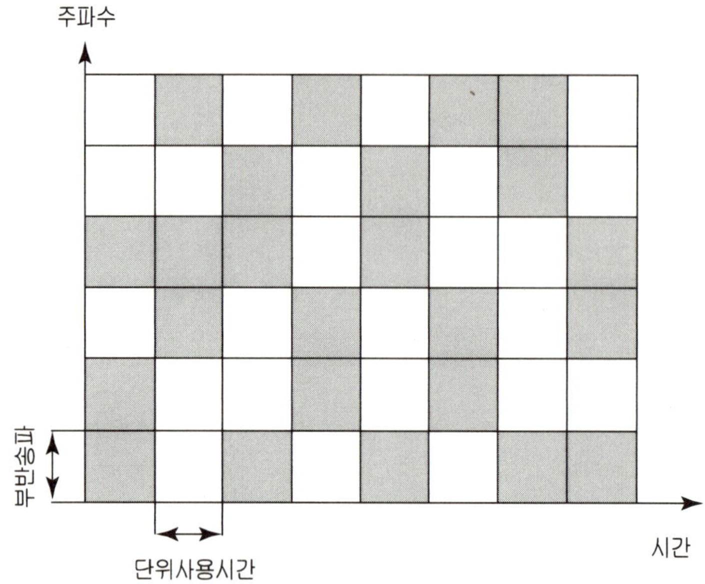


**[그림 3.10]** 직교 주파수 분할 다중접속 방법

이와 같은 OFDM 전송기술을 기반으로 직교하는 주파수를 시간적으로 변경해 가면서 여러 명의 이동통신 사용자들이 무선 접속하여 정보를 전송하는 다중접속 방식을 직교 주파수 분할 다중접속(Orthogonal Frequency Division Multiple Access: OFDMA)이라 한다(그림 3.10). 따라서 OFDMA는 서로 다른 사용자들의 정보 간 간섭을 줄이면서 넓은 대역폭을 이용하여 고속의 정보를 전송할 수 있는 특징이 있다. 이와 같은 OFDMA 기술은 3.5세대 와이브로 시스템과 4세대 이동통신(후보)규격인 Mobile WiMAX 진화규격과 LTE-Advanced 시스템 등에서 사용하고 있다.

여기서는 OFDM 전송 기술의 기본 구조와 함께 동작원리에 대하여 알아보고, 이동통신채널의 지연확산 등이 OFDM 시스템에 미치는 영향에 대하여 고찰한다.

### 3.4.1 직교 주파수 분할 다중화(OFDM) 시스템의 원리

주파수 분할 다중화(Frequency Division Multiplexing: FDM) 방식에서는 전체 주파수 대역을 일정한 대역폭을 갖는 $N$개의 부채널(subchannel)로 분할하여 각각의 부채널들이 서로 중첩(overlap)되지 않도록 인접 부채널들 간에 충분한 보호대역(guard band)을 삽입하여 주파수 다중화한다. 이러한 보호대역으로 인하여 FDM 기술은 주파수 사용효율이 현저하게 저하된다.

반면에 OFDM 전송 방식은 고속 전송률을 갖는 사용자 데이터가 직렬 심볼열로 입력되면 다수($N$개)의 병렬 심볼열로 변화한 후 부반송파로 각 열의 심볼을 변조하여, 이들 변조된 $N$개의 부채널들 간에 보호대역 없이 서로 중첩된 형태로 주파수 다중화하여 전송함으로써 주파수 사용효율을 크게 개선할 수 있다.

OFDM 시스템에서는 비록 부반송파들이 주파수 영역에서 중첩되어도, 부반송파들 사이의 간격이 $1/Ts$(단, $Ts$는 OFDM 심볼주기)의 정수가 되도록 하면 이들 부반송파들은 서로 직교(orthogonal)하게 된다. 즉 각 부반송파의 중심 주파수에서 상호상관(cross-correlation)을 계산하면 0이 되기 때문에 중첩된 각 부반송파들의 (OFDM) 신호들은 인접한 부반송파의 간섭 영향 없이 수신할 수 있다.

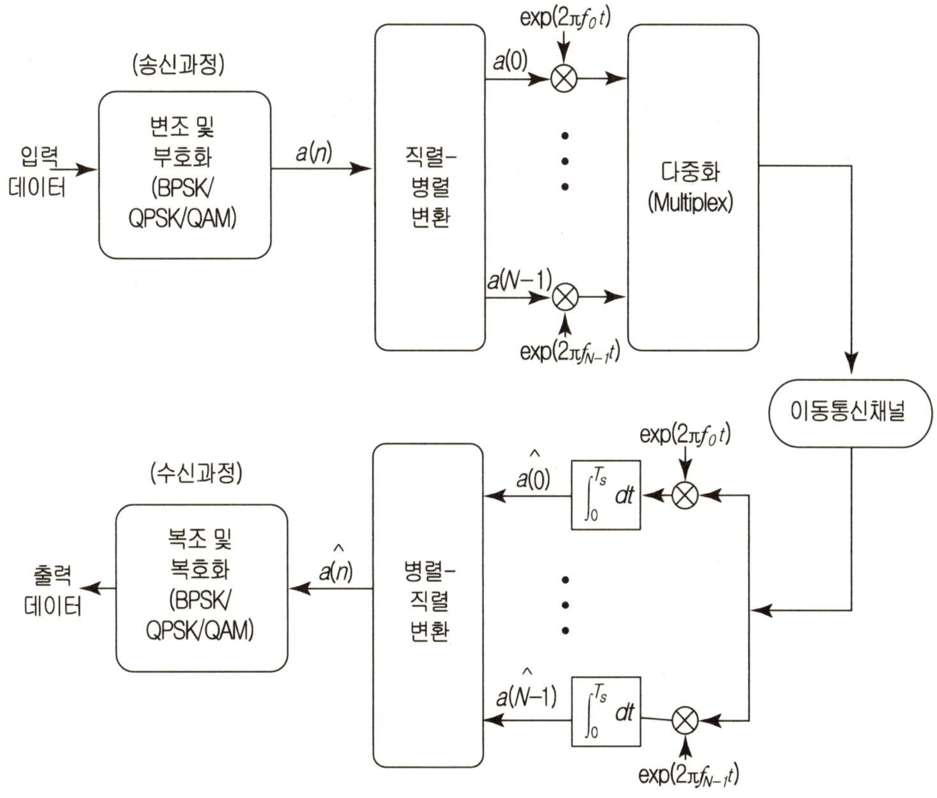


**[그림 3.11]** OFDM 송수신 시스템 (출처: Cimini [3.12])

[그림 3.11]은 기본적인 OFDM 전송시스템을 나타낸다. OFDM 시스템은 직렬로 입력되는 고속의 사용자 정보를 병렬로 처리하여 분리한 후, 이들 각각에 별도의 부반송파를 할당하여 사용자 정보를 변조한 후 다중화하여 전송한다. 반면에 다중경로 페이딩 채널을 통하여 수신되는 신호를 OFDM 심볼구간($Ts$) 동안 적분하면 특정 부반송파에 대한 심볼을 얻게 된다. 그리고 다른 모든 부반송파에 대해서는 적분구간 $Ts$ 내에서는

사이클의 수가 정수이기 때문에 적분결과가 항상 0이 된다. 이와 같은 OFDM 송신신호는 IFFT(Inverse Fast Fourier Transform)을 이용하여 구현할 수 있다.

한편 [그림 3.11]과 같이 구성되는 OFDM 송신시스템에서 다중화 기능을 거친 후의 부반송파들은 [그림 3.12]와 같이 서로 중첩된 모습으로 전송된다.

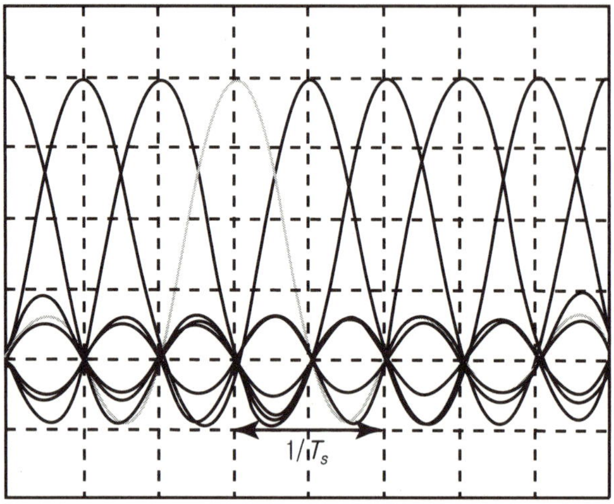


**[그림 3.12]** OFDM 시스템에서 중첩된 부반송파

그런데 다중경로 페이딩 채널에서 지연확산이 하나의 심볼길이(주기)보다 클 경우 이 신호들은 주파수 선택적 페이딩(frequency selective fading)을 겪게 되어, 먼저 송신된 반사경로에 의한 지연 심볼이 나중에 전송된 직진경로의 심볼에 간섭(ISI)을 야기하여 수신신호품질을 크게 저하시킨다.

또한 다중경로 페이딩 채널에서는 OFDM 변조에 사용된 부반송파간에 직교성이 깨질 경우 상호간섭을 야기하는데, 이것을 (부)반송파간 간섭(Inter-Carrier Interference: ICI)이라고 한다. 이러한 ICI는 ISI와 더불어 신호품질을 저하시키는 또 다른 요인으로 작용한다. 이와 같은 부반송파간의 간섭은 부반송파들간에 싸이클 수의 차이가 정수가 아닐 경우 직교성이 상실되어 발생한다(3.13).

따라서 OFDM 송신장치에서는 [그림 3.13]과 같이 OFDM 심볼 사이에 채널의 최대 지연확산보다 긴 보호구간(Gp)을 두고, OFDM 심볼에서 이 지연확산 시간에 해당하는 만큼의 일정부분을 복사하여 보호구간에 삽입함으로써 OFDM 심볼을 순환확장(Cyclic Prefix 또는 Cyclic Extension)시켜 ISI와 ICI를 모두 제거한다. [그림 3.13]에서 $T_s$는 OFDM 심볼의 전체길이, $T_{cp}$는 보호구간과 길이가 같은 순환확장 길이, $T_u$는 OFDM 유효 심볼구간을 각각 나타낸다.

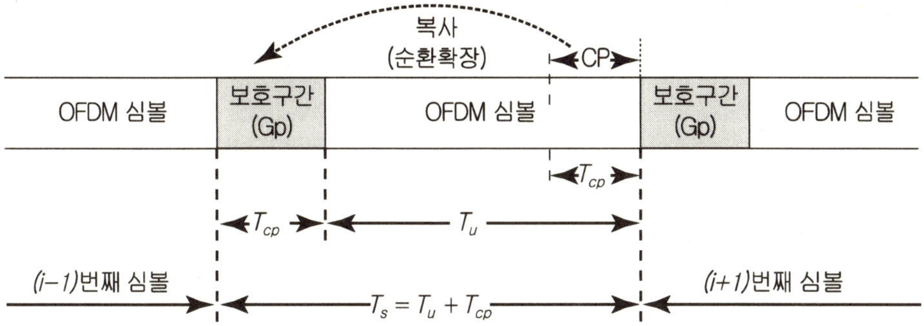


[그림 3.13] OFDM 심볼구간, 보호구간 및 순환확장(CP)

## 3.4.2 이동통신채널 특성과 OFDM 시스템 성능

이동통신채널의 다중경로 페이딩에 의한 지연확산(DS)은 수신신호 상호 간에 간섭(ISI)을 야기하여 사용자 정보의 전송품질을 저하시킨다. 이와 같은 문제를 방지하기 위하여 OFDM 시스템에서는 사용자 정보의 프레임을 전송할 때 이동통신채널의 지연확산 특성을 고려하여 보호구간에 순환확장을 복사하여 추가한다. 여기서는 [표 3.1]과 같이 주어지는 OFDM 시스템에서 순환확장과 지연확산이 OFDM 시스템의 성능에 미치는 영향을 고찰한다.

[표 3.1] OFDM 시스템 파라미터

| 항목 | | 값 |
|---|---|---|
| 부반송파 개수($N_{FFT}$) | | 1024 |
| 채널 대역폭($BW$) | | 8.75 [MHz] |
| 샘플링 주파수 | | 10 [MHz] |
| 샘플 구간($1/Fs$) | | 100 [ns] |
| 부반송파 간격($BW_{sub} = BW/N_{FFT}$) | | 9.765625 [kHz] |
| 유효심볼구간($T_u = 1/BW_{sub}$) | | 102.4 [$\mu s$] |
| 순환확장(CP) 구간 | $T_{cp1} = T_u/4$ | 25.6 [$\mu s$] |
| | $T_{cp2} = T_u/8$ | 12.8 [$\mu s$] |
| OFDM 심볼 전체 구간 | ($T_s = T_u + T_{cp1}$) | 128.0 [$\mu s$] |
| | ($T_s = T_u + T_{cp2}$) | 115.2 [$\mu s$] |
| 변조방식 | | BPSK, QPSK,16 QAM |
| 지연확산(DS) | | 5 [$\mu s$], 10 [$\mu s$], 20 [$\mu s$] |

### 3.4.2.1 순환확장과 OFDM 시스템의 BER 성능

먼저 지연확산이 주어진 이동통신채널에서 순환확장의 길이에 따른 OFDM 시스템의 성능을 살펴보자.

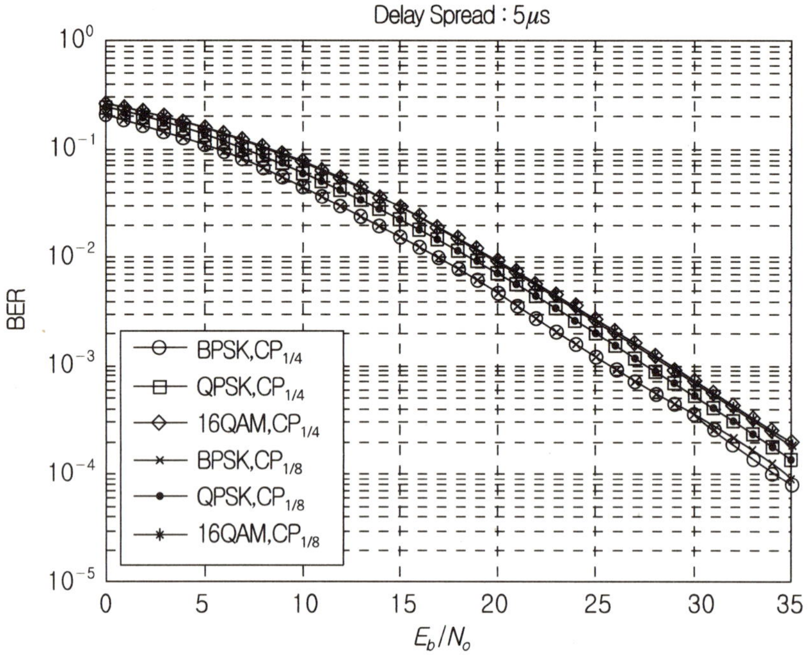


**[그림 3.14]** 순환확장(CP) 길이에 따른 OFDM 시스템의 성능(지연확산 : 5 μs)

[그림 3.14]는 지연확산이 5[μs]일 때 순환확장 길이와 변조 방식에 따른 시스템의 BER 성능을 보여준다. 지연확산이 순환확장 구간에 비해 훨씬 작기 때문에 심볼간 간섭의 영향은 없고 단지 채널의 신호감쇄로 인한 성능차이를 보이고 있음을 알 수 있다. 고차 변조방식인 QAM은 BPSK, QPSK보다 ICI와 ISI에 더 민감하기 때문에 일반적으로 순환확장 구간이 지연확산 값보다 평균적으로 4배 정도 길게 설정하는 것으로 알려져 있다.

[그림 3.15]는 지연확산이 10[μs]일 경우, $CP_{1/4}$ ($T_u$/4=25.6[μs])의 절반 정도이므로 심볼간 간섭(ISI) 및 부반송파간 간섭(ICI)은 존재하지 않음을 알 수 있다. 하지만 $CP_{1/8}$ ($T_u$/8=12.8[μs])인 경우 $CP_{1/4}$에 비해 간섭이 증가함을 알 수 있다. QPSK와 16QAM에서도 BPSK와 유사한 결과를 보이고 있음을 보여준다. QPSK, 16QAM에 대하여 $CP_{1/8}$인 경우에 BER 목표 값이 $10^{-2}$일 때, 지연확산 값이 CP 크기만큼 증가함에 따라 각각 약 7 dB, 20 dB 정도의 성능 열화가 발생한다.

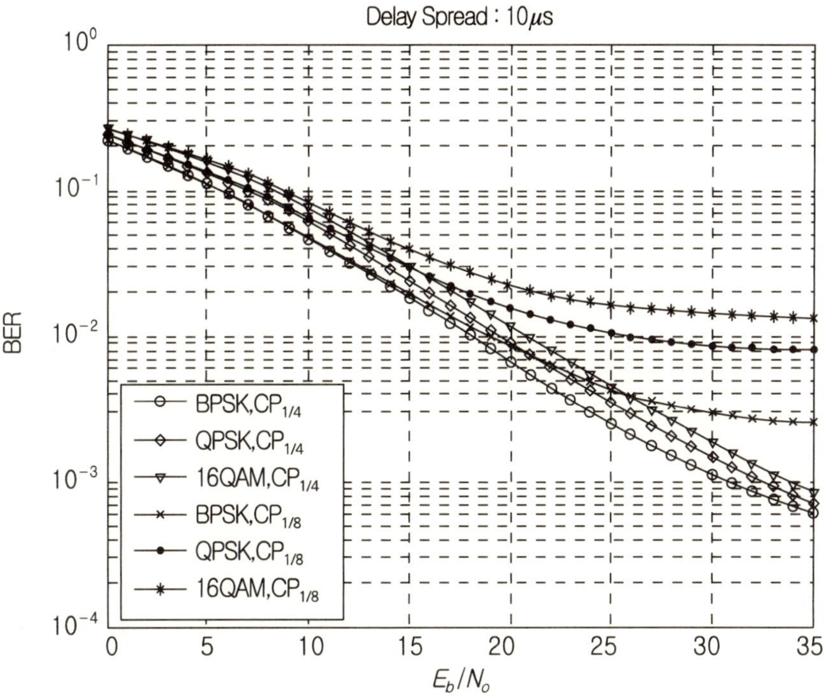


**[그림 3.15]** 순환확장(CP) 길이에 따른 OFDM 시스템의 성능(지연확산 : 10 μs)

### 3.4.2.2 지연확산과 OFDM 시스템의 BER 성능

여기서는 순환확장 길이를 고정시켜 놓고 이동통신채널의 지연확산이 증가함에 따라 BER 성능의 변화를 고찰한다. [그림 3.16]은 순환확장 길이를 유효심볼 구간의 1/4로 설정하고 지연확산이 각각 5[μs]와 20[μs]인 경우에 대한 BER 성능을 나타낸다. 지연확산 값이 CP 구간에 비해 매우 작을 경우 BER 성능 변화에 영향을 미치지 않는 것을 알 수 있다. 하지만 20[μs]의 지연확산이 CP값에 근접함에 따라 BER 성능이 급격히 열화됨을 볼 수 있다. 그리고 $E_b/N_o$가 증가해도 BER 성능이 개선되지 않는데, 이것은 심볼 간 간섭(ISI)으로 인해 생기는 현상임을 유추할 수 있다. 또한 지연확산이 CP보다 크게 되는 경우 더 많은 심볼 간 간섭이 존재하게 된다는 것을 알 수 있다.

따라서 지연확산(DS)과 순환확장(CP)이 OFDM 시스템의 성능에 미치는 영향을 다음과 같이 정리할 수 있다. 즉, 지연확산이 순환확장 길이보다 작을 경우에는 변조 지수가 증가해도 성능 열화가 적지만, 지연확산이 순환확장 길이보다 클 경우에는 변조 지수가 증가할수록 시스템 성능이 급격히 저하된다. 따라서 지연확산이 작을 경우에는 순환확장 길이를 줄이거나 고변조 지수의 변복조 기술을 사용하여 고속의 데이터를 전송할 수 있다. 반면에, 지연확산이 큰 이동통신 환경에서는 순환확장 길이를 증가시키거나 변조 지수가 낮은 변복조 기술을 사용함으로써 OFDM 시스템의 성능을 개선할 수 있다.

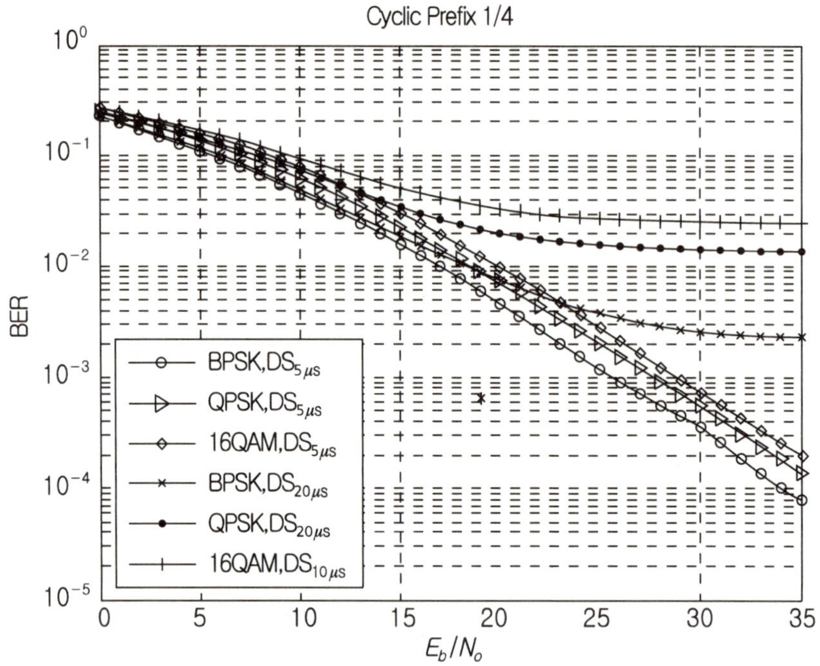


[그림 3.16] 지연확산에 따른 OFDM 시스템의 성능(CP를 유효심볼 구간의 1/4로 설정)

# Chapter 03

# 연습문제

**1.** 확산대역 통신시스템에 대한 아래 물음에 답하시오.

1) 송신기와 수신기 구조를 그림으로 그리시오.

2) 확산 및 역확산 과정을 설명하시오.

3) 송신기에서 전송하는 정보 전송률 $R$, 확산대역폭을 $W$라고 할 때 확산처리이득을 정의하고 물리적 의미를 설명하시오.

**2.** 신호대역폭($W$)이 1.25 MHz, 적절한 통화품질을 위해 요구되는 수신 신호대 잡음비(SNR)가 7 dB인 셀룰러 이동통신시스템이 있다.

1) 위와 같은 디지털 통신시스템이 전송할 수 있는 최대 채널전송용량(Shannon's Channel Capacity)을 구하시오.

2) 하나의 기지국이 운용하는 단일 셀 환경에서 모든 휴대전화 사용자들이 음성통화를 할 경우 해당 기지국은 동시에 최대 몇 명의 사용자에게 서비스를 제공할 수 있는지 근사적인 링크 용량을 구하시오. 단, 음성 정보 전송률($R$)은 10 kbps이며, 적절한 품질의 음성 서비스를 제공하기 위해 요구되는 비트 에너지대 잡음전력밀도($E_b/N_t$)는 7 dB로 가정한다.

3) Shannon의 채널용량과 링크용량의 차이점에 대하여 정성적으로 설명하시오.

**3.** 하향링크 CDMA 채널들을 구분하기 위해 사용하는 월시부호(Walsh code)의 자기상관(auto-correlation)과 상호상관(cross-correlation) 특성에 대하여 설명하시오..

**4.** WCDMA 시스템에서 대역확산을 위해 사용하는 OVSF 부호의 성질과 확산계수(spreading factor)를 만드는 부호나무(code tree)의 구조에 대하여 설명하시오.

**5.** CDMA 이동통신시스템에서 여러 명의 휴대전화 사용자들이 기지국을 통하여 통신하는 다중접속 환경에서 자기 신호(정보)를 수신하는 과정에 대하여 설명하시오..

**6.** IS-95A 방식의 CDMA 이동통신시스템에서 하향링크 채널과 상향링크 채널들을 쓰고, 각 채널별 기능을 간략하게 기술하시오.

**7.** 이동통신채널에서 다중경로 페이딩에 의한 지연확산은 신호간 간섭(ISI)을 야기하여 수신신호품질을 저하시킨다. 이러한 ISI를 제거하기 위하여 이동통신 시스템에서 널리 사용하는 다음 3가지 방법에 대하여 설명하시오.

1) TDMA 시스템에서 등화기

2) CDMA 시스템에서 레이크(rake) 수신기

3) OFDM 시스템에서 보호구간과 순환확장 삽입 방법

**8.** 주파수 선택적 페이딩 채널과 평탄 페이딩(flat fading) 채널에서 각각 OFDM 신호를 전송하고자 한다. 지연확산, 보호구간 및 순환확장의 길이가 OFDM 신호의 수신 성능(BER)에 미치는 영향을 정성적으로 설명하시오.

# 참고문헌


[3.1] Bernard Sklar, Digital communications–Fundamentals and Applications, PTR Prentice Hall, 1988.

[3.2] A.J. Viterbi, CDMA–Principles of spread spectrum communication, Addison–Wesley, 1995.

[3.3] K. S. Gilhousen, I.M. Jacobs, R. Padovani, A.J. Viterbi, L.A. Weaver, and C.E. Wheatley III, "On the capacity of a cellular CDMA system," *IEEE Trans. Veh. Technol.*, vol. 40, no.2, pp. 303–312, May 1991.

[3.4] William Stallings, Wireless Communications and Networks, Prentice Hall, 2002.

[3.5] The CDMA network engineering handbook, Qualcomm Inc., 1992.

[3.6] Samuel C. Yang, CDMA RF system engineering, Artech House, Boston, 1998.

[3.7] A.J. Viterbi, A.M. Viterbi, K.S. Gilhousen, and E. Zehavi, "Soft handoff extends CDMA cell coverge and increase reverse link capacity," IEEE J. Sel. Area Commun., vol. 12, no.8, pp.1281–1288, Oct. 1994.

[3.8] 강창순, 조기형, 성단근, "Link capacity and signal power of CDMA systems according to spreading code and bandwidth allocations in multipath fading environments,"*IEICE Tr. on Commun.*, vol.E84–B, no.12, pp.3218–3225, Dec. 2001.

[3.9] A. M. Viterbi and A. J. Viterbi, "Erlang capacity of a power controlled cellular CDMA system," *IEEE J. Select. Areas Commun*, vol. 11,no. 6, pp. 892– 900, Aug. 1993.

[3.10] S. M Shin and D. K. Sung, "Adaptive channel assignment for different traffic types in DS–CDMA cellular systems,"*Telecom. Systems*, pp. 78–89, August, 2000.

[3.11] CDMA capacity 2.1 Test Report, Qualcomm, August 1993.

[3.12] L.J. Cimini Jr., "Analysis and simulation of a digital mobile channel using orthogonal frequency division multiplexing," *IEEE Trans. Commun.*, vol.33, no.7, pp. 665–675,Jul. 1985.

[3.13] R. V. Nee and R. Prasad, OFDM for Wireless Multimedia Communications, Artech House, 2000 (대영사, 조용수 역).

[3.14] C. Eklund and B. Roger., "IEEE Standard 802.16: A Technical Overview of the WirelesMAN™ Air Interface for Broadband Wireless Access,"*IEEE Commun. Mag.*, pp98–107, June. 2002.

[3.15] A. Bria and F. Gessler., "4th–Generation Wireless Infrastructures: Scenarios and Research Challenges," *IEEE Pers. Commun.*, pp25–31,Dec. 2001.

[3.16] J. Chuang and N. sollenberger., "Beyond 3G: Waveband wireless data access based on OFDM and dynamic packet assignment," *IEEE Commun. Mag.*, vol.38, no.7, pp.78–87, Jul.2000.

[3.17] 김민조, 강창순, "순환확장(CP)과 지연확산(DS) 특성이 OFDM시스템에 미치는 영향," 한국통신학회 추계학술대회, 2005.

[3.18] B. P. Lathi, Modern digital and analog communication systems, third edition, Oxford University Press, 1998.

[3.19] 월간자동인식기술, 네트워크 사용자를 위한 무선랜 기술강좌, 한국어판, 도서출판 성안당, 1996.

Chapter

# 04

# 이동통신시스템의 구조와 무선접속기술

셀룰러 CDMA 이동통신시스템에서 이동전화가 홈셀의 기지국을 통하여 상대방과 무선으로 접속하여 통신하기 위해서는 기본적인 호처리(call processing) 절차가 수행되어야 한다. 이러한 호처리 절차를 포함하여 호접속이 완료된 후에도 이동전화에서 전송하는 정보의 품질을 보장하고 다른 사용자들에게 미치는 간섭을 최소화하여 시스템 용량을 극대화하기 위하여 상향링크 및 하향링크에서 각각 이동전화와 기지국의 송신전력을 제어한다.

그리고 통화중인 이동전화 사용자들이 인접 셀로 이동할 경우에도 통화 상태를 유지하면서 적절한 수준의 통화품질(또는 전송품질)을 제공받기 위해서는, 전력제어뿐만 아니라 핸드오버 기술 등이 필요하다. 이와 같이 이동전화와 기지국 사이의 무선접속 구간에서 호접속을 비롯하여 전력제어 및 핸드오버 등과 같은 기능을 무선접속(제어)기술이라 한다.

4장에서는 먼저 CDMA 이동통신시스템에서 이와 같은 무선접속기술을 주로 탑재하고 있는 이동전화와 기지국장치의 기본적인 구조와 함께 이중화(duplex) 기법에 대하여 알아본다. 그리고 2세대 및 3세대 이동통신시스템인 IS-95A와 WCDMA 시스템의 전력제어와 핸드오버 기술이 이동전화와 기지국 시스템 내에서 동작하는 알고리즘 등을 자세히 소개하고, 이들의 주요 특징을 상호 비교한다. 이와 같은 알고리즘과 이동통신시스템 구조를 토대로, CDMA 시스템에서 이동전화 발신호, 이동전화 착신호 및 핸드오버 동안의 호처리 절차 등에 대하여 알아본다. 마지막으로 WCDMA 시스템에서 소프트 핸드오버 동안에 증가하는 하향링크 간섭을 완화하기 위한 기술에 대하여 고찰한다.

## 4.1 셀룰러 CDMA 이동통신시스템의 구조

셀룰러 CDMA 이동통신시스템은 이동(휴대)전화(MS), 기지국(BS), 이동통신교환기(MSC), 위치등록기 및 인증센터 등으로 구성되며, 기지국은 기지국 송수신장치(BTS)와 기지국 제어장치(BSC)로 구성된다(그림 4.1).

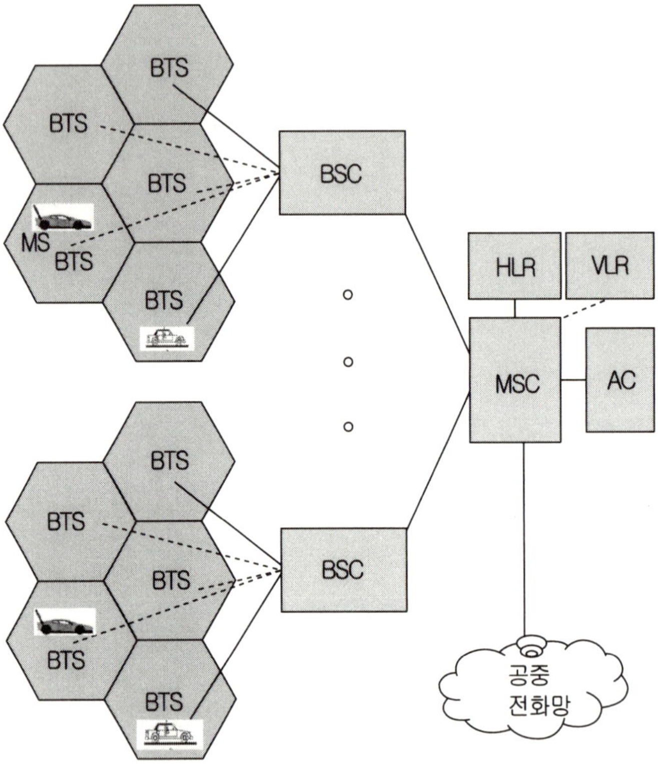


BTS(Base Station Transceiver Subsystem): 기지국 송수신장치
BSC(Base Station Controller): 기지국 제어장치
MSC(Mobile Switching Center): 이동통신교환기
AC(Authentication Center): 인증 센터
HLR(Home Location Register): 홈위치 등록기
VLR(Visitor Location Register): 방문자 위치 등록기

**[그림 4.1]** 셀룰러 CDMA 이동통신망의 구성

BTS는 이동전화에서 전송한 무선 신호를 수신할 수 있는 안테나와 수신한 아날로그 신호를 디지털 정보로 변환하는 장치 등으로 구성되며, BSC와 유선으로 연결되어 정보를 서로 전송한다. BTS에서 송출하는 전력은 서비스 영역인 셀, 즉 무선 커버리지를 결정하게 되며, 이와 같은 BTS를 통상적으로 기지국이라고 부른다. 또한 하나의 BSC는 다수의 BTS와 연결되어 이들을 제어한다. MSC는 가입자 인증센터(AC), 홈 위치 등록기(HLR),

방문자 위치 등록기(VLR) 등의 도움으로 사용자들의 정보를 교환하는 역할을 한다.

AC는 휴대전화 가입자가 통화를 시도할 경우 정상적으로 등록한 가입자인지 여부를 인증하는 기능을 수행한다. 셀룰러 이동통신시스템에서 휴대전화를 구입하여 등록한 지역에서 이동통신 가입자를 찾는(호출) 경우와, 다른 서비스 지역으로 이동통신 가입자가 이동했을 경우 호출이 가능케 해주는 장치가 바로 위치 등록기이다. 특히, HLR은 해당 MSC 관할 지역에서 등록하는 가입자들의 정보를 가지고 있는 데이터베이스이며, VLR은 HLR에 등록된 가입자들이 다른 MSC가 관리하는 서비스 지역으로 이동할 경우 이들에 대한 정보를 기록하는 데이터베이스 역할을 한다. 따라서 VLR 덕분에 로밍(roaming)이 가능하게 된다.

이와 같이 구성되는 셀룰러 CDMA 이동통신시스템 중에서 무선 전파를 이용하여 정보를 송수신하는 장치들인 휴대전화와 기지국의 하드웨어와 소프트웨어 구조에 관하여 자세히 알아보자.

## 4.1.1 CDMA 휴대전화의 구조

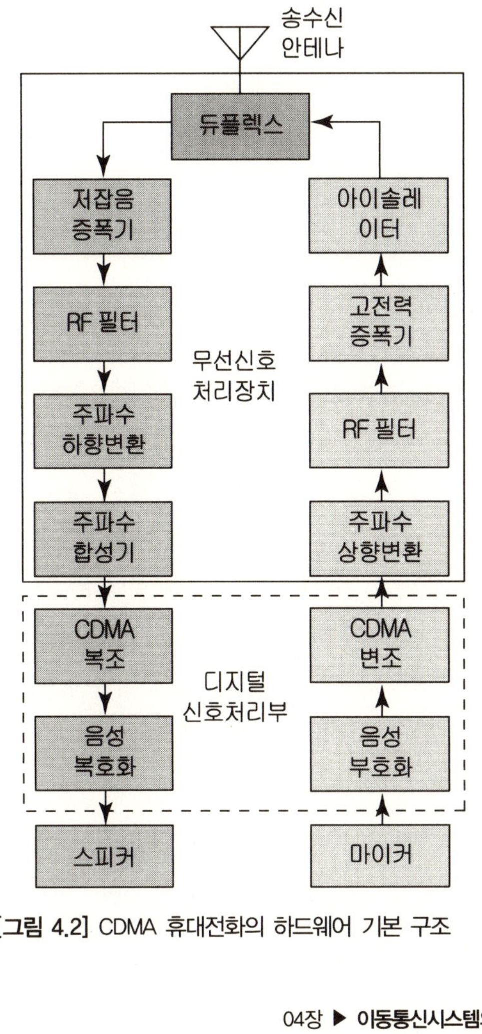


[그림 4.2] CDMA 휴대전화의 하드웨어 기본 구조

CDMA 휴대전화의 하드웨어와 소프트웨어 구조에 대하여 알아보자. 먼저 하드웨어는 크게 무선 주파수로부터 신호를 송수신하는 안테나, 무선신호 처리장치 그리고 디지털 신호를 처리하는 부분 등으로 구성된다(그림 4.2).

휴대전화 사용자가 마이크를 통하여 음성을 전송할 경우, 먼저 부호화 장치를 거쳐 아날로그 음성 신호를 디지털화한 후, CDMA 변조기를 거쳐 음성신호가 갖는 4 kHz정도의 비교적 작은 대역폭을 갖는 음성신호를 보다 넓은 광대역폭(2세대: 1.25 MHz 또는 3세대: 3.84 MHz)의 신호로 확산시키는 변환 작업을 거친다. 이러한 신호를 기저대역 신호라 하는데, 이 형태로는 초고주파 대역의 무선 전파를 통하여 전송하는 것이 어렵다. 따라서 기저대역 신호를 고주파 신호로 변환하여 시스템에서 주어진 주파수 대역폭만큼 통과시킨 후 이 신호를 전파에 실어 좀 더 멀리 보내기 위하여 고출력의 전력증폭기로 증폭시켜 안테나를 통하여 기지국으로 전송하게 된다.

반면에 기지국에서 전송하는 무선 신호는 휴대전화의 안테나를 통하여 수신하게 되는데, 먼곳에서 오느라 약해진 신호를 잡음 성질이 매우 적은 증폭기를 통하여 보다 강하게 증폭시킨 후 대역통과필터를 이용하여 시스템 대역폭 내의 신호만 통과시킨다. 또한 이와 같은 초고주파수 대역의 신호를 중간주파수의 신호로 하향 변환한 후 아날로그 신호를 디지털 신호로 변환한다. 이렇게 변환된 디지털 신호는 넓은 주파수 대역에 걸쳐 확산된 신호이기 때문에 CDMA 복조기를 통하여 좁은 대역의 신호로 변환된다. 마지막으로 이렇게 변환된 신호를 음성 신호로 복원하여 스피커를 통하여 사용자의 음성을 복원하게 된다.

한편 CDMA 이동통신시스템은 기본적으로 휴대전화의 안테나를 통하여 무선신호를 기지국으로 송신할 때 사용하는 주파수와 반대로 이동전화에서 기지국으로부터 무선신호를 수신할 때 사용하는 주파수를 다르게 사용한다. 이와 같은 방식을 주파수 분할 이중화라고 하며, 이를 위하여 휴대전화와 기지국 장치 내부에는 송신회로와 수신회로를 분리하는 듀플렉스(duplexer)라는 초고주파 소자가 필요하다. 또한 휴대전화는 기본적으로 하나의 안테나를 이용하여 무선신호의 송신과 수신을 함께 한다(물론 차세대 이동통신시스템에서는 다중안테나 사용 가능함). 따라서 안테나에서 수신하는 신호전력이 휴대전화의 송신부로 역류(반사)하는 것을 방지하기 위하여 아이솔레이터(isolator)를 사용한다. 그리고 휴대전화에서 사용하는 안테나는 일반적으로 모든 방향에 대하여 신호를 송신 및 수신하는 특성을 갖는다.

휴대전화의 소프트웨어는 기본적으로 실시간으로 동작하는 운용체계와 응용 소프트웨어 등으로 구성되어 있다. 실시간 운용체계는 일반적인 음성 통화를 지원하기 위한 실시간 운용체계와 무선 인터넷 서비스를 지원하기 위한 BREW(Binary Runtime

Environment for Wireless) 또는 WIPI(Wireless Internet Platform for Interoperability)와 같은 플랫폼으로 구성할 수 있다. 그리고 응용 소프트웨어는 휴대전화가 기지국과 무선으로 접속하여 사용자들이 전송하고자 하는 음성이나 단문 서비스(SMS) 등의 정보를 전송하는 데 필요한 각종 과정들을 처리해주는 기능을 수행한다.

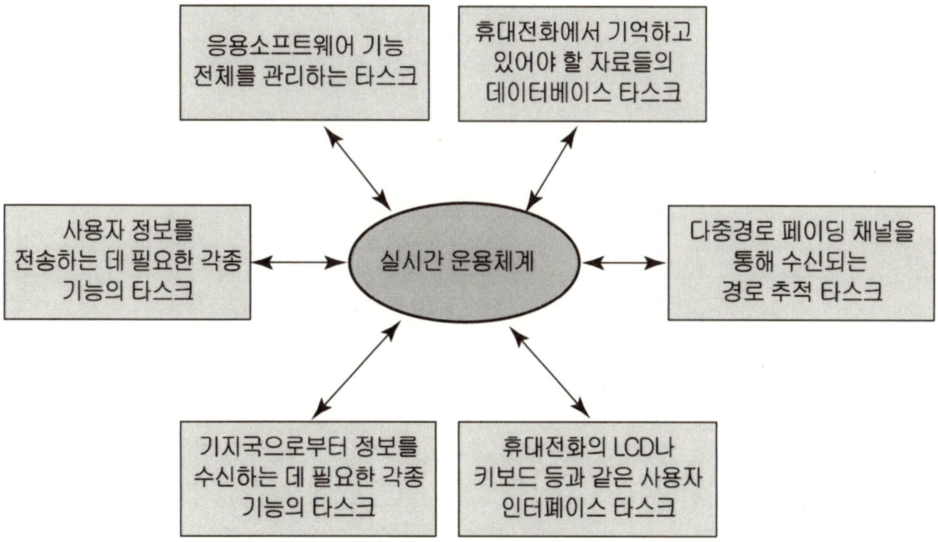


**[그림 4.3]** CDMA 휴대전화의 소프트웨어 기본 구조

실시간 운용체계는 휴대전화가 사용자의 정보를 전송하는데 필요한 여러 가지 기능들이 상호 독립적이면서 우선순위를 가지며 동시에 동작하는 이른바 다중 타스크(multi task) 기능을 지원한다(그림 4.3). 이러한 다중 타스크는 크게 휴대전화가 기지국과 정보를 송수신하는 데 필요한 각종 기능을 수행하는 타스크와 휴대전화의 키보드나 LCD 등과 같은 사용자 인터페이스 기능을 수행하는 타스크, 다중경로 페이딩 채널을 경유하여 수신되는 신호의 경로를 추적하는 타스크, 다중 타스크가 정상적으로 동작할 수 있도록 전체 타스크를 관리하는 기능의 타스크 등으로 구성된다.

## 4.1.2 CDMA 기지국의 구조

CDMA 기지국 시스템은 기지국 송수신장치(BTS)와 다수의 기지국 송수신장치를 제어하는 기지국 제어장치(BSC)로 구성된다. BTS는 휴대전화와 무선 전파로 통신하는 데 필요한 안테나를 비롯한 무선 주파수(RF) 송수신부, CDMA 변복조 처리부와 채널 부호 및 복호기능 등 CDMA 디지털 신호 처리부 등으로 구성된다(그림 4.4).

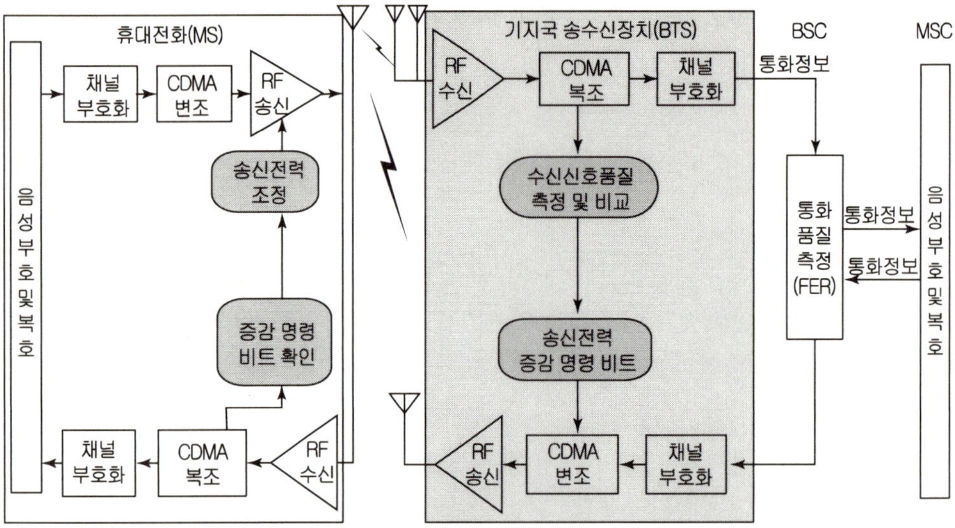


**[그림 4.4]** IS-95A시스템의 기지국 구조와 전력제어

또한 [그림 4.4]는 휴대전화에서 전송하는 통화정보가 BTS와 BSC를 거쳐 MSC에 전달되는 과정과 함께 휴대전화와 BTS의 송신전력을 제어하기 위한 신호의 전달 경로를 보여준다. 기지국의 송신 안테나는 하나지만 수신 안테나는 2개로 구성되어 있다. 이것은 휴대전화에서 송신한 전파 신호들이 기지국에 도달할 때 서로 다른 방향의 경로로 도착할 수 있기 때문이다.

특히 이러한 경로의 신호들은 각기 다른 잡음이나 왜곡현상(페이딩) 등을 겪으면서 도달하게 된다. 즉 어떤 경로는 신호상태가 좋지 않은 반면에 어떤 경로의 신호는 좋은 상태로 도달할 수 있다. 따라서 수신 안테나에서 이들 중에서 한 경로를 선택하여 수신하거나 또는 두 경로의 신호를 합하여 수신할 수 있는데, 이와 같은 기능을 안테나 다이버시티 기술이라고 한다. 다이버시티 기술에 관해서는 6장에서 자세히 살펴본다.

한편 기지국의 소프트웨어 구조는 휴대전화의 소프트웨어 구조와 비슷하게 실시간 운용체계를 중심으로 다중 타스크 방식으로 동작한다. 즉 휴대전화와 정보를 송수신하는데 필요한 하향 및 상향링크의 CDMA 채널들을 여러 개의 타스크 형태로 구성하여 기능들을 수행한다.

## 4.2 이중화(Duplex) 기술

셀룰러 이동통신시스템에서 이동전화가 기지국으로 송신하는 무선링크를 상향링크라고 하고, 반대로 기지국이 이동전화에게 송신하는 무선링크를 하향링크라고 한다. 이와 같이 두 개의 무선링크로 나누어 송수신하는 무선전송 방식을 이중화(duplex)라고 한다. 이중화 방식에는 두 개의 무선링크를 서로 다른 주파수로 구분하여 송수신하는 주파수 분할 이중화(Frequency Division Duplex: FDD) 방식과 하나의 주파수를 시간적으로 나누어 상향링크와 하향링크로 신호를 송수신하는 시분할 이중화(Time Division Duplex: TDD) 방식이 있다.

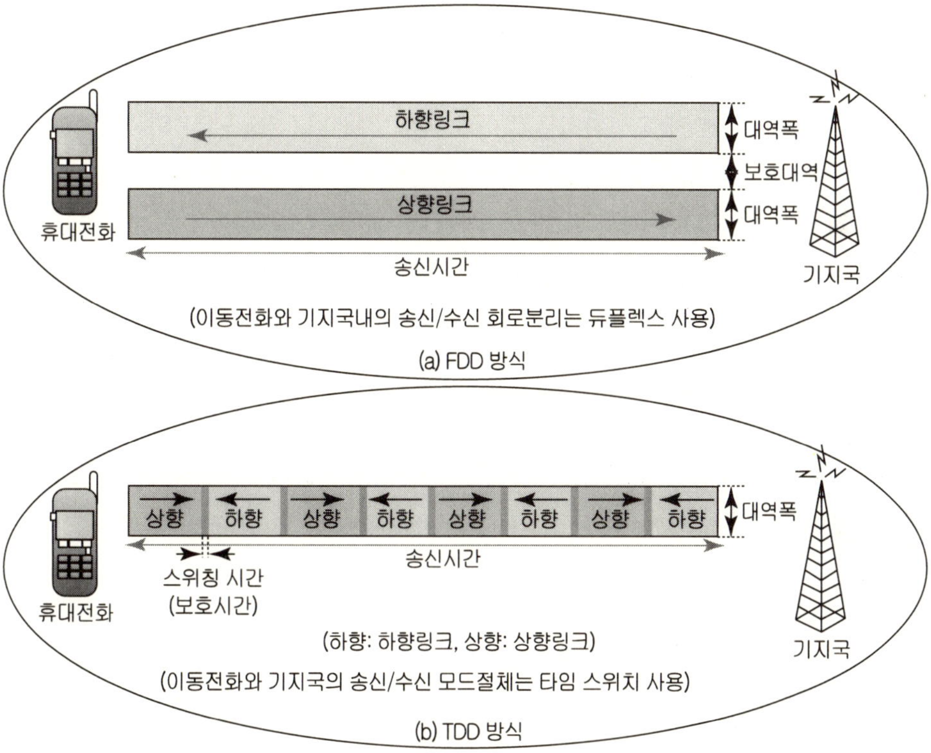


**[그림 4.5]** FDD와 TDD 방식의 동작원리

### 4.2.1 FDD와 TDD 방식의 동작원리

[그림 4.5]를 이용하여 FDD와 TDD 방식의 동작원리에 대하여 알아보자. 먼저 FDD 방식은 이동전화와 기지국이 각각 상향링크와 하향링크를 통하여 무선신호를 송신하기 위하여 일정한 보호대역만큼 분리된 2개의 주파수를 필요로 한다. 이 두 개의 서로 다른

주파수를 이용하여 이동전화와 기지국은 각각 전송할 정보가 있으면 시간과는 무관하게 언제든지 송신하게 된다. 따라서 이동전화가 송신하면서 기지국이 송신한 신호를 동시에 수신할 수 있으며, 마찬가지로 기지국도 송신하면서 동시에 이동전화의 송신신호를 수신할 수 있다.

반면에, TDD 방식은 기지국과 이동전화가 일정한 대역폭을 갖는 하나의 주파수를 이용하여 송신과 수신시에 함께 사용하기 때문에, 이들의 송신시간을 나누어 상향링크와 하향링크로 정보를 전송한다. 따라서 이동전화가 상향링크로 송신할 때는 기지국은 수신모드(상태)로 동작해야 하며, 반대로 기지국이 하향링크로 송신할 경우 이동전화는 수신모드로 동작한다. 이와 같이 송수신 모드를 시간적으로 분리하기 위해서는 이동전화와 기지국의 송수신 시각을 미리 정할 필요가 있으며, 정해진 시간구간에만 무선신호를 송신 또는 수신하게 된다.

이와 같은 FDD와 TDD 방식의 셀룰러 이동통신시스템에서는 이동전화와 기지국장치의 안테나와 무선신호 송수신처리부 사이에 각각 듀플렉스(duplexer)와 시간(타임) 스위치와 같은 소자를 사용하여 이중화 기능을 구현한다. 특히 TDD 방식의 이동전화와 기지국에서 타임 스위치로 송수신 모드를 절체할 때 일정한 스위칭(절체) 시간이 소요되기 때문에 상향링크와 하향링크 송신시간 사이에는 보호시간(guard time)을 필요로 한다.

### 4.2.2 FDD와 TDD 시스템의 간섭 특성

FDD와 TDD 시스템에서 발생하는 간섭의 유형과 특징에 대하여 알아보자. FDD 시스템에서 발생할 수 있는 간섭으로는 [그림 4.6(a)]에서 보는 바와 같이, 하향링크에서 기지국 1이 송신할 때 이동전화 2에 간섭을 야기하며, 상향링크에서 이동전화 2가 송신할 때 기지국 1에 간섭을 야기한다. 즉 FDD 시스템에서는 기지국에서 인접셀의 이동전화로의 간섭(하향링크 간섭)과 이동전화에서 인접셀의 기지국으로의 간섭(상향링크 간섭)이 발생할 수 있다. 그러나 FDD 방식은 기지국과 이동전화의 송신 주파수가 다르기 때문에 기지국의 송신전력이 인접 기지국에 간섭으로 직접 작용하지 않으며, 마찬가지로 이동전화의 송신전력이 다른 이동전화에 간섭으로 직접 작용하지 않는다.

반면에, TDD 시스템은 하나의 주파수를 하향링크와 상향링크에서 공통으로 사용하면서 각각 서로 다른 시각에 정보를 송신하기 때문에, 기지국과 이동전화에서 송신하는 시각에 따라 이웃하는 셀에 위치하는 기지국이나 이동전화에 간섭을 야기할 수 있다. 따라서 TDD 시스템에서 발생할 수 있는 간섭의 유형은 FDD 시스템의 두 가지 간섭유형 외에도 다음과 같은 두 가지 유형의 간섭이 추가적으로 발생할 수 있다.

[그림 4.6(b)]에서 보는 바와 같이 기지국 1이 송신할 때(즉, 이동전화 1은 수신모드) 기지국 2가 수신모드일 경우(즉, 이동전화 2가 송신모드) 기지국 1의 송신전력이 기지국2에 간섭으로 작용한다(기지국간의 간섭). 또한 기지국 1이 송신모드일 때는 이동전화 1이 수신모드이므로 이동전화 2의 송신전력이 이동전화 1에 간섭으로 작용하게 된다(이동전화간의 간섭). 마찬가지로 기지국 2와 이동전화 1이 동시에 송신모드일 경우에도 기지국간의 간섭과 이동전화간의 간섭이 발생한다. 따라서 TDD 시스템에서는 기본적으로 4가지 유형의 간섭이 발생하므로 FDD 시스템에 비해 복잡한 간섭특성을 가진다.

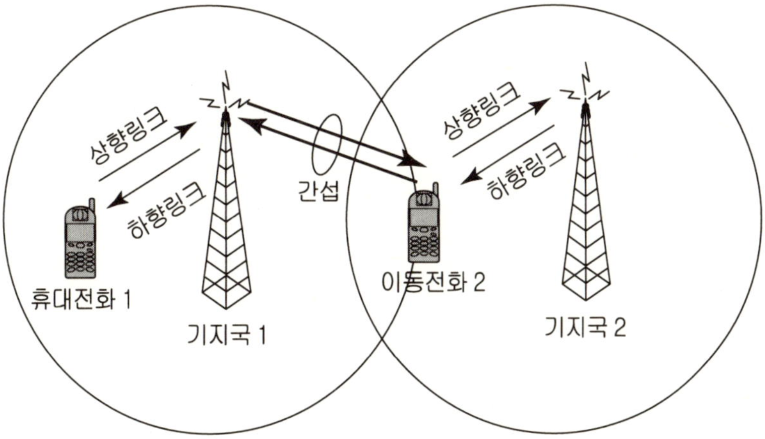


(a) FDD 시스템에서 간섭발생

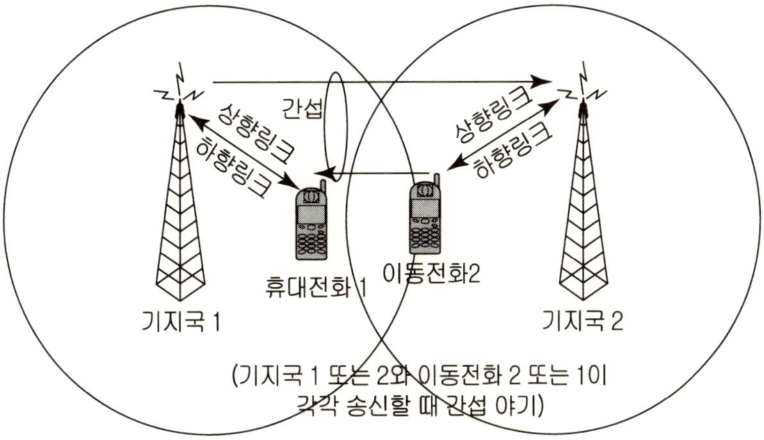


(b) TDD 시스템에서 간섭발생

**[그림 4.6]** FDD와 TDD 시스템의 간섭유형

### 4.2.3 FDD와 TDD 시스템의 주요 특징 비교

여기서는 두 가지 이중화 기술의 주요 특징을 살펴보자. [표 4.1]은 FDD 방식과 TDD 방식의 주요 특징들을 비교한 내용이다. FDD 방식은 상향링크와 하향링크 양방향으로 동시에 정보를 전송할 수 있기 때문에 전송 지연시간이 적게 소요된다. 반면에 TDD 방식은 매 순간 한 방향으로만 전송이 가능할 뿐만 아니라, 상향링크와 하향링크 송신구간 사이에 보호구간이 필요하기 때문에 전송 지연시간이 상대적으로 많이 소요된다. 따라서 TDD 방식의 이동통신시스템은 FDD 시스템에 비해 무선 커버리지가 좁아지는 특징이 있다.

[표 4.1] FDD와 TDD 방식의 주요특징 비교(G: 세대)

| 특징<br>이중화 방식 | 상하향링크<br>분리/송수신<br>절체방법 | 주파수<br>사용효율 | 간섭<br>특성 | 상하향링크<br>비대칭<br>트래픽처리 | 무선<br>커버지리 | 적용<br>시스템 |
|---|---|---|---|---|---|---|
| FDD | 주파수/<br>듀플렉스 | 보통 | 비교적 단순 | 비효율적임 | 넓음 | 1G, 2G,<br>3G, 4G |
| TDD | 시간/<br>스위치 | 우수 | 복잡 | 효율적임 | 좁음 | 3G, 3.5G,<br>4G |

그러나 FDD 방식은 지연시간이 적은 반면에 두 개의 주파수와 수십 MHz의 보호대역을 필요로 하기 때문에 TDD 방식에 비해 주파수 자원 사용효율 측면에서는 떨어진다. 한편 음성서비스를 제공하는 이동통신시스템에서는 상향링크와 하향링크를 통하여 각각 전송되는 트래픽(정보량)이 거의 같은데, 이를 상하향링크간 대칭형 트래픽이라고 한다. 그런데 HSDPA/HSUPA, CDMA20001x-EVDO 및 와이브로 시스템 등은 주로 고속의 인터넷 서비스를 제공한다. 이와 같은 인터넷 서비스의 속성은 상향링크와 하향링크를 통해 전송되는 정보량이 서로 다른데, 이를 상하향링크간 비대칭 트래픽이라고 한다.

이와 같이 상하향링크간 트래픽이 대칭적인 음성서비스를 주로 제공하는 1세대 및 2세대 셀룰러 이동통신시스템에서는 주로 FDD 방식을 사용한다. 그러나 상하향링크간 비대칭 트래픽 특성의 인터넷 서비스를 주로 제공하는 와이브로(3.5G)와 같은 이동통신 시스템에서는 TDD 방식을 사용하며, WCDMA 시스템은 FDD 방식과 TDD 방식의 규격을 모두 지원한다. 특히 비대칭 트래픽 특성을 고려하여 TDD 시스템에서는 통상적으로 상향링크와 하향링크 전송비율을 다르게 할당(스위칭)하여 주파수 사용 효율을 개선할 수 있다.

따라서 주파수 사용효율, 무선 커버리지 및 비대칭 트래픽 처리능력 등을 함께 고려하여 4세대 이동통신시스템 표준(후보)인 모바일 와이맥스 진화규격과 3GPP LTE-Advanced 시스템 등에서는 FDD 방식뿐만 아니라 TDD 방식을 함께 지원한다.

## 4.3 전력제어(Power Control)

셀룰러 이동통신시스템은 이동전화 사용자들에게 적절한 수준의 통화품질을 제공하면서 다른 사용자들에게 미치는 간섭을 최소화하여 제한된 무선전파 자원을 효율적으로 사용할 수 있어야 한다. 이를 위하여 이동전화와 기지국간의 상향링크와 하향링크에서 경로손실이나 페이딩에 의해 저하된 신호품질을 보상하여 통화품질을 개선하고 다른 사용자들에게 미치는 간섭을 제어하는 무선접속제어 기술을 송신 전력제어라고 한다.

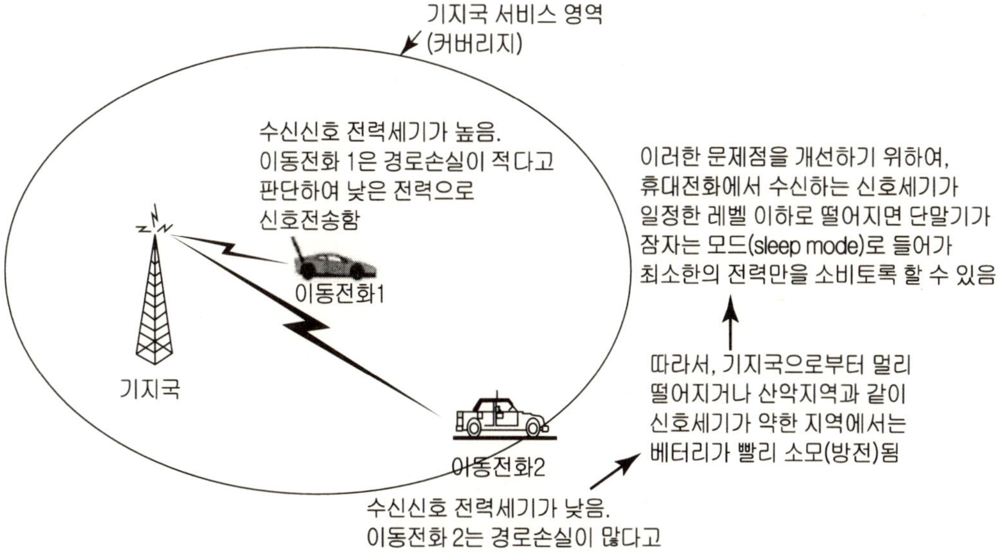


**[그림 4.7]** 이동통신시스템에서 경로손실과 전력제어

전력제어는 기본적으로 이동전화나 기지국에서 무선신호를 전송하기 전에 이들 송수신기 간의 거리차이에 의한 경로손실을 추정한 후, 특정 기준값에 비하여 경로손실이 클 경우엔 높은 전력으로 송신하고 반대일 경우엔 전력을 낮춰 송신하는 방법으로 송신 전력을 제어한다(그림 4.7).

즉 기지국에서 가까운 거리에 위치하고 있는 이동전화 1은 상대적으로 강한 신호를 수신하기 때문에 기지국과의 경로손실이 적다고 판단하여 낮은 전력으로 무선신호를 전송한다. 그러나 기지국에서 멀리 떨어져 있는 이동전화 2는 약한 신호를 수신하기 때문에 기지국과의 경로손실이 많다고 판단하여 보다 높은 전력으로 무선신호를 전송하게 된다. 따라서 셀 가장자리나 산악지역과 같이 수신신호세기가 미약한 지역에 위치하는 휴대전화는 신호세기가 양호한 위치에 있는 휴대전화들에 비하여 방전이 빨라 배터리 수명이 짧아진다는 사실을 유추할 수 있다.

셀룰러 CDMA 이동통신시스템에서는 상향링크와 하향링크에서 각각 이동전화와 기지국의 송신전력을 제어하는데, 이를 각각 상향링크 전력제어와 하향링크 전력제어라고 한다. 여기서는 먼저 무선통신시스템에서 전력을 표현하는 방법에 대해서 알아본 후, IS-95A와 WCDMA 이동통신시스템의 상향링크 전력제어와 하향링크 전력제어 알고리즘에 대하여 고찰한다.

### 4.3.1 무선통신시스템의 전력 표현

초고주파를 사용하는 무선통신시스템에서 전력을 나타내는 단위는 일반적으로 W(Watt), dBW(dB Watt), dBm(dB milliwatt) 등이 있다. 일반적으로 dB는 소리나 잡음의 강도를 나타내는 경우에도 사용하는데, 전력을 나타낼 때는 입력과 출력의 상대적인 비를 대수적인(log) 값으로 표현할 때 사용한다.

무선통신시스템의 입력전력을 $P_{in}$, 출력전력을 $P_{out}$이라고 하고 이를 대수적으로 표현하면 다음과 같다.

$$x(dB) = 10\ \log_{10} \frac{P_{out}}{P_{in}} = 10\ \log_{10} P_{out} - 10\ \log_{10} P_{in} \qquad (4.1)$$

즉 로그함수의 성질을 이용하면, dB값으로 표현되는 대수값은 직접 더하거나 뺄셈을 할 수 있다. 이와 같은 성질 때문에 무선통신시스템에서는 전력을 계산할 때 dB를 많이 사용한다. 또한 송신 또는 수신 전력이 큰 무선통신시스템에서는 dBW의 단위를 주로 사용한다. dBW는 1W의 입력전력을 기준으로 할 때 출력 전력을 상대적인 대수값으로 나타낼 때 사용한다.

$$x(dBW) = 10\ \log_{10} \frac{P_{out}(W)}{1(W)} \qquad (4.2)$$

반면에, 입출력 전력이 작은 무선통신시스템에서 전력을 표현할 때는 dBm을 주로 사용한다. 이 단위는 1 mW의 입력전력을 기준으로 할 때 출력전력을 상대적인 대수값으로 표현한 것이다.

$$x(dBm) = 10\log_{10} \frac{P_{out}(mW)}{1(mW)} \tag{4.3}$$

예를 들어, $P_{out} = 1$ W이면 0 dBW가 되므로, 1 W = 0 dBW, 10 W = 10 dBW, 100 W = $10^2$ W = 20 dBW 등으로 나타낼 수 있다. 따라서, 1 W = $10^3$ mW = 30 dBm = 0 dBW, 0.1 W = 100 mW = $10^2$ mW = 20 dBm = $10^{-1}$ W = −10 dBW, 0.01 W = 10 mW = 10 dBm = $10^{-2}$ W = −20 dBW 등과 같이 된다.

즉, 0 dB(또는 0 dBW, 0 dBm)은 입력과 출력 전력이 동일함을 의미하며, 10 dB(또는 10 dBW 및 10 dBm)은 입력에 비하여 출력 전력이 10배, 20 dB는 출력전력이 입력전력에 비하여 100배가 됨을 뜻한다. 이와 같은 단위를 이용할 경우 매우 간단한 방법으로 무선통신시스템의 전력을 계산할 수 있다. 예를 들면, 20 dBW − 10 dBW = 10 dB, 20 dBm − 10 dBm = 10 dB 등과 같이 구할 수 있다.

### 4.3.2 IS-95A와 WCDMA 시스템의 상향링크 전력제어

셀룰러 CDMA 이동통신시스템에서는 기본적으로 모든 이동전화들이 동일한 주파수를 사용하기 때문에, 이동전화에서 송신하는 모든 신호들은 다른 이동전화에서 송신한 신호에 간섭으로 작용한다. 이와 같은 간섭신호 전력을 최소화하고 기지국에서 수신하는 신호품질($E_b/N_o$)을 적절한 수준으로 유지하여 우수한 통화품질(FER 또는 BER)을 제공할 수 있도록 기지국(BTS와 BSC가 협력)이 이동전화의 송신전력($S$)을 증가 또는 감소하도록 지시(제어) 하는데, 이를 상향링크 전력제어라 한다(그림 4.8).

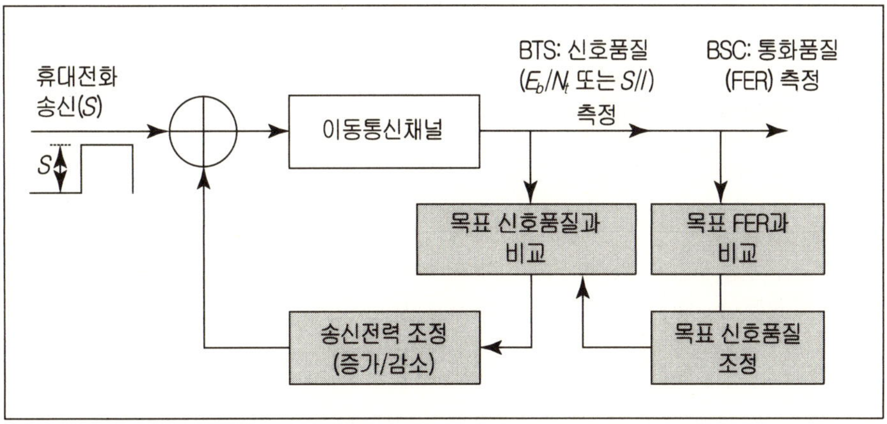


**[그림 4.8]** 상향링크 전력제어 동작 개념

IS-95A와 WCDMA 시스템의 상향링크 전력제어는 개방루프 전력제어(open-loop power control), 폐루프 전력제어(closed-loop power control) 및 외루프 전력제어(outer-loop power control) 등으로 구성된다. WCDMA 시스템에서는 폐루프 전력제어를 내루프(inner-loop) 전력제어라고 부른다. 여기서는 IS-95A와 WCDMA 시스템의 상향링크 전력제어 동작 과정에 대하여 살펴본다.

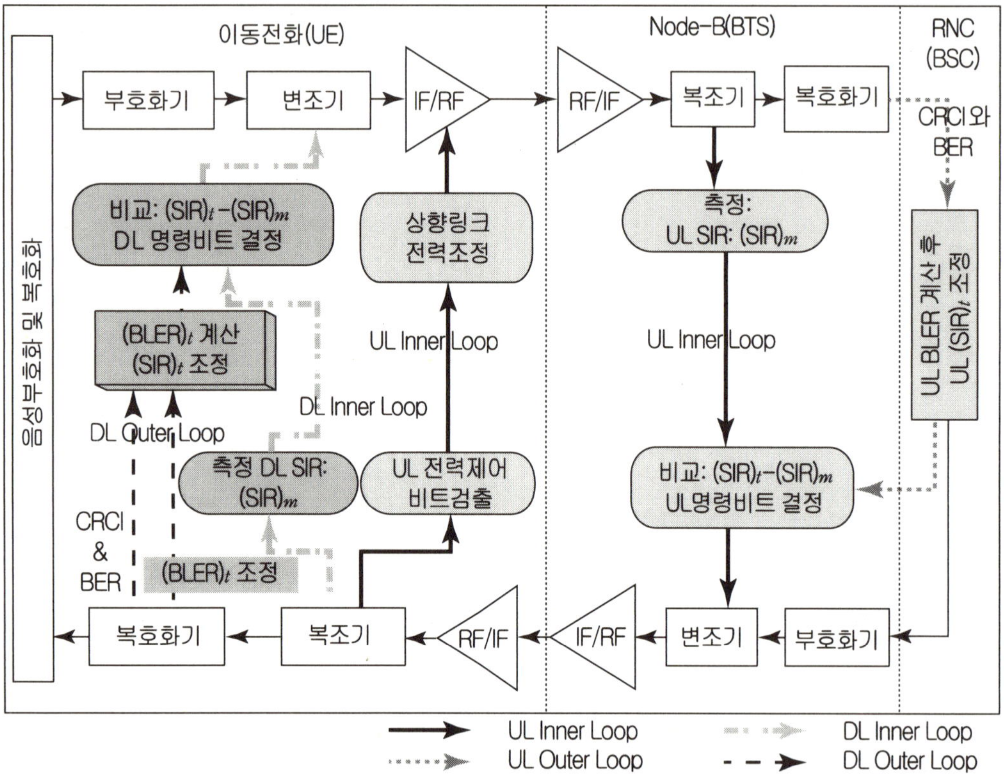


**[그림 4.9]** WCDMA 이동통신시스템의 전력제어

### 4.3.2.1 개방루프 전력제어

개방루프 전력제어는 같은 셀에 위치하는 모든 이동전화의 송신신호가 기지국에 동일한 세기로 수신되도록 기지국이 이동전화의 송신전력을 제어하는 것이다. 따라서 개방루프 전력제어는 [그림 4.7]과 같이 기지국으로부터 멀리 떨어져 있는 이동전화는 수신신호가 약하기 때문에 보다 강한 전력으로 송신하며, 반대로 기지국에서 가까이 위치한 이동전화는 상대적으로 약한 전력으로 송신하는 방법으로 신호를 전송한다

IS-95A 시스템에서 상향링크의 개방루프 전력제어는 이동전화가 액세서 채널을 통

하여 호(통화) 요구 또는 기지국의 호출에 대한 응답메시지를 기지국으로 전달할 때 동작한다. IS-95A 시스템에서 이동전화의 액세서 요구 과정을 통해 이루어지는 개방루프 전력제어 알고리즘을 살펴보자(그림 4.10).

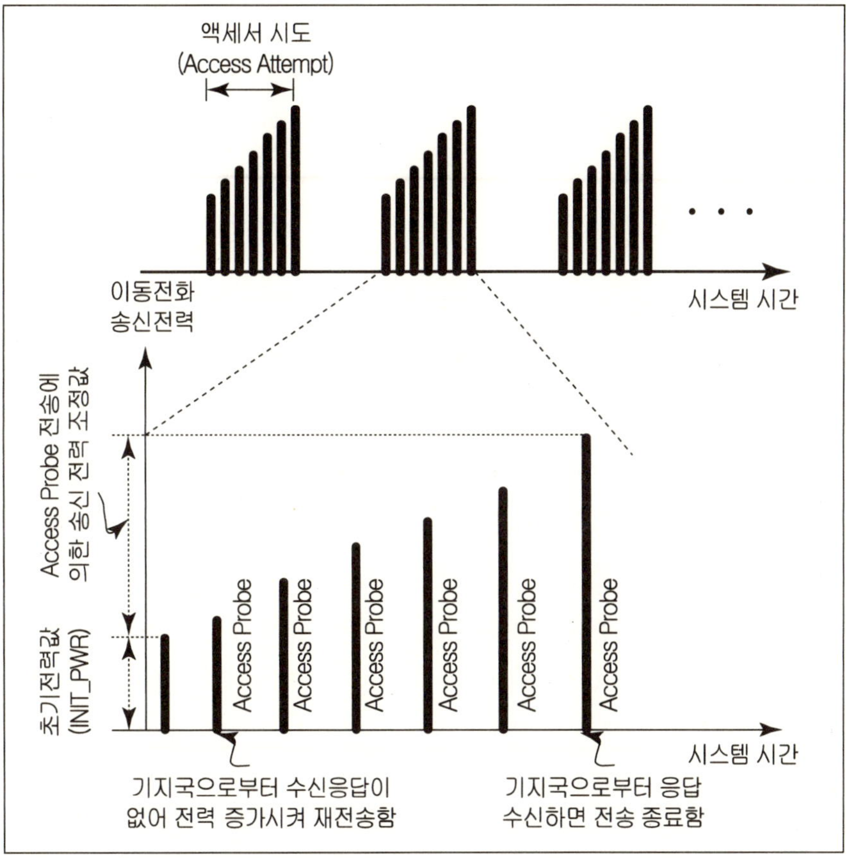


**[그림 4.10]** 이동전화의 액세서 요구 절차와 개방루프 전력제어

이동전화는 이동통신망에 호를 요구하기 위하여 액세서 채널의 메시지를 담고 있는 액세서 프루브(access probe)를 기지국으로 전송한다. 이때 액세서 프루브의 초기설정 전력값은 INIT_PWR로서, 이는 호출(페이징) 채널을 통하여 이동전화가 기지국으로부터 수신한다. 한편 이동전화는 전송한 최초 액세서 프루브에 대하여 기지국으로부터 잘 수신했다는 확인 메세지를 수신하지 못할 경우, 일정값만큼 전력을 증가시킨 후 액세서 프로브를 다시 기지국으로 전송한다. 이와 같은 과정은 이동전화가 기지국으로부터 액세서 프루브를 잘 수신했다는 확인(ACK) 메시지를 수신할 때까지 반복된다. 만약 기지국이 액세서 프로브를 잘 수신한 후 일련의 호 설정 절차를 마치면 기지국과 이동전화 간에는 개방루프 전력제어 절차에서 폐루프 전력제어 절차로 넘어가게 된다.

이와 같은 과정으로 이루어지는 IS-95A 시스템의 개방루프 전력제어에서 이동전화가 송신하는 전력은 식 (4.4)와 같이 주어진다.

$$\text{이동전화 송신전력} = -\text{RSSI} - 73 + \text{NOM\_PWR} + \text{INIT\_PWR} \quad (4.4)$$

단, RSSI는 이동전화가 수신하는 전체 신호세기(Received Signal Strength Indicator)이며, NOM_PWR는 기지국(BTS)에서 정확한 수신전력을 위해 보정하는 전력값으로 통상적으로 −8 dB~+7 dB 값을 사용한다. 그리고 INIT_PWR는 이동전화에서 첫 번째 액세서 프로브 전송을 위해 설정하는 초기 전력값을 나타낸다.

#### 4.3.2.2 폐루프 전력제어

개방루프 전력제어를 통하여 이동전화(액세서 채널)의 송신전력을 제어하지만, 홈셀 및 인접셀에서 통화중인 이동전화들에 의한 간섭신호로 인하여 기지국에서 수신하는 해당 이동전화의 신호품질($E_b/N_o$ 또는 SIR)이 만족스럽지 않게 된다. 이러한 문제점을 보완하기 위하여 개방루프 전력제어 절차 이후 이동전화와 기지국 간에 호접속이 되면 폐루프 전력제어 절차가 가동된다.

IS−95A 시스템과 WCDMA 시스템의 폐루프 전력제어 동작에 대하여 살펴보자(그림 4.4와 그림 4.9). IS−95A 시스템에서 역방향 링크 폐루프 전력제어(그림 4.4)는 WCDMA 시스템에서 내루프 전력제어라고 불리며, [그림 4.9]에서 UL Inner Loop로 나타낸 것이다. 먼저 역방향 링크 폐루프 전력제어는 이동전화와 BTS간의 상호작용으로 동작한다. 일반적으로 이동통신시스템에서 적절한 수준의 서비스 품질을 보장하기 위해서는 음성, 영상, 데이터 등과 같은 서비스 종류에 따라 요구되는 신호품질이 다르다. 이와 같이 서로 다른 요구 신호품질($E_b/N_o$ 또는 SIR)은 호 설정시 목표 $E_b/N_o$(또는 $SIR_t$) 값으로 BTS(WCDM 시스템에서는 Node−B)에 미리 설정된다.

폐루프 전력제어에서 BTS는 이동전화로부터 수신하는 사용자 정보의 신호품질($E_b/N_o$)을 측정하여 이를 미리 설정해둔 목표 신호품질인 $(E_b/N_o)_t$와 비교한다. 그 결과 수신 $E_b/N_o$ 값이 설정된 $(E_b/N_o)_t$보다 클 경우 하향링크 통화채널을 통하여 이동전화에 송신전력을 1 dB만큼 감소시키도록 명령하고, 반대로 수신신호품질이 목표 신호품질보다 작을 경우엔 송신전력을 1 dB만큼 증가시키도록 지시한다. 이와 같은 전력제어 증가 또는 감소 명령 정보는 기지국에서 송출하는 하향링크 통화채널을 통하여 이동전화에게 전달되며, 이동전화는 통화채널로부터 이 정보를 수신(복조)하여 이동전화의 송신전력을 조정하게 된다(그림 4.11).

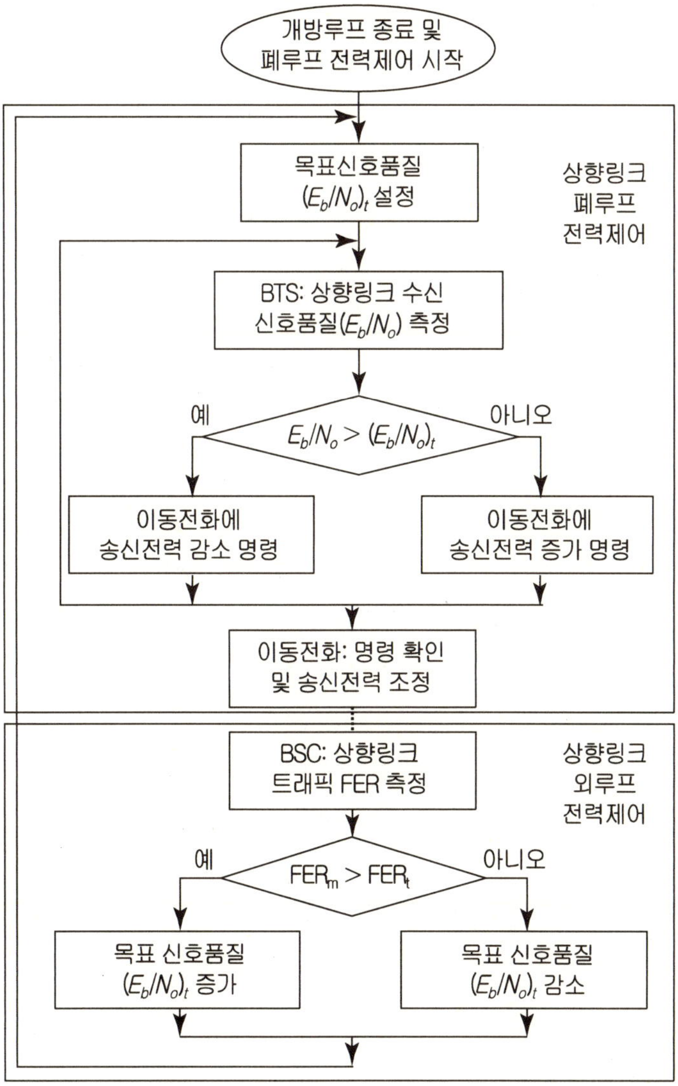


**[그림 4.11]** IS-95A 시스템의 상향링크 폐루프 및 외루프 전력제어 방법

이와 같은 방법으로 통화기간 동안 폐루프 전력제어가 지속적으로 이루어지는데, BTS가 이동전화에 전력을 증가 또는 감소하도록 지시하는 간격(속도)은 1.25 msec (800 Hz)이다.

WCDMA 시스템에서 상향링크 내루프 전력제어는 IS-95A 시스템과 동일한 개념으로 동작한다. [그림 4.9]에서 보는 바와 같이 신호품질($E_b/N_o$ 대신 WCDMA 시스템에서는 SIR)을 측정하여 이를 목표 신호품질($SIR_t$)과 비교한 후 전력 증가 또는 감소 명령 비트를 하향링크 채널을 통하여 이동전화에 전송한다. 이후의 절차는 IS-95A 시스템의 절차와 유사하다. 이상과 같이 동작하는 상향링크 폐루프 및 외루프 전력제어의 전체 동작과정을 [그림 4.11]과 같이 정리할 수 있다.

#### 4.3.2.3 외루프 전력제어

한편 폐루프 전력제어를 통하여 서비스 종류별 목표 신호품질을 만족시키도록 이동전화의 송신전력을 제어하지만, 신호품질이 만족스럽다고 통화품질을 반드시 만족시키지는 못한다. 그 이유는 신호품질의 척도인 $E_b/N_o$(또는 SIR)은 평균값(확률적)을 의미하기 때문에 빠른 페이딩이나 간섭의 영향 등으로 인하여 일시적인 신호품질은 언제든지 목표값을 만족시키지 못할 수 있다. 다시 말해서, 기지국에서 수신하는 신호품질이 목표 신호품질을 만족시킨다고 해서 항상 통화품질도 만족시킨다는 것은 아니다. IS-95A 시스템과 WCDMA 이동통신시스템에서는 통화품질의 척도로서 통화채널의 프레임 오율인 FER(Frame Error Rate)과 통화채널의 블럭오율인 BLER(Block Error Rate: BLER)을 각각 사용한다.

그런데 이동통신 사용자 입장에서는 신호품질보다 통화품질이 중요한 요소이기 때문에, 이동통신시스템에서는 적절한 수준의 통화품질을 보장할 수 있는 기능이 필요하며 이를 위해 외루프 전력제어가 작용한다. [그림 4.8]과 [그림 4.11]을 이용하여 IS-95A 시스템의 상향링크 외루프 전력제어 방법을 살펴보자. 외루프 전력제어는 BTS와 BSC 간의 상호작용으로 동작한다. BSC는 BTS로부터 수신하는 통화채널의 FER을 측정하여 ($FER_m$) 이것이 목표 FER(예를 들면 1% FER, 즉 수신한 100프레임 중에서 1프레임 오류발생)을 만족시키지 못할 경우, 즉 $FER_m > FER_t$, BTS에 미리 설정되어 폐루프 전력제어에서 사용하는 목표 신호품질인 $(E_b/N_o)_t$값을 일정값(예를 들면 1 dB)만큼 증가시켜 재설정한다. 반대로 측정한 FER이 목표 FER을 만족시킬 경우, 즉 $FER_m < FER_t$, BTS에 설정되어 있는 폐루프 전력제어용 $(E_b/N_o)_t$값을 일정값만큼 감소시켜 이를 다시 설정한다.

WCDMA 시스템의 외루프 전력제어는 IS-95A 시스템과 유사한 방법으로 동작한다. 즉 WCDMA 시스템의 외루프 전력제어 동작과정은 IS-95A 시스템의 전력제어 방법을 나타내는 [그림 4.11]에서, 신호품질을 $E_b/N_o$ 대신 SIR로, 목표 신호품질인 $(E_b/N_o)_t$ 대신 $SIR_t$로 각각 변경하고, 통화품질을 나타내는 FER 대신 BLER을 고려하면 나머지 동작과정은 두 시스템이 유사하다.

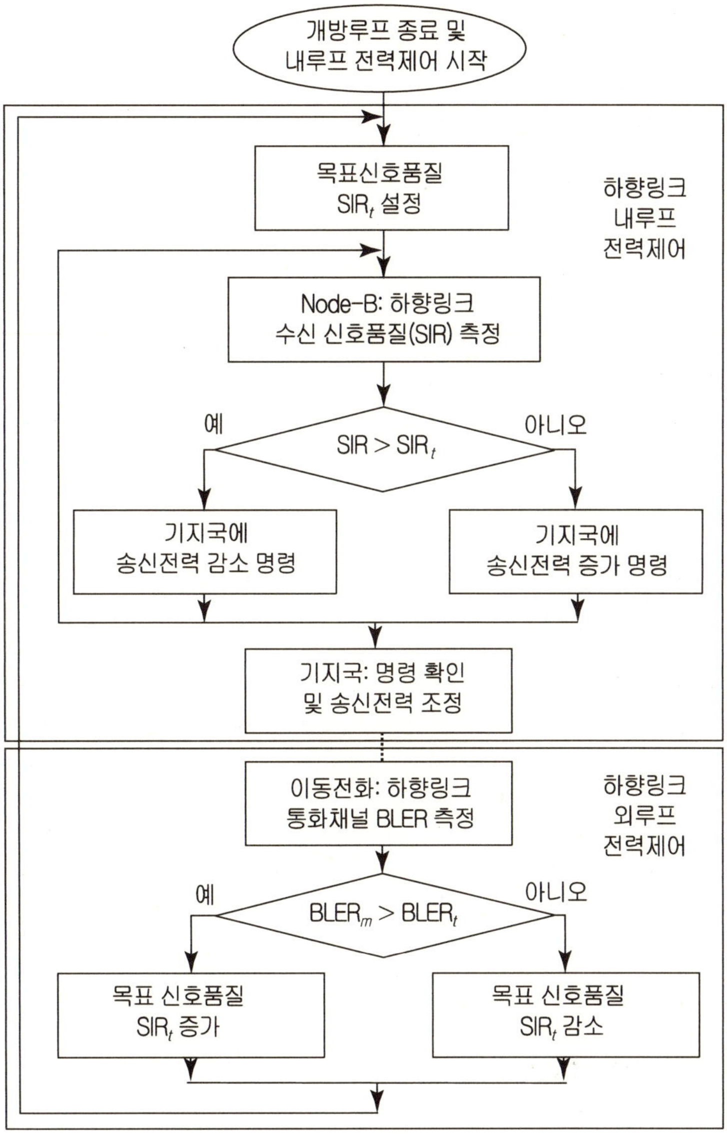


**[그림 4.12]** WCDMA 시스템의 하향링크 전력제어 방법

### 4.3.3 IS-95A와 WCDMA 시스템의 하향링크 전력제어

하향링크 전력제어는 이동전화가 적절한 수준의 신호품질을 수신하면서, 기지국 송신으로 인해 야기되는 간섭신호를 최소화할 수 있도록 기지국의 송신전력을 증가 또는 감소하도록 지시(제어)하는 기술이다. IS-95A 시스템에서 하향링크 전력제어는 이동전화에서 하향링크 통화채널의 FER을 측정하여, 이 값이 미리 정해진 FER 임계치(예를 들면, 1%)를 초과하면 기지국에 해당 통화채널에 할당된 송신전력을 일정값만큼 증가시키도

록 하고, 반대일 경우 감소시키도록 기지국에 통보하는 방법으로 전력제어가 작용한다.

반면에 WCDMA 시스템의 하향링크 전력제어는 상향링크 전력제어와 거의 동일한 방법으로 이루어진다. [그림 4.12]를 이용하여 WCDMA 시스템의 하향링크 폐루프(inner-loop) 전력제어와 외루프 전력제어의 동작과정에 대하여 살펴보자. 먼저, 하향링크 폐루프 전력제어는 이동전화의 복조기 출력으로부터 하향링크 통화 채널의 수신신호품질(SIR)을 측정하여, 이를 목표 신호품질($SIR_t$)과 비교하여 기지국 송신전력의 증가 또는 감소를 지시하는 명령비트를 기지국으로 전송한다. 이동전화로부터 전력제어 명령비트를 수신한 기지국은 해당 하향링크 통화채널의 송신전력을 증가 또는 감소하여 통화정보를 전송한다. 즉 상향링크 폐루프 전력제어는 기지국이 이동전화의 송신전력을 제어하지만, 하향링크 폐루프 전력제어는 이동전화가 기지국의 송신전력을 증가 또는 감소하도록 결정하여 지시한다.

한편 WCDMA 시스템의 외루프 전력제어는, 먼저 이동전화에서 하향링크 통화채널의 BLER을 측정하여 이 값이 목표 BLER보다 클 경우, 통화품질이 불량하다고 판단하여 하향링크 폐루프 전력제어를 위해 이동전화에 설정되어 있는 $SIR_t$값을 일정값만큼 증가시킨다. 반대로 측정한 BLER이 목표 BLER보다 작을 경우엔, 통화품질이 양호하다고 판단하여 이동전화에 설정되어 있는 $SIR_t$값을 일정값만큼 감소시킨다. 즉 하향링크 외루프 전력제어는 적절한 수준의 통화품질을 제공하지만, 기지국의 불필요한 송출전력으로 인한 간섭신호를 최소화하는 방법으로 제어하는 것을 특징으로 한다.

## 4.4 핸드오버(Handover)

셀룰러 이동통신시스템에서 하나의 기지국이 서비스하는 영역을 셀(cell)이라 한다. 그런데 어떤 셀에서 통화중인 휴대전화가 이동할 경우 관할 기지국의 서비스 영역인 셀을 벗어나게 된다. 이러한 경우 무선랜이나 PTT(Push-to-Talk) 등과 같은 통상적인 무선통신시스템에서는 통신이 끊어지게 된다. 그러나 셀룰러 이동통신시스템에서는 다른 셀로 이동한 휴대전화가 끊김 없이 통화를 계속할 수 있도록 새로운 통신채널을 부여하게 된다. 이와 같이 통화중에 이동전화가 한 셀에서 새로운 셀로 이동해도 서비스를 계속해서 제공 받을 수 있도록 현재의 통화채널을 새로운 기지국의 통화채널로 바꾸는 기능을 핸드오버라 한다. 이러한 핸드오버 기능이 통상적인 무선통신시스템과 셀룰러 이동통신시스템을 구분할 수 있는 주요 특징 중의 하나다.

특히 이동통신시스템에서 이동전화 사용자들의 통화품질에 영향을 미치는 요인으로는 전송품질인 비트오류율(BER)뿐만 아니라 통화중에 발생하는 호 절단이나 호접속 불량 등 네트워크 관점에서의 통화품질이 크게 영향을 미친다. 따라서 통화품질을 적절한 수준으로 제어하기 위해서는 전력제어에 의한 BER 개선뿐만 아니라 핸드오버와 같은 무선접속제어 기술에 의한 통화품질 개선이 절대적으로 필요하다.

IS-95A, IS-95B와 WCDMA 이동통신시스템에서 핸드오버는 크게 동일한 주파수를 사용하는 통화채널 간에 이루어지는 소프트 핸드오버(soft handover), 동일한 주파수를 사용하는 동일 섹터간에 발생하는 소프터 핸드오버(softer handover), 그리고 다른 주파수를 사용하는 통화채널 간에 발생하는 하드 핸드오버(hard handover) 등이 있다.

### 4.4.1 소프트 핸드오버

셀룰러 CDMA 이동신시스템에서 이동전화가 통화중에 다른 셀로 이동할 경우 동일한 주파수를 사용하는 새로운 기지국으로부터 수신하는 신호세기가 강해질 경우 두 기지국과 동시에 통화 정보를 송수신하다가, 이전(서빙) 기지국으로부터 수신하는 신호세기가 약해질 경우 이전 기지국과의 통신링크는 단절하고 새로운 기지국과 통신하게 된다. 이것을 소프트 핸드오버라 하며, 현재 통신링크를 단절하기 전에 새로운 통신링크를 설정하기 때문에 Make-before-Break라고도 한다. 따라서 소프트 핸드오버는 통화가 단절될 확률을 크게 줄일 수 있는 특징이 있다.

또한 이동전화가 두 기지국(또는 세 기지국)과 동시에 접속하여 통신하는 소프트 핸드오버 진행 동안에 상향링크와 하향링크를 통하여 통화정보를 서로 다른 방법으로 수신한다(그림 4.13). 즉 상향링크에서 기지국 제어장치(BSC 또는 WCDMA 시스템에서 RNC)는 이동전화에서 두 기지국(BTS)을 통하여 전송한 통화 정보의 프레임을 동시에 수신한 후, 이들 중에서 양호한 품질의 통화 프레임만 선택적으로 수신한다. 반면에, 하향링크에서 이동전화는 두 기지국으로부터 수신하는 무선신호를 서로 결합하여 수신신호품질을 개선한다.

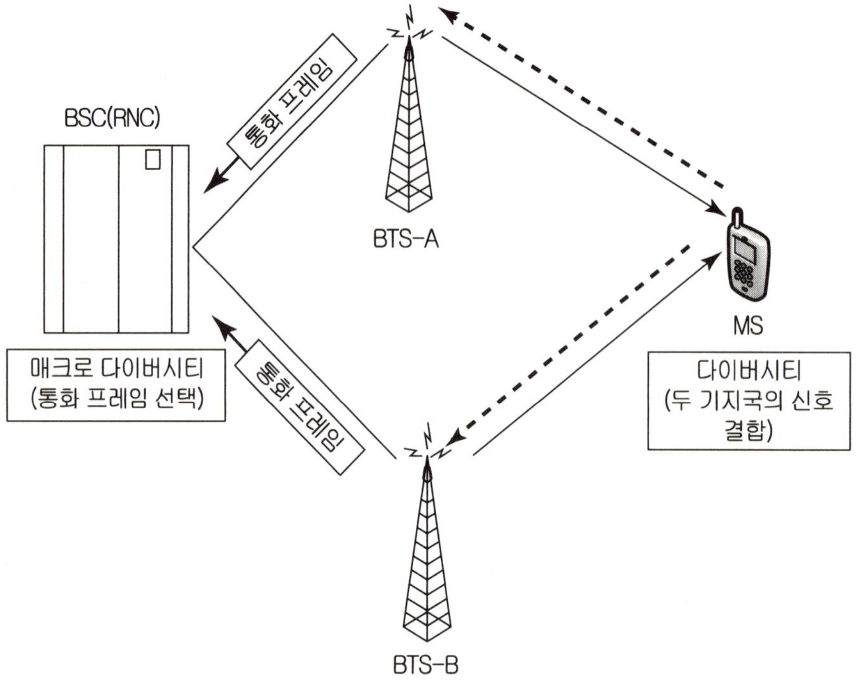


**[그림 4.13] 소프트 핸드오버 동안 통화 프레임 수신 방법**

여기서는 이와 같은 IS-95A, IS-95B 및 WCDMA 시스템의 이동전화와 기지국(BTS)에서 수행하는 소프트 핸드오버 알고리즘에 대하여 자세히 고찰한다.

#### 4.4.1.1 IS-95A 시스템의 소프트 핸드오버 알고리즘

IS-95A 이동통신시스템에서 이동전화가 통화중 두 셀 간에 이동함에 따라 발생하는 소프트 핸드오버 과정에 대하여 살펴보자(그림 4.13). 셀 1에서 통화중인 휴대전화가 셀 2방향으로 이동할 경우 셀 1로부터 수신하는 신호전력은 경로손실로 인하여 급격히 감소하는 반면에 셀 2로부터 수신하는 신호전력은 증가하게 된다.

[그림 4.14]의 (a)에서 보는 바와 같이 이동전화가 통화중에 인접한 기지국 2로부터 수신하는 파일럿 채널의 신호세기(Ec/Io; Ec는 파일럿 채널의 비트에너지, Io는 간섭전력밀도)가 소프트 핸드오버 시작점(T_ADD)을 초과할 경우, 이를 홈(서빙: serving) 기지국 1에 보고하면 기지국 제어장치(BSC)를 통하여 소프트 핸드오버가 시작되게 된다. 소프트 핸드오버가 진행되는 동안에 이동전화는 동일한 주파수를 사용하는 두 기지국으로부터 동시에 동일한 사용자 정보의 신호를 수신하게 되며, 이 이동전화에서 송신하는 신호는 이들 두 기지국에서 동시에 수신하게 된다(그림 4.14(b)).

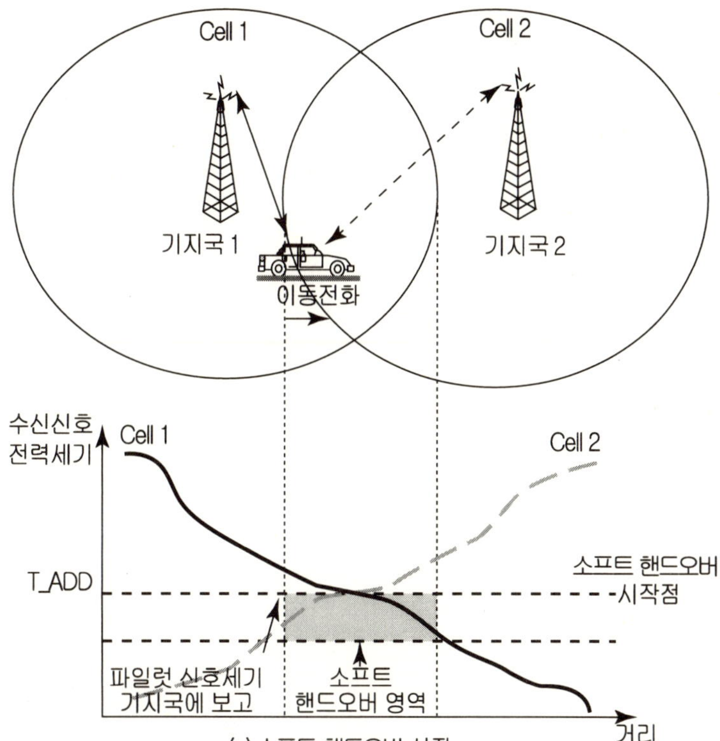


(a) 소프트 핸드오버 시작

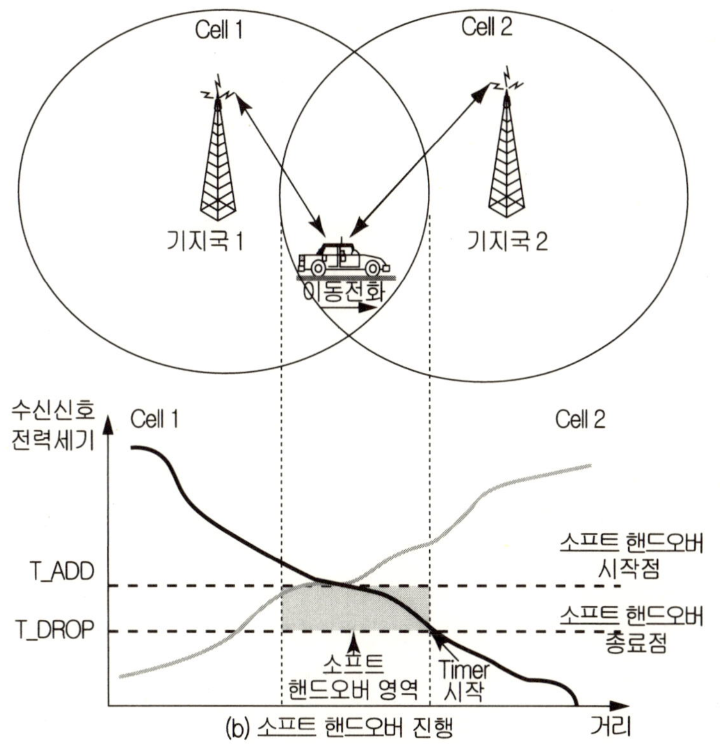


(b) 소프트 핸드오버 진행

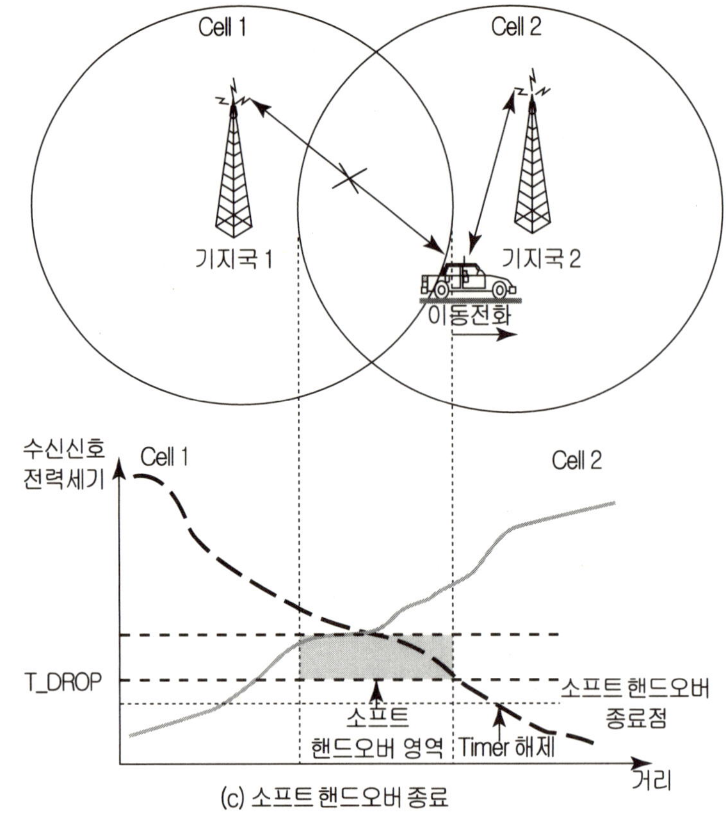

(c) 소프트 핸드오버 종료

**[그림 4.14]** IS-95A 시스템의 소프트 핸드오버 방법

그리고 이동전화가 통화하면서 셀 2로 계속 이동하게 되면, 기지국 1로부터 수신하는 신호세기는 점점 약해지게 된다. 따라서 이동전화가 홈 기지국 1로부터 수신하는 신호세기가 소프트 핸드오버 종료점(T_DROP)보다 낮아질 경우 이동전화는 일정 시각의 타이머(timer)를 작동시킨다. 이 타이머의 설정시각이 경과하면 이동전화는 수신하는 파일럿 신호세기를 기지국 1과 새로운 기지국 2를 통하여 BSC에 보고한다. 이를 수신한 BSC는 이동전화와 연결된 기지국 1의 통신링크를 단절하게 하고, 이동전화는 새로운 기지국 2를 통해서만 통신함으로써 소프트 핸드오버는 종료하게 된다(그림 4.14(c)). 여기서 사용하는 타이머는 이동전화가 수신하는 파일럿 신호세기가 순간적으로 약해졌다가 다시 강해지는 등 이른바 “ping-pong” 효과를 방지하기 위한 일종의 버퍼 역할을 한다.

한편 이동통신 기지국의 송수신 안테나를 전방향(omni-direction) 안테나가 아닌 지향성(direction) 안테나를 사용하여 특정 방향(또는 영역)으로만 무선 전파를 송수신할 수 있다. 이러한 특정 영역을 섹터(sector)라고 한다. 예를 들어, 전방향 360도를 3영역으로 나누면 각 영역은 180도씩이 되며 이 방향에 대하여 지향성 안테나를 설치 운용할 수 있는데, 이 경우 3섹터 셀(또는 기지국)이라고 부른다. 이와 같이 동일한 주파수를 사용하는 다수의 섹터로 구성되는 CDMA 이동통신시스템에서 특정 섹터에서 통화중인 이동전화가 다른 섹터로 이동할 경우 발생하는 핸드오버를 소프터 핸드오버(softer handover)라 한다. 이것은 여러 개의 섹터를 갖는 하나의 기지국(BTS) 내에서 일어나는 핸드오버로서 전반적인 핸드오버 과정은 소프트 핸드오버와 유사하다.

### 4.4.1.2 IS-95B 시스템의 소프트 핸드오버 알고리즘

IS-95A 시스템의 소프트 및 소프터 핸드오버 알고리즘에서 파일럿 신호세기의 임계값인 T_ADD와 T_DROP은 고정된 값을 설정한다. 그런데 앞에서 설명한 바와 같이 소프트 핸드오버를 위해 이동전화는 현재 통화중인 홈셀의 파일럿 신호세기와는 무관하게 인접셀의 파일럿 신호세기에 의해 소프트 핸드오버를 기지국에 요청한다. 즉 홈셀로부터 수신하는 파일럿 신호세기가 양호하여 통화품질에 크게 지장이 없어도, 인접셀로부터 수신하는 파일럿 세기가 고정된 임계값인 T_ADD를 초과하기만 하면 기지국에 핸드오버를 요청하여 소프트 핸드오버가 시작된다.

이와 같은 소프트 핸드오버는 불필요한 것이며, 핸드오버 요청을 기지국에 빈번하게 할 경우 이동통신망에 미치는 부하를 가중시킬 수 있다. 이러한 현상은 홈셀뿐만 아니라 인접셀에서 통화중인 이동전화 수(또는 트래픽 부하)에 따라 이동전화가 수신하는 파일럿 신호세기(Ec/Io)에 많은 영향을 미친다. 즉 인접셀의 트래픽 부하가 작을 경우엔 이동전화가 홈셀에서 수신하는 간섭은 상대적으로 작기 때문에 Ec/Io는 양호할 수 있다. 따라서 이동전화가 통화중에 트래픽 부하가 낮은 인접셀로 이동하더라도 홈셀과의 통신품질이 급격히 저하되지는 않는다.

IS-95A 시스템의 소프트 핸드오버 알고리즘에서 빈번한 핸드오버 발생확률의 문제점을 개선하기 위하여, IS-95B 시스템(CDMA20001x도 동일함)에서는 가변 임계값을 사용하며 이동통신망에서 이동전화 및 기지국에 미리 설정한 소프트 핸드오버 임계값을 트래픽 부하나 통신환경에 따라 가변시켜 핸드오버 발생확률을 조정할 수 있도록 개선하였다. 즉 IS-95B 시스템에서는 아래와 같은 조건을 만족할 경우에 이동전화가 기지국에 소프트 핸드오버를 요청한다.

$$10\log(P_{cj}) \geq Max\left\{ SOFT\_SLOPE * 10\log\left( \sum_{i=1}^{N_A} P_{ai} \right) + ADD\_INTERCEPT,\ T_1 \right\} \quad (4.5)$$

단, $P_{cj}$는 $j$번째 기지국으로부터 수신하는 파일럿 신호세기, $N_A$는 이동전화가 수신하는 기지국들 중에서 파일럿 신호세기가 핸드오버 임계치(IS-95A의 T_ADD)를 초과하는 기지국 수인 활성집합(Active Set), $N_A$ 중에서 $i$번째 기지국의 수신 파일럿 신호세기, SOFT_SLOPE와 ADD_INTERCEPT는 이동통신망에서 조정할 수 있는 시스템 파라미터를 각각 나타낸다. 즉, SOFT_SLOPE값을 조정함으로써 고정값으로 미리 설정된 T1 값(IS-95A의 T_ADD에 해당함)을 동적으로 가변시킬 수 있다.

식 (4.5)와 [그림 4.15]로부터 알 수 있듯이, 이동동통신망에서 SOFT_SLOPE와 ADD_INTERCEPT를 변경함으로써, 기지국과 이동전화에 미리 설정된 고정 핸드오버 임계값인 $T1$을 $T2$로 증가시킬 수 있으며, 이동전화의 요청에 의해 시작하는 소프트 핸드오버 발생확률을 조정할 수 있다. 즉 소프트 핸드오버 임계치 $T1$을 증가시키면 소프트 핸드오버 발생확률이 감소하며, 반대로 $T1$을 감소시키면 소프트 핸드오버 발생확률이 높아진다.

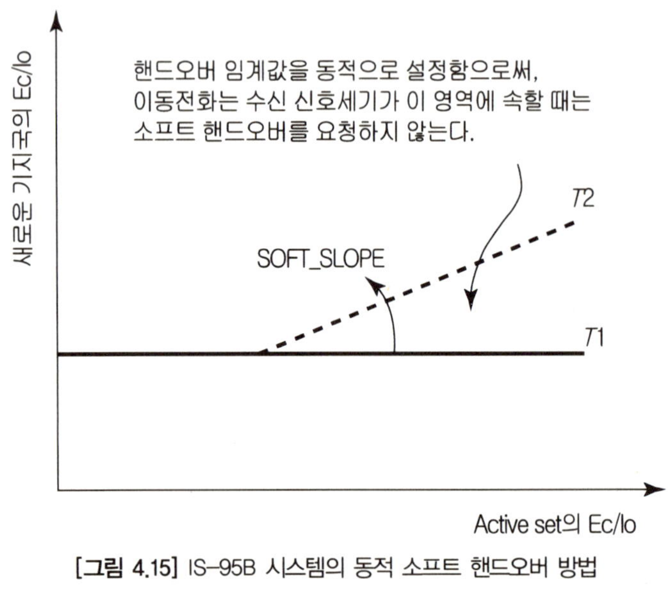


**[그림 4.15]** IS-95B 시스템의 동적 소프트 핸드오버 방법

### 4.4.1.3 WCDMA 시스템의 소프트 핸드오버 알고리즘

IS-95A 시스템의 소프트 핸드오버 기법은 고정된 핸드오버 임계값을 사용함으로써, 트래픽 부하의 변화에 능동적으로 대처하기 어렵다. 그리고 이러한 핸드오버 기법은 홈셀의 신호세기와 주변셀의 신호세기를 상대적으로 비교하는 것이 아니라 홈셀로부터 수신하는 파일럿 신호세기와는 무관하게 주변셀의 절대적인 신호세기만을 사용한다. 따라

서 IS-95A시스템의 소프트 핸드오버 알고리즘은 불필요한 핸드오버가 빈번하게 발생할 수 있어 주파수 자원 사용효율을 저하시킬 수 있을 뿐만 아니라 이동통신망의 부하를 가중시킬 수 있다.

이러한 문제점을 개선하기 위하여 IS-95B CDMA 이동통신시스템에서는 고정된 핸드오버 파라미터의 임계값을 동적으로 가변시킬 수 있도록 수정하여 트래픽 상황에 따라 소프트 핸드오버 발생확률을 조정할 수 있도록 개선하였다. 그러나 IS-95B 시스템의 소프트 핸드오버 기법은 IS-95A 시스템에서와 마찬가지로 홈셀의 파일럿 신호세기와는 무관하게 주변셀의 절대적인 신호세기에 의해서 핸드오버가 시작하기 때문에 불필요한 핸드오버가 발생하는 문제점은 여전히 있다(표 4.2).

[표 4.2] 셀룰러 CDMA 이동통신시스템의 소프트 핸드오버 알고리즘 비교

| 시스템명 | 핸드오버를 위한 파일럿 신호세기값 | 핸드오버 임계값의 동적 가변성 | 핸드오버 확률 제어 기능 | 불필요한 핸드오버 가능성 |
|---|---|---|---|---|
| IS-95A | 절대값 사용 | 고정 | 없음 | 아주 높음 |
| IS-95B | 절대값 사용 | 가변 | 있음 | 보통 |
| WCDMA | 상대값 사용 | 가변 | 있음 | 낮음 |

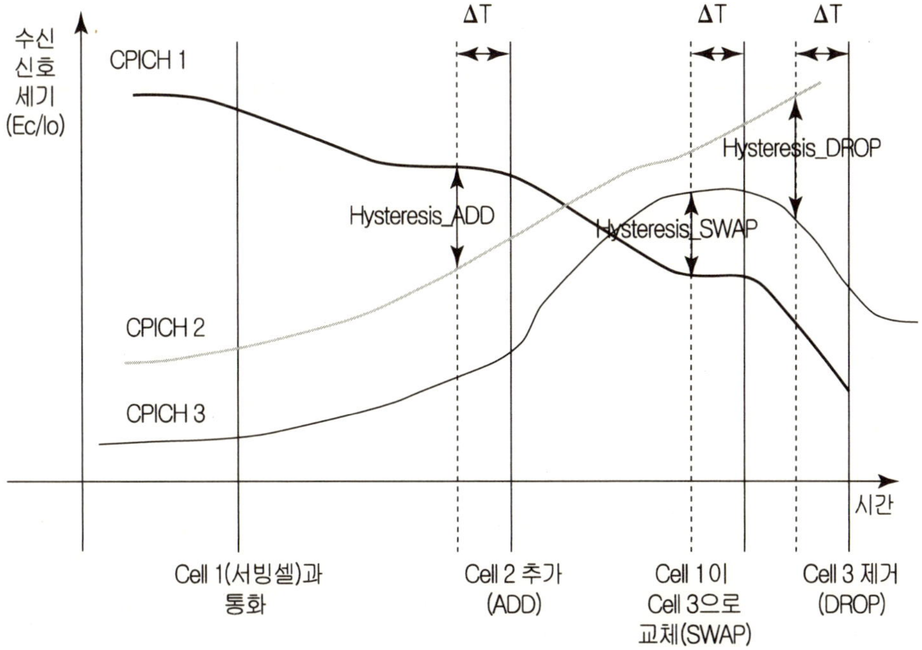


[그림 4.16] WCDMA 시스템의 소프트 핸드오버 알고리즘(예)

그러나 WCDMA 이동통신시스템의 소프트 핸드오버 알고리즘은 상대적인 핸드오버 임계값을 사용할 뿐만 아니라 소프트 핸드오버 발생확률을 제어할 수 있다. 이동전화가 3개의 셀과 소프트 핸드오버를 하는 과정을 살펴보자(그림 4.16). WCDMA 이동통신시스템에서 이동전화는 데이터 복조나 핸드오버를 위해 공통 파일럿 채널 CPICH(Common Pilot Channel)을 이용한다.

[그림 4.16]과 같이 홈(서빙) 셀인 CPICH 1과 통신하고 있는 이동전화는 셀 2(CPICH2) 영역으로 이동하면서 셀 2의 파일럿 신호세기가 셀 1의 파일럿 신호세기와 일정값 내의 차이(Hysteresis_ADD)로 증가하면 셀 2를 추가(ADD)한다. 그리고 이동전화는 이후 홈셀(CPICH 1)의 파일럿 신호세기가 약해져서 셀 3(CPICH 3)으로 통신링크를 교체(SWAP)하고, 셀 2와 셀 3과 동시에 통신중에 셀 3의 파일럿 신호세기가 셀 2의 신호세기보다 일정값(Hysteresis_DROP)보다 약해지면 셀 3을 제거(DROP)하여 셀 2로 핸드오버를 완료하게 된다.

여기서 이동전화가 새로운 기지국(CPICH)과 교체하는 SWAP는 서빙 셀의 파일럿 신호세기가 Hysteresis_SWAP의 크기만큼 차이를 갖는 셀이 있을 경우 발생한다. 따라서 두 개의 셀 모델을 이용하는 통상적인 소프트 핸드오버 알고리즘을 설명할 경우 이동전화는 셀 1에서 셀 1과 셀 2와 동시 통신한 후 셀 2로 소프트 핸드오버를 완료하게 된다.

이와 같은 방법으로 수행되는 WCDMA 시스템의 소프트 핸드오버 알고리즘에 있어서, 새로운 셀을 추가(ADD)하고 통화중인 셀을 제거(DROP)하는 조건 등에 대하여 좀 더 자세히 알아보자.

(ADD 조건)

$$10\ \log P_{new} \geq W.10\ \log\left(\sum_{i=1}^{N_A} P_i\right) + (1-W).10\ \log P_{best} - H_{ADD}$$

$$= P_{best}[dB] + W.\left(\sum_{i=1}^{N_A - 1} P_i[dB]\right) - H_{ADD} \tag{4.6}$$

단, $P_{new}$는 신호세기가 강해지는(핸드오버 영역으로 진입하는) 새로운 셀로부터 수신하는 파일럿(CPICH) 신호세기, $N_A$는 활성집합의 파일럿(CPICH) 수, $P_i$는 Active set에서 $i$번째 파일럿 신호세기, $P_{best}$는 활성집합에서 가장 강한 파일럿 신호세기, $W$는 기지국에서 이동전화의 소프트 핸드오버 확률을 제어하는 시스템 파라미터, $H_{ADD}$는 이동전화가 새로운 셀을 추가(ADD)하기 위한 히스테러시스(hysteresis) 조건을 각각 나타낸다.

따라서 새로운 기지국의 파일럿 수신 신호세기(Ec/Io)가 가장 강한 파일럿 신호세기와 Hysteresis_ADD와의 차이보다 클 경우에만 이동전화는 이 새로운 기지국과 통신링크를 추가(ADD)한다. 즉 [그림 4.16]에서 현재 통화중인 기지국의 파일럿 (CPICH 1) 신호세기와 새로운 기지국의 파일럿(CPICH 2) 신호세기의 차이(절대값이 아닌 상대적인 값)보다 클 경우 $\Delta T$초가 경과하면 새로운 셀을 추가하게 된다. 이는 IS-95A와 IS-95B의 소프트 핸드오버에서 '셀 추가(ADD)'의 조건으로 새로운 파일럿 신호세기의 절대값을 사용하는 것과 차이가 있음을 알 수 있다(표 4.2).

또한 기지국에서 이동전화에 전송하는 시스템 파라미터인 $W$값에 따라 새로운 셀을 추가(ADD)하는 조건이 다음과 같이 변한다. 만일 $W$=0이면, 파일럿 신호세기가 가장 강한 셀로 '셀 추가(ADD)'를 하게 되고, $W$=1이면, 활성집합에 있는 모든 셀들의 파일럿 신호세기의 합보다 클 경우에만 '셀 추가'를 하게 된다. 즉, 이동통신망에서 $W$를 증가시키면 소프트 핸드오버(발생)확률이 감소하고, 반대로 $W$를 감소시키면 소프트 핸드오버 확률이 증가할 수 있다.

(DROP 조건)

$$10\ \log P_{old} \leq W.10\ \log\left(\sum_{i=1}^{N_A} P_i\right) + (1-W).10\ \log P_{best} - H_{DROP}$$

$$= P_{best}[dB] + W.\left(\sum_{i=1}^{N_A-1} P_i[dB]\right) - H_{DROP} \tag{4.7}$$

단, $P_{old}$는 핸드오버 영역을 떠나는 새로운 셀의 파일럿(CPICH) 신호세기, $H_{DROP}$은 이동전화가 새로운 셀을 제거(DROP)하는 데 필요한 마진(margin)값인 히스테리시스(hysteresis) 값을 각각 나타낸다.

IS-95B와 WCDMA 시스템의 소프트 핸드오버 알고리즘 외에도 가변 핸드오버 파라미터를 갖는 적응적 소프트 핸드오버 알고리즘도 알려져 있다. 셀룰러 CDMA 및 WCDMA 이동통신시스템에서 트래픽 과부하가 발생한 셀에서 소프트 핸드오버 파라미터인 T_ADD를 낮추거나 T_DROP를 높여서 소프트 핸드오버 절차 중의 '셀 추가' 조건을 완화하거나 보다 빨리 핸드오버를 종료('셀 제거')하게 함으로써 과부하 트래픽을 부하가 낮은 인접셀로 핸드오버시켜 통화품질을 개선할 수 있다([4.9]~[4.11]).

### 4.4.2 하드 핸드오버

서로 다른 주파수를 사용하는 셀(기지국) 간에 발생하는 핸드오버를 주파수 간 핸드오버(Inter-frequency handover) 또는 하드 핸드오버라 한다. 하드 핸드오버는 소프트 핸드오버와 달리 이동전화가 수신하는 신호세기가 핸드오버 임계치보다 낮아질 경우 현재 통화중인 통신링크를 먼저 단절한 후 새로운 기지국과의 통신링크를 설정하여 신호를 송수신한다. 따라서 하드 핸드오버는 Break-Before-Make라고 하며, 소프트 핸드오버에 비해 통화 단절률이 증가할 수 있기 때문에 소프트 핸드오버에 비해 통화품질을 떨어뜨릴 수 있다.

[그림 4.17]은 셀룰러 CDMA 이동통신시스템에서 서로 다른 주파수를 사용하는 두 기지국(또는 셀) 간에서 발생하는 하드 핸드오버 과정을 나타낸 것이다. [그림 4.17(a)]와 같이 만일 휴대전화가 통화중에 셀 2로 이동하여 기지국 1로부터 수신하는 파일럿 신호세기가 정해진 하드 핸드오버 임계치 이하로 떨어질 경우 현재 통화중인 홈(서빙) 기지국 1과의 통신링크를 먼저 단절한다.

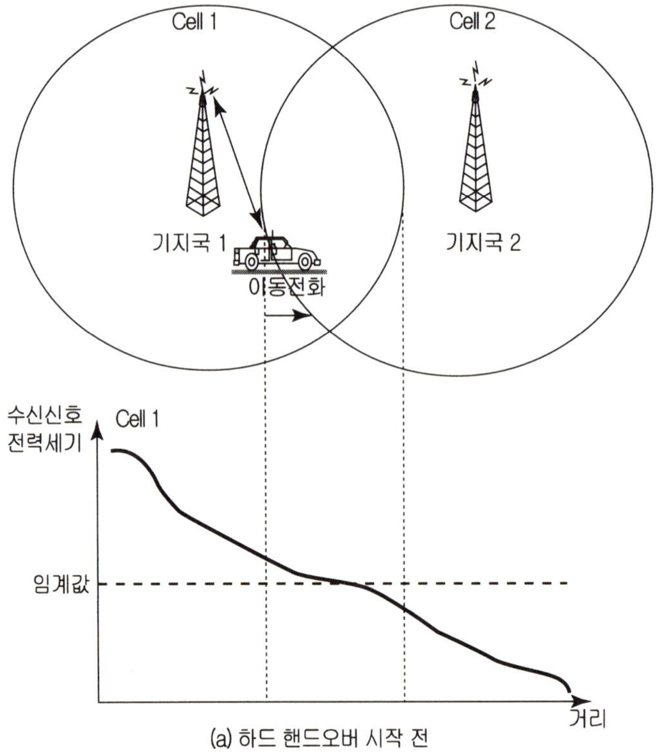

(a) 하드 핸드오버 시작 전

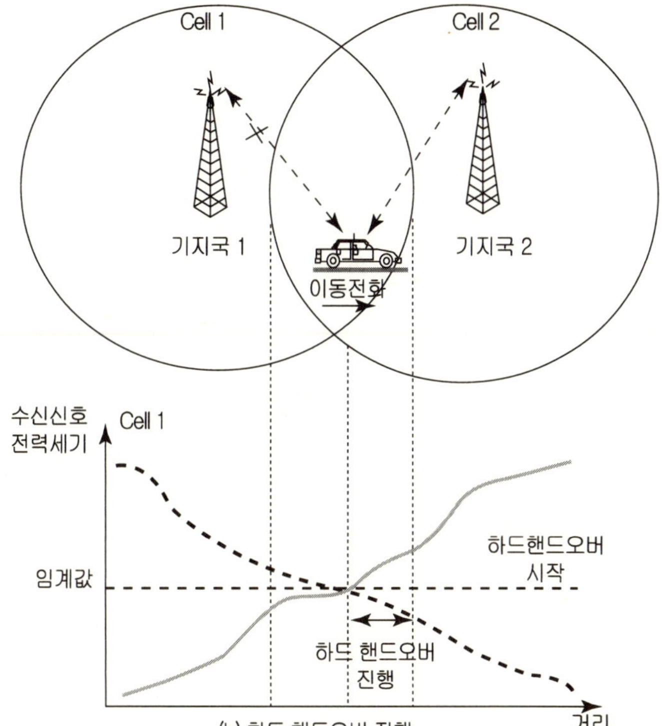

(b) 하드 핸드오버 진행

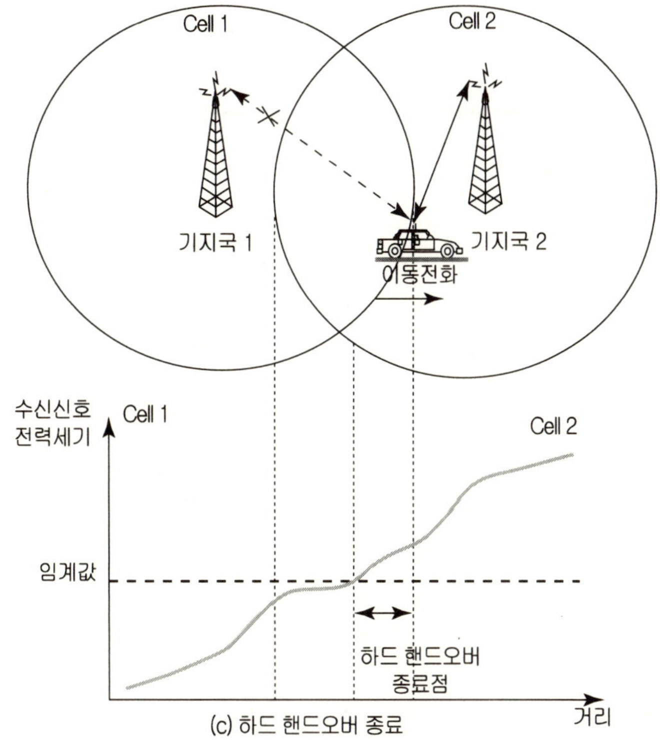

(c) 하드 핸드오버 종료

**[그림 4.17]** 셀룰러 이동통신시스템에서 하드 핸드오버

그런데 인접한 기지국 2와 새로운 통신링크를 설정하기 위해서는 주변 기지국들로부터 수신하는 신호세기를 측정할 수 있어야 한다. 이를 위하여 이동통신망에서는 이동전화에 홈셀 주변의 셀에서 사용중인 주파수 목록에 관한 정보를 제공한다. 따라서 이동전화는 홈 기지국과 통화하면서 동시에 주변 기지국들의 하향링크에서 다른 주파수를 사용하는 채널들에 대한 신호품질을 측정할 수 있다.

따라서 이동전화는 신호세기가 약해진 홈 기지국 1과의 통신링크를 단절한 후, 신호세기가 가장 강한 인접 기지국 2와 새로운 통신링크를 설정함으로써 하드 핸드오버 절차를 종료하게 된다(그림 4.17(b), 4.17(c)). 이와 같이 하드 핸드오버는 Make-Before-Break 방식의 소프트 핸드오버와 달리 Break-Before-Make 방식으로 통화채널을 절체한다. 또한 하드 핸드오버 기법은 사용자들이 서로 다른 주파수를 사용하는 TDMA 및 FDMA 방식의 셀룰러 이동통신시스템에서 사용하는 전형적인 핸드오버 방법이다.

## 4.5 호처리(Call Processing)

다수의 이동전화 사용자들이 동일한 주파수로 동시에 통화하기 위해서는 이동통신망과 이동전화 간에 사용자의 정보뿐만 아니라 각종 네트워크 관련 신호정보(signaling)를 서로 제공하여야 한다. 이러한 정보들은 이동전화와 기지국 송수신장치(BTS), 기지국제어장치(BSC), 이동교환기(MSC), 인증센터(AC), 홈위치 등록기(HLR)와 방문자 위치 등록기(VLR) 간에 미리 약속된 절차(프로토콜)를 통하여 제공되는데, 이러한 일련의 과정을 호처리(call processing)라고 한다.

호처리 절차에 있어서, IS-95A 시스템에서는 이동전화와 기지국(BTS와 BSC) 간의 무선접속구간(air-interface)의 절차에 대해서만 구체적으로 규정한다. 나머지 이동통신망 구성요소들 간의 호처리 절차는 이동통신망을 운용하는 통신사업체와 이동통신시스템 제조업체 간의 구현 규격으로 남겨두고 있다. 반면에 셀룰러 WCDMA 시스템은 이동통신망 전반에 대한 호처리 절차에 대하여 규정하고 있다.

여기서는 IS-95A 시스템 규격의 호처리 절차에 관하여 알아본다. IS-95A 시스템의 호처리 절차는 크게, 이동전화 발신호(mobile origination call), 이동전화 착신호(mobile termination call), 그리고 소프트 핸드오버 동안의 호처리 절차 등으로 구분할수 있다.

### 4.5.1 이동전화 발신호

이동전화 사용자가 액세서 채널을 통하여 상대 이동전화 사용자 또는 유선 전화 가입자에게 통화를 요구할 때 필요한 호처리 과정을 이동전화 발신호라고 한다. IS-95A 시스템에서 이동전화와 기지국 간의 발신호를 위한 호처리 절차를 간략하게 살펴보자(그림 4.18). 먼저 이동전화는 전자일련번호 ESN(Electronic Serial Number), 이동전화번호 MIN(Mobile Identification Number) 및 상대 이동전화번호 등을 포함하는 발신 메세지를 액세서 채널을 통하여 서빙 기지국으로 전송한다. 이때 액세서 절차는 앞서 언급했던 [그림 4.10]과 같은 방법으로 발신 메세지를 포함한 액세서 프루브를 전송하게 된다.

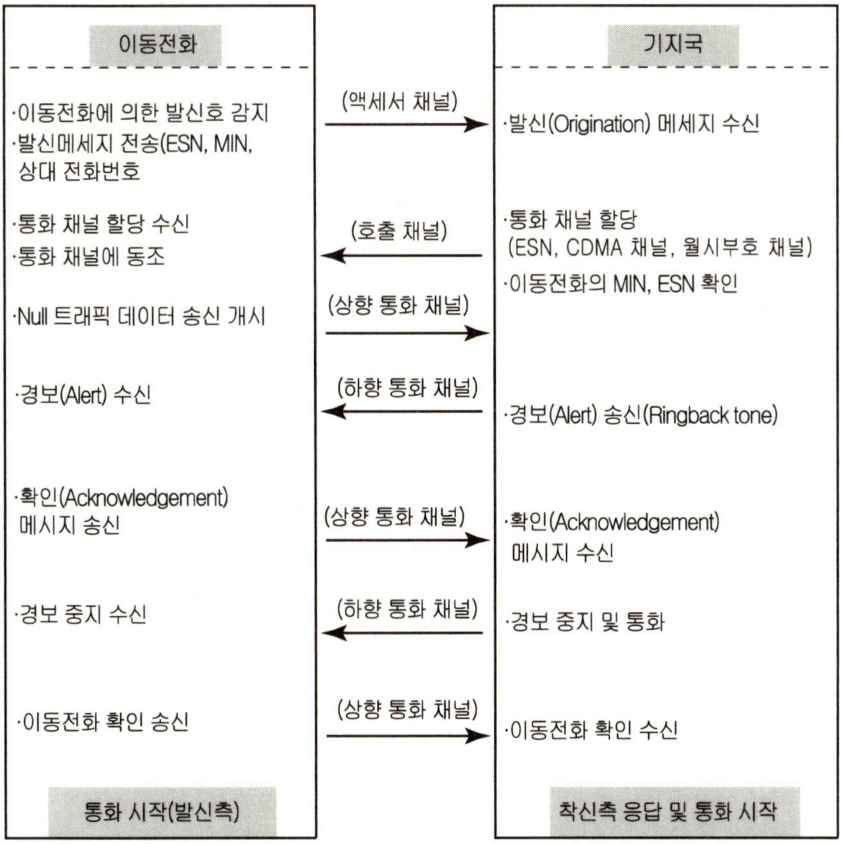


**[그림 4.18]** IS-95A 시스템에서 이동전화에 의한 발신호 절차

이 발신 메시지를 서빙 기지국에서 수신하면, ESN, CDMA 채널 및 하향링크 통화채널에 할당할 월시부호 채널 등을 포함하는 통화채널 할당 메시지를 호출채널을 통하여 해당 이동전화에 전송한다. 해당 이동전화는 기지국으로부터 통화채널 할당 메시지를 수신하여 이 메세지에 포함된 CDMA 주파수 채널 및 월시부호 채널에 동조한 후 일련의 0으로 구성된 널(Null) 데이터를 기지국으로 전송한다.

이후 기지국은 교환기에서 발생시키는 링백톤(ring-back tone)을 해당 이동전화에 전송한다. 이에 대한 수신 확인 메시지를 기지국에 전송함으로써 이동전화와 기지국 간의 통화로 설정 및 신호 절차가 완료되어 착신측의 응답과 함께 양측의 통화가 시작된다.

## 4.5.2 이동전화 착신호

셀룰러 이동통신 사용자 또는 유선전화 사용자들이 다른 이동전화 사용자에게 통화를 시도할 경우, 이동통신망은 이를 위해 기지국을 통하여 해당 이동전화에 일련의 호처리 절차를 수행한다. 이와 같이 이동통신망에 의하여 특정 이동전화에 호를 접속해 주는 과정을 이동전화 착신호라고 한다.

IS-95A 시스템에서 이동전화와 기지국 간에 수행하는 이동전화 착신호를 위한 절차를 살펴보자(그림 4.19). 착신호는 이동전화에서 통화를 시도하는 것이 아니라 이동통신망(또는 유선통신망) 측에서 이동전화에 호를 시도하는 경우에 해당한다. 착신호 절차는 발신호 절차와 거의 유사한 부분이 많다. 다만, 기지국에서 호출채널을 이용하여 통화하고자 하는 이동전화를 호출(page)하게 되고, 이동전화로부터 이 호출에 대한 응답을 기지국이 수신하게 되면 이후의 과정은 발신호 절차와 거의 동일하다.

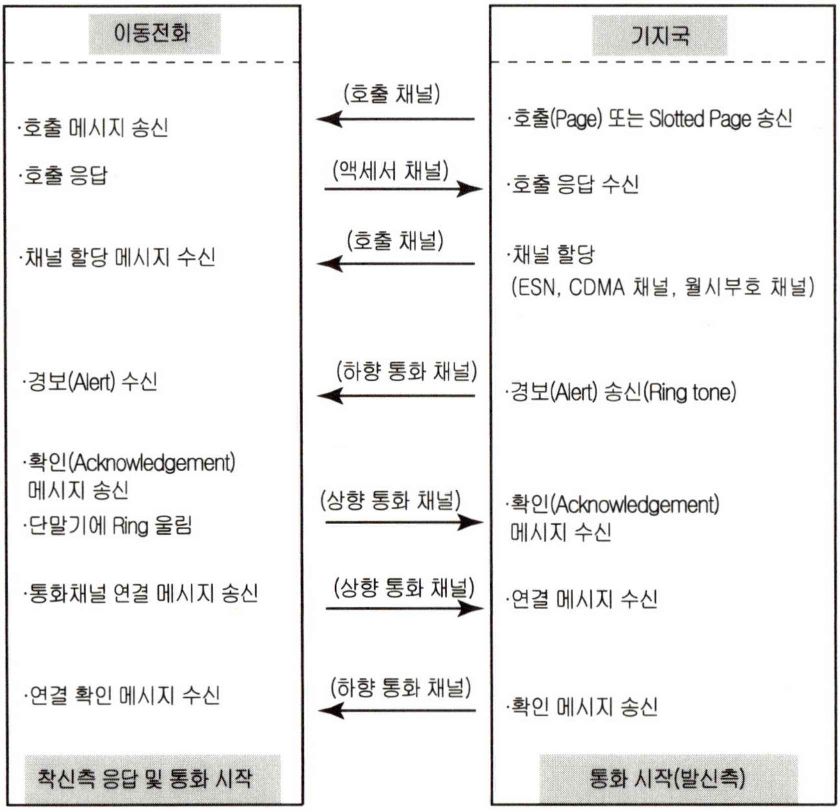


**[그림 4.19]** IS-95A 시스템에서 이동전화 착신호 절차

다만, 발신호 과정에서는 기지국측(이동교환기)에서 벨 울림소리에 해당하는 링백톤을 이동전화에 전송하지만, 착신호에서는 기지국측(이동교환기)에서 벨소리인 링톤(ring tone)을 이동전화에 전송한다.

### 4.5.3 소프트 핸드오버 동안의 호처리

이동전화가 통화 접속이 완료된 후 통화중에 동일 주파수를 사용하는 인접 셀로 이동할 경우 이동전화와 기지국 간에 소프트 핸드오버 동안의 호처리 절차가 필요하다.

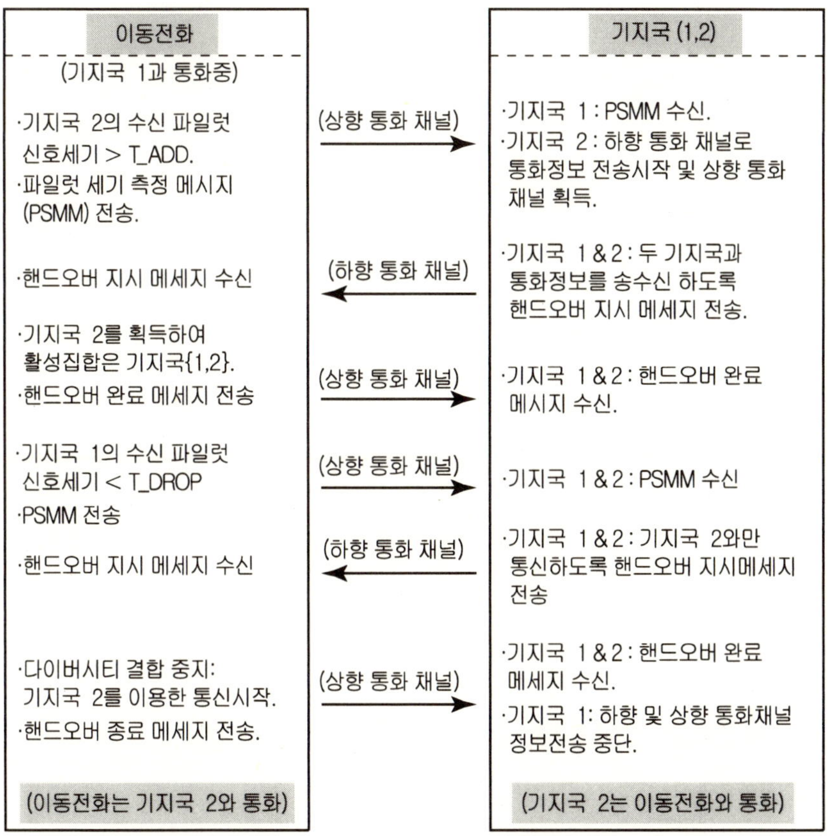


**[그림 4.20]** IS-95A 시스템에서 소프트 핸드오버 동안의 호처리 절차

[그림 4.20]은 IS-95A 시스템에서 홈셀의 기지국 1과 통화중인 이동전화가 기지국 2의 서비스 영역으로 이동할 경우 발생하는 소프트 핸드오버 동안의 호처리 절차를 나타낸다. 기지국 1과 통화중인 이동전화는 홈 기지국 1과 인접한 기지국 2에서 항상 전송하는 파일럿 채널의 신호세기를 측정한다. 인접셀을 관장하는 기지국 2의 수신 파일

럿 신호세기가 소프트 핸드오버 시작 임계값인 T_ADD를 초과하면, 이동전화는 파일럿 신호세기 측정 메시지인 PSMM(Pilot Strength Measurement Message)을 기지국 1 에 전송한다. 기지국 1은 PSMM을 상위 시스템인 BSC에 전송하며, BSC는 기지국 2에 이를 알려 소프트 핸드오버를 준비하도록 지시한다.

BSC로부터 지시를 받은 기지국 2와 홈 기지국 1은 하향링크 통화채널을 통하여 해당 이동전화에 두 기지국과 통화 정보를 송수신하도록 지시하는 핸드오버 지시 메시지를 전송한다. 핸드오버 지시 메시지를 수신한 이동전화는 기지국 2와 동기를 맞추어(획득) 통화가 가능한 기지국인 활성집합(Active Set)을 기지국 {1. 2}로 설정한다. 이렇게 함으로써 이동전화는 이들 두 기지국과 통화채널을 연결하여 통화정보를 송수신하게 된다.

이후 이동전화가 계속 기지국 2의 관할 영역으로 이동하면, 경로 손실에 의해 기지국 1로부터 수신하는 파일럿 신호세기가 약해진다. 만일 이동전화가 수신하는 기지국 1의 파일럿 신호세기가 소프트 핸드오버 종료 임계값인 T_DROP보다 약해지면, 이동전화는 PSMM 메시지를 두 기지국에 보고한다. PSMM을 수신한 두 기지국은 이러한 내용을 상부 시스템인 BSC에 보고하게 되며, 이후 기지국 1은 이동전화에 기지국 2와만 통신하도록 하는 핸드오버 지시 메시지를 전송한다. 핸드오버 지시 메세지를 수신한 이동전화는 이들 두 기지국과 신호를 수신하는 다이버시티 결합(diversity combining)을 중지하고, 핸드오버 완료(종료) 메시지를 기지국에 전송한다.

한편 이동전화로부터 핸드오버 완료 메시지를 수신한 두 기지국 중에서 기지국 1은 해당 이동전화와 연결되어 있는 통화채널을 단절하여 상향 및 하향링크 통화채널로 정보를 송수신 하는 것을 중단한다. 따라서 기지국 1과 통화를 시작했던 이동전화는 기지국 2와 통화함으로써 소프트 핸드오버를 종료하게 된다.

## 4.6 WCDMA 시스템의 하향링크 간섭완화 기술

IS-95A 시스템과 WCDMA 이동통신시스템에서 소프트 핸드오버는 하드 핸드오버에 비해 통화품질을 개선할 수 있을 뿐만 아니라, 상향링크의 무선 커버리지를 확장시키는 등 여러 가지 장점이 있다. 그러나 소프트 핸드오버는 두 개 이상의 기지국과 동시에 무선 신호를 주고 받아야 하기 때문에 하드 핸드오버에 비해 무선자원(월시부호와 송신 전력 등)을 두 배 이상 소모할 뿐만 아니라 하향링크 간섭신호 전력도 크게 증가시키는 문제점도 초래한다. 여기서는 이러한 소프트 핸드오버의 문제점과 함께 이를 개선할 수 있는 WCDMA 시스템의 간섭완화 기술에 대하여 알아본다.

### 4.6.1 소프트 핸드오버 동안의 전력제어와 하향링크 간섭

이동전화가 두 개의 기지국과 동시에 통화하는 소프트 핸드오버 진행 동안에 기지국(상향링크)과 이동전화(하향링크)는 서로 다른 방법으로 사용자 정보를 수신한다. 즉 상향링크에서 기지국 제어장치(BSC 또는 RNC)는 이동전화에서 두 기지국(BTS)을 통하여 전송한 통화 프레임을 동시에 수신한 후, 이들 통화 프레임의 품질(FER)에 따라 선택적으로 수신한다. 반면에, 하향링크에서 이동전화는 두 기지국으로부터 수신하는 무선신호를 서로 결합하여 수신신호품질을 개선한다. 즉 두 기지국으로부터 수신하는 신호들을 각각 복조하여 그 중에서 강한 신호를 더 많이 고려하는 이른바 최대비 결합(maximal ratio combining) 기법을 사용하여 신호를 수신한다(그림 4.21).

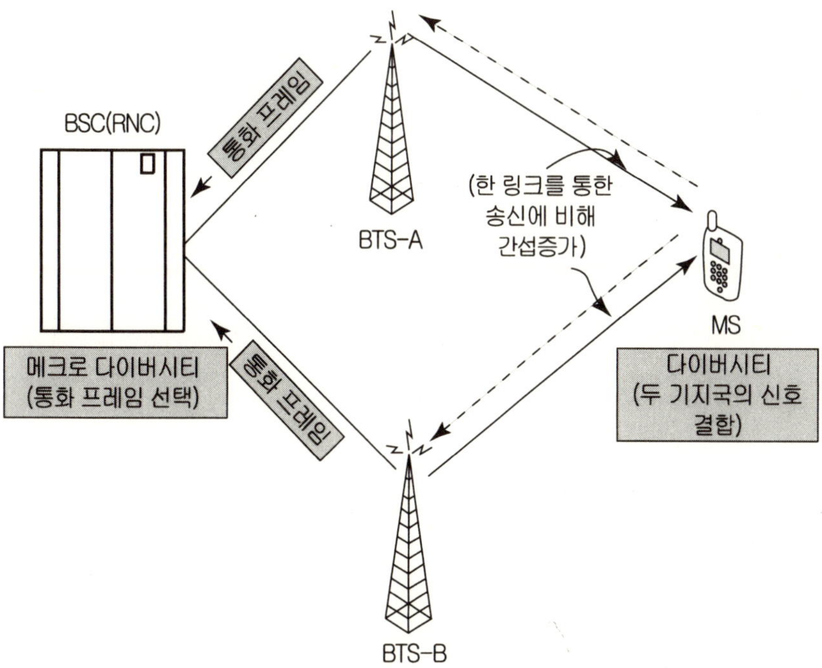


**[그림 4.21]** 소프트 핸드오버와 다이버시티 기법

그런데 이동전화는 하나의 기지국과 통화중일 때는 다중경로 결합 수신장치(rake receiver)를 이용하여 다중경로 신호들을 결합하여 신호품질($E_b/N_o$)을 개선한다. 그러나 일반적으로 이동전화는 소프트 핸드오버 시작점에서 완료 시점까지 사용할 수 있는 여분의 수신장치를 갖추는 것이 아니라, 일반호로 통화시(하나의 기지국과 통신)에 다중

경로 결합 수신장치로 사용한 수신 장치들(finger : 핑거) 중 일부를 사용하여 핸드오버 시에 다른 기지국 신호를 수신하게 된다.

한편 소프트 핸드오버 동안에 이동전화 송신전력 제어(상향링크 전력제어)는 다음과 같은 방법으로 동작한다. 소프트 핸드오버가 진행중에 이동전화는 두 기지국으로 동일한 통화정보의 신호를 전송하며, 이들 두 기지국에서는 신호품질을 측정하여 4.3절의 상향링크 폐루프 전력제어 알고리즘에 따라 하향링크 통화채널을 통하여 이동전화의 송신전력을 증가 또는 감소하도록 지시한다. 이동전화는 두 기지국에서 모두 전력을 증가시키도록 명령할 경우에만 이동전화의 송신전력을 증가시키고, 나머지 세 가지 경우에 대해서는 모두 송신전력을 감소시키는 방법으로 동작한다. 즉, 두 기지국 중에서 어느 한 기지국에서 전력 감소를 명령할 경우와 두 기지국 모두 감소를 명령할 경우 이동전화는 송신전력을 감소시킨다.

반면에 소프트 핸드오버 진행 동안 두 기지국과 동시에 통신하는 이동전화는 이들 기지국으로부터 수신하는 신호를 결합하여 신호품질을 측정하고, 이를 토대로 기지국의 송신전력을 증가 또는 감소하도록 명령비트를 결정한다. 여기서 이동전화는 두 기지국 각각의 송신전력을 증가 또는 감소시키도록 구분하여 요청(명령)하는 것이 아니라, 두 기지국에 동시에 동일한 형태의 전력증가 또는 감소를 요청한다. 즉 하향링크 전력제어(기지국의 송신전력을 제어)를 위하여, 이동전화는 두 기지국에서 전송하는 하향링크의 통화 품질(또는 신호품질)과는 무관하게, 현재 이동전화와 연결된 두 기지국의 하향링크 통화채널의 송신전력을 모두 증가시키거나 감소시키도록 기지국에 요청한다. 따라서 소프트 핸드오버 진행 동안에는 홈셀 및 인접셀의 이동전화들에 불필요한 간섭신호를 야기하게 되어 하향링크 용량을 감소시킨다.

### 4.6.2 기지국 선택적 다이버시티 전송 기법(SSDT)

WCDMA 시스템에서는 소프트 핸드오버 동안 하향링크 간섭이 증가하는 문제점을 개선하기 위하여 소프트 핸드오버에 가담중인 기지국들의 하향링크 중에서 품질이 양호한 기지국만 선택하여 송신하도록 제어하는데, 이를 기지국 선택적 다이버시티 전송기법(Site Selection Diversity Transmission: SSDT)이라고 한다(그림 4.22).

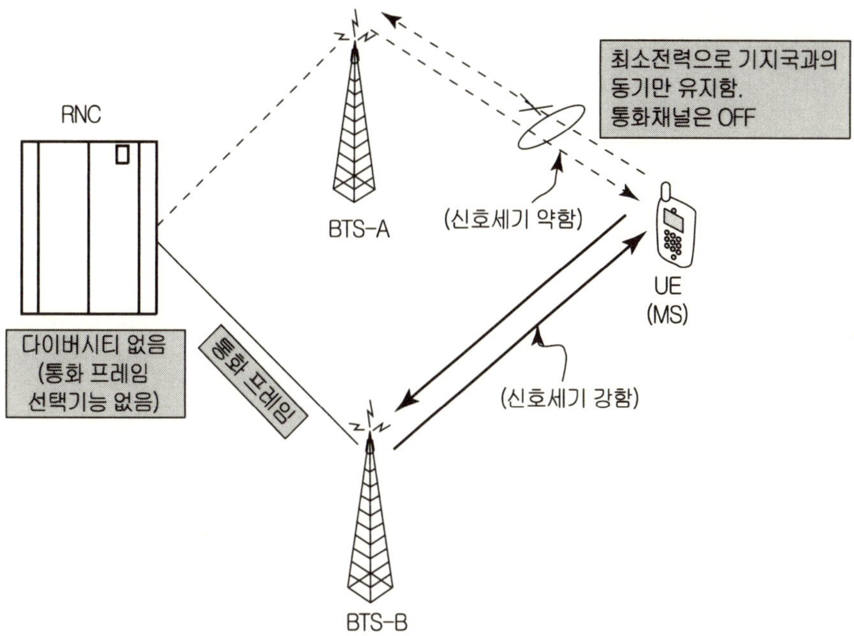


[그림 4.22] WCDMA 시스템의 SSDT 동작 개념

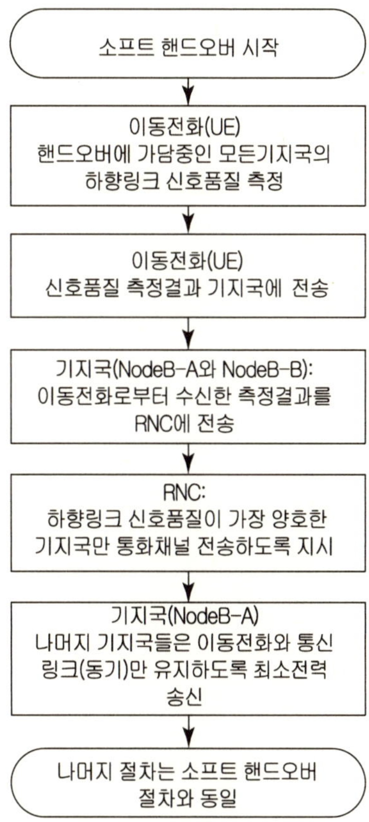


[그림 4.23] SSDT 알고리즘

[그림 4.22]와 [그림 4.23]을 이용하여 SSDT의 동작 과정을 살펴보자. 먼저 두 기지국과 소프트 핸드오버를 시작한 이동전화는 통화중 핸드오버에 가담중인 두 기지국의 하향링크 신호품질을 측정한다. 이동전화는 측정한 결과를 이들 기지국에게 보고하고, 기지국은 상부 시스템인 RNC에 이 결과를 통보한다. 하향링크 신호품질에 관한 정보를 수신한 RNC는 이들 기지국 중에서 신호품질이 가장 좋은(파일럿 채널의 Ec/Io가 가장 강한) 기지국만 하향링크 통화채널로 통화정보를 적절한 전력으로 송신하도록 지시한다. 이와 함께 RNC는 핸드오버에 가담 중인 나머지 기지국에는 이동전화와 핸드오버를 위해 연결한 통신링크 중에서 최소한의 전력으로 동기만 유지하고 통화채널을 통한 정보전송은 중지하도록 지시한다.

이에 따라 하향링크 상태가 가장 우수한 기지국은 이동전화와 정상적인 하향링크 전력제어 과정을 통하여 통화정보를 전송하지만, 나머지 기지국은 해당 이동전화에 통화정보 전송을 중지한다. 그리고 나머지 절차는 통상적인 소프트 핸드오버 절차와 동일하다. SSDT를 이용하여 소프트 핸드오버 동안의 하향링크 송신전력을 제어함으로써 불필요한 하향링크 송신전력을 최소화하여 무선링크 간섭을 줄일 수 있다.

# Chapter 04

## 연습문제

**1.** CDMA 이동통신시스템의 단말기와 기지국장치의 구조에 대하여 간략히 설명하시오.

**2.** FDD와 TDD 방식의 이중화 기술의 동작원리를 설명하고 이들의 장단점을 비교하시오.

**3.** 두 개의 셀로 구성되는 셀룰러 이동통신시스템의 핸드오버에 관한 아래 물음에 답하시오.

1) 소프트 핸드오버와 하드 핸드오버의 차이점에 대하여 설명하시오.

2) 소프트 핸드오버의 장점과 단점을 비교하시오.

3) IS-95A 시스템의 소프트 핸드오버 동작과정을 설명하시오..

4) WCDMA 시스템의 소프트 핸드오버 알고리즘을 설명하시오.

**4.** CDMA 이동통신시스템에서 이동전화 착신호(mobile termination call)와 소프트 핸드오버 호처리 과정을 이동통신망 구성요소와 하향링크 및 상향링크 채널들을 함께 고려하여 설명하시오.

**5.** IS-95A와 WCDMA 시스템의 전력제어에 관한 아래 물음에 답하시오.

1) 상향링크 전력제어의 종류와 동작 방법을 휴대전화, 기지국(BTS) 및 기지국 제어장치(BSC) 관점에서 설명하시오.

2) 어떤 서비스의 정보 전송률 $R$, 확산대역폭 $W$, 적절한 서비스 품질을 위해 요구되는 신호품질 $E_b/N_t$(비트에너지대 잡음전력비) 등의 파라미터가 주어질 때, (1) 단일 셀(single cell) 환경과 (2) 다중 셀(multiple cells) 환경에서 무선링크 용량에 관하여 유도하고, 물리적 의미를 이들 파라미터를 고려하여 설명하시오.

3) 상향링크 전력제어를 무선 커버리지(셀 영역), 무선링크 용량, 통화품질, 그리고 배터리 수명 등과의 상관 관계를 이론적 근거에 기반하여 논하시오.

# 참고문헌


[4.1] The CDMA network engineering handbook, Qualcomm Inc., 1992.

[4.2] TIA/EIA Interim Standard/IS-95, Mobile Station-Base Station Compatibility Standard for Dual Mode Wideband Spread Spectrum Cellular System, July, 1993.

[4.3] A.J. Viterbi, A.M. Viterbi, K.S. Gilhousen, and E. Zehavi, "Soft handoff extends CDMA cell coverge and increase reverse link capacity," IEEE J. Sel. Area Commun., vol. 12, no.8, pp.1281-1288, Oct. 1994.

[4.4] H. Furukawa et al., "SSDT-Site Selection Diversity Transmission Power Control for CDMA Forward Link," IEEE J. Sel. Area Commun., vol. 18, no.8, pp.1546-1554, August 2000.

[4.5] A.J. Viterbi, CDMA-Principles of spread spectrum communication, Addison-Wesley, 1995.

[4.6] T. Ojanpera and R. Prasad, *Wideband CDMA for third generation mobile communications*, Boston: Artech House, 1998.

[4.7] 3G TR 25.922, 3rdgeneration partnership project: Technical specification group radio access network; Radio Resource Management Strategies (Release99), March 2003.

[4.8] L. Hanzo, J.S Blogh, and S. Ni, "3G, HSDPA, HSUPA and FDD versus TDD networking: Smart antenna and adaptive modulation", John Wiley and IEEE Press, 2007.

[4.9] 강창순, 황선호, 한영남, 김명진, 이헌, "Method for shedding traffic load in CDMA mobile communication system, No. 5781861, USA, August, 1998.

[4.10] 김원익, 강창순, "An adaptive softhandover algorithm for traffic load shedding in the WCDMA mobile communication system," in Proc. IEEE Wireless Communications and Networking Conf. (WCNC), vol. 2, New Orleans, LA, Mar. 2003, pp. 1213-1217.

[4.11] Sun Ho Hwang, et al., "Soft handoff algorithm with variable thresholds in CDMA cellular systems," Electron. Letters, vol. 33, no. 19, pp. 1602-1603, Sept. 1997.

[4.12] 강창순, 전선심, 김기석, 조철회, "Power control apparatus and method with interference reduction during soft handoff in CDMA cellular communication systems," No.6487191, USA, 2002.

[4.13] 김원익, 신성문, 강창순, "이동국에서의 트래픽 부하분산 및 그 방법, No. 10-0420914, 2004. 2.

Chapter

05

# 통화품질과 무선링크 용량 및 무선 커버리지

이동통신 사용자뿐만 아니라 이동통신망 운용 사업자측에서 볼 때 통화품질, 무선링크 용량 및 무선 커버리지는 중요한 성능 지표들이다. 이와 같은 성능 지표들은 독립적인 항목이 아니라 서로 밀접한 관계를 가지면서, 특히 통화요금을 비롯한 통신망 설치 및 운용비용 등에 많은 영향을 미친다. [그림 5.1]은 셀룰러 이동통신시스템에서 무선링크 용량과 통화품질, 통화품질과 무선 커버리지, 무선링크 용량과 커버리지의 관계를 나타낸 것이다.

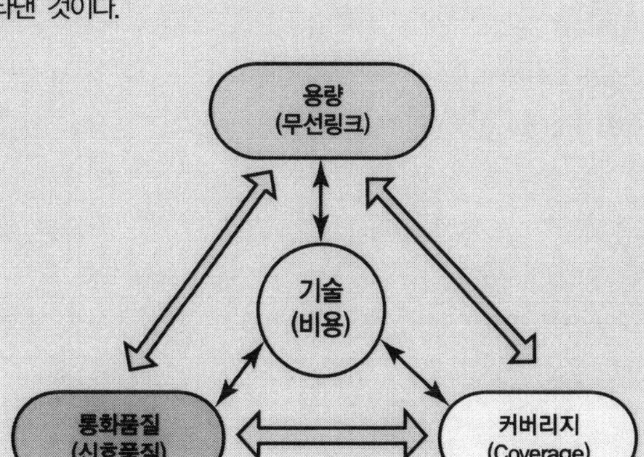


[그림 5.1] 셀룰러 이동통신시스템에서 통화품질, 무선링크 용량 및 무선커버리지의 관계

5장에서는 셀룰러 이동통신시스템에서 각종 시스템 파라미터나 통신환경 등을 고려하여 이러한 성능 지표들의 상호관계를 수학적 방법을 통하여 자세히 분석한다. 특히 이들 중에서 통화품질에 직접적인 영향을 미치는 신호품질과 무선링크 용량을 분석하는 데 있어서, 2세대 및 3세대 이동통신시스템에서 사용하는 단일부호 CDMA 시스템과 WCDMA/HSDPA 시스템에서 멀티미디어 서비스를 위해 사용하는 다중부호(multiple code) CDMA 시스템을 함께 고려한다.

그리고 최근 4세대 이동통신기술과 함께 펨토셀(femtocell)에 대한 관심이 급증하고 있는데, 이러한 펨토셀의 통신환경과 유사한 매크로셀과 마이크로셀의 중첩(overlay) 시스템에 대한 간섭전력의 특성을 고찰한다. 이동통신시스템의 전반적인 통화품질과 밀접한 관련이 있는 소프트 핸드오버의 성능을 해석하고 이를 정량적으로 분석한다. 이를 토대로 IS-95A(2세대), WCDMA(3세대) 및 와이브로(3.5세대) 이동통신시스템에서 트래픽 과부하로 인하여 통화품질이 저하되는 문제를 소프트 핸드오버 알고리즘과 무선 커버리지를 제어하여 통화품질을 개선하는 기법들을 소개한다.

또한 무선링크 용량과 커버리지의 관계를 해석하기 위하여 WCDMA 시스템에서 링크 적응기술인 적응변조 및 부호화(Adaptive Modulation and Coding: AMC)기술에 대하여 고찰한다. 마지막으로 통화품질과 무선 커버리지의 관계를 이해하기 위하여, WCDMA와 HSDPA 시스템이 함께 공존하는(coexistence) 셀룰러 이동통신시스템에서 트래픽 과부하로 인해 통화품질이 저하되는 문제를 AMC 기법과 전력할당을 이용하여 개선하는 사례를 살펴본다.

## 5.1 신호품질과 무선링크 용량

셀룰러 CDMA 이동통신시스템에서 하나의 무선링크(하향링크 또는 상향링크)를 통하여 적절한 수준의 통화품질을 제공하면서 동시에 통화할 수 있는 최대 사용자수 또는 이에 해당하는 전체 전송률을 무선링크 용량이라고 한다. 특히 셀룰러 CDMA 시스템은 모든 셀에서 동일한 주파수를 사용하기 때문에 기지국(상향링크) 또는 이동전화(하향링크)에서 수신하는 신호품질은 홈셀 또는 주변셀로부터 수신하는 간섭신호에 의해 많은 영향을 받는다. 따라서 수신신호품질은 홈셀 또는 주변셀에서 통화중인 이동전화 사용자수와 밀접한 관계를 가질 뿐만 아니라 이동전화의 통화품질에도 직접적인 영향을 주게 된다.

3장에서 살펴본 바와 같이 셀룰러 CDMA 이동통신시스템에서 상향링크(기지국)에서 수신하는 신호품질($E_b/N_t$)은 식 (5.1)과 같이 나타낼 수 있다.

$$\begin{aligned}\frac{E_b}{N_t} &= \frac{S/R}{\{N_oW + I_{hc} + I_{oc}\}/W} \\ &= \frac{S/R}{\{N_oW + (K-1)S + I_{oc}\}/W}\end{aligned} \tag{5.1}$$

단, $I_{hc}$는 $K$명의 사용자가 홈셀(또는 홈 기지국)로부터 수신하는 간섭 신호전력, $I_{oc}$는 홈셀 주변의 인접 셀(other cells)들로부터 수신하는 간섭전력을 각각 의미한다. 그리고 $S$는 수신신호전력, $R$은 사용자 정보의 비트 전송률, $W$는 시스템 확산대역폭을 각각 나타낸다.

### 5.1.1 셀룰러 CDMA 시스템에서 신호품질과 무선링크 용량

앞에서 본 바와 같이 하나의 확산부호를 사용하여 대역폭을 확산하는 시스템을 SC (Single Code)-CDMA 시스템이라고 한다. SC-CDMA 시스템에서는 고속의 데이터를 다중경로 페이딩 채널을 통하여 전송할 경우 신호간 간섭(ISI)으로 인하여 수신신호품질이 저하되는 문제가 발생한다. 이를 개선하기 위하여 사용자 정보 전송률을 $m$개의 병렬처리 과정으로 나누어, $m$개의 다중부호(Multiple Code: MC)로 각각의 처리 과정을 SC-CDMA 시스템과 같은 방법으로 대역확산하여 전송하는 방식을 MC-CDMA 시스템이라 한다.

[그림 5.2]는 MC-CDMA 시스템에서 $m$개의 다중부호를 이용하여 전송률이 R인 사용자 정보를 전송한 후 수신신호품질을 측정하는 과정(예)를 나타낸 것이다. 특히 수신신호품질은 상호 비교를 위하여 AWGN 채널과 다중경로 페이딩 채널을 통과한 사용자 정보 신호에 대하여 $E_b/N_o$와 $E_b/N_t$를 각각 측정한다. 그림에서 $R_1=R/m$이며, $C_m$(m = 1, 2, ⋯ $M$)은 직교 확산부호를 나타낸다.

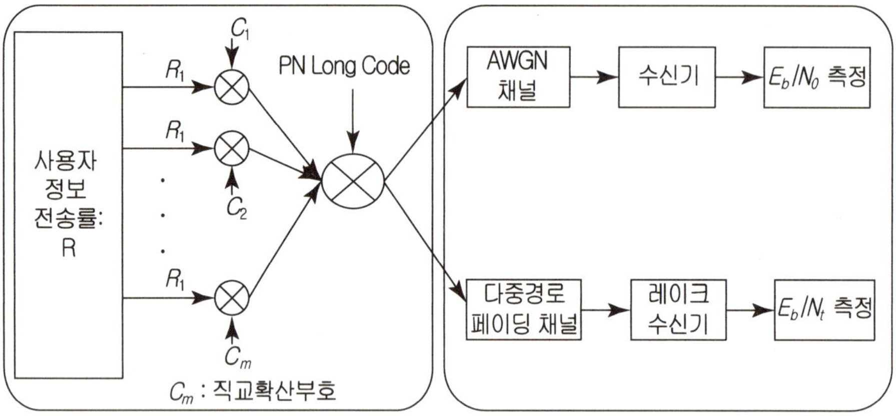


[그림 5.2] MC-CDMA에서 사용자 정보전송과 신호품질 측정(예)

한편 AWGN 채널과 같은 이상적인 이동통신환경에서는 확산부호 채널 간에 직교성이 유지되어 이들 부호채널 간에 상호간섭이 발생하지 않는다. 따라서 일반적으로 AWGN 채널에서는 SC-CDMA 시스템과 MC-CDMA 시스템의 무선링크 용량은 같다.

그러나 실제 이동통신 환경인 다중경로 페이딩 채널에서는 확산부호 채널 간의 직교성이 상실되어 이들 부호채널간에 간섭(mutual interference)이 발생한다. 이러한 상호간섭은 결국 이동통신시스템의 중요한 성능지표인 무선링크 용량뿐만 아니라 신호품질과 직결되는 신호전력에 큰 영향을 미친다.

셀룰러 CDMA 이동통신시스템에서 전력제어가 이상적으로 동작하면, 기지국에서 수신하는 이동전화 사용자들의 신호품질($E_b/N_t$)은 일정하게 된다. 만약 MC-CDMA 시스템에서 비트 전송률 $R$인 $K_{mc}$명의 사용자들이 통화를 할 경우, 기지국에서 수신하는 각 부호채널의 신호품질은 식 (5.2)와 같이 표현할 수 있다.

$$\begin{aligned}\frac{E_b}{N_t} &= \frac{S_1/R_1}{\{N_o W + I_{hc} + I_{oc}\}/W} \\ &= \frac{S_1/R_1}{\{N_o W + m[(K_{mc}-1)+(1-\delta)]S_1 + I_{oc}\}/W}\end{aligned} \tag{5.2}$$

단, $m$은 MC-CDMA 사용자에게 할당된 확산부호 수, $S_1=S/m$은 하나의 부호채널에 대한 수신 신호전력, $R_1=R/m$은 각 부호채널에 대한 사용자 정보 전송률, $N_oW$는 열잡음 전력을 각각 나타낸다. 그리고, $\delta$는 직교성 계수(orthogonality factor)로서, 다중경로 페이딩으로 인하여 직교확산부호 채널 간에 직교성질이 상실되는 정도를 나타낸다. 즉, 직교성 계수는 다중부호를 사용하는 동일 MC-CDMA 사용자의 신호품질에 영향을 미치는 정규화된 상호 간섭(mutual interference)을 의미한다.

예를 들어 $\delta=1$은 완전한 직교성(perfect orthogonality)을 유지하는 경우에 해당하는 것으로서, 다중부호를 사용하는 동일 MC-CDMA 사용자의 수신신호에서 하나의 부호채널이 나머지 다른 부호채널에 어떠한 간섭도 야기하지 않는다는 것을 의미한다. 그리고 $\delta=0.4$는 다중경로 페이딩으로 인하여 확산부호의 직교성이 부분적(40%)으로 상실되어, 동일 MC-CDMA 사용자의 수신신호 중에서 60% 정도가 상호간섭신호임을 의미한다. 또한 $\delta=1/m$은 $m$개의 다중 부호채널들 간의 직교성이 완전히 상실된 경우로서, $m$개의 부호채널들 중에서 $(m-1)/m$ 정도가 동일 MC-CDMA 사용자의 수신 신호에 상호간섭으로 작용하게 된다.

그러나 $\delta=0$는 동일 MC-CDMA 사용자의 수신신호에 미치는 상호간섭이 심각하게 증가하여 기지국이 이들 모든 다중부호 채널들에서 어떠한 원하는 신호도 수신할 수 없는 경우에 해당한다. 따라서 직교성 계수는 $(1/m)\leq\delta\leq 1$와 같은 범위로 나타낼 수 있으며, 만약 $m=1$일 경우에 해당하는 SC-CDMA 시스템에서는 $\delta=1$이 되며, 상호간섭이 전혀 없게 된다.

다중경로 페이딩 환경에서 이러한 직교성계수의 특성들을 고려하여 SC-CDMA 시스템과 MC-CDMA 시스템의 무선링크 용량과 적절한 수준의 신호품질을 수신하는 데 요구되는 수신 신호전력에 대하여 고찰한다. 그런데 이들 두 CDMA 시스템의 전송방법이 다르기 때문에 무선링크 용량을 비교하는 데 있어서는 무선링크 스루풋(throughput) 관점에서 용량을 비교한다.

#### 5.1.1.1 단일셀 환경에서 용량과 사용자 신호전력

한 명의 CDMA 이동전화 사용자가 송신하는 전력은 트래픽 부하가 100%(full load)일 경우 최대가 되며, $S^{max}=N_oW$와 같이 근사화된다. 식 (5.2)에 $m=1$, $R_1=R$, $\delta=1/m$, $K_{mc}=K_{sc}$, $S_1=S=N_oW$, and $I_{oc}=0$ 등을 대입하면, 단일셀로 구성되는 SC-CDMA 이동통신시스템에서 무선링크 용량(최대로 지원 가능한 사용자 수, $K_{sc}^{max}$)은 식 (5.3)과 같이 얻어진다.

$$K_{sc}^{\max} = \frac{W/R}{E_b/N_t} \tag{5.3}$$

따라서 SC-CDMA의 무선링크 스루풋, $T_{sc}$는 $K_{sc}^{\max}R$과 같이 주어진다.

마찬가지로, 한 명의 MC-CDMA 사용자가 송신하는 전력은 트래픽 부하가 100%일 때 최대가 되며, $mS_1^{\max} = N_oW$이다. 따라서, MC-CDMA에서 지원 가능한 최대 사용자 수, 즉 $K_{mc}^{\max}$는 식 (5.4)와 같이 주어진다.

$$K_{mc}^{\max} = \frac{W/R}{E_b/N_t} + \delta - 1 \tag{5.4}$$

따라서 MC-CDMA 시스템의 무선링크 스루풋은 $T_{mc} = K_{mc}^{\max}R$와 같이 얻어진다. 그리고 식 (5.3)과 식 (5.4)로부터 $K_{sc}^{\max} = K_{mc}^{\max} + (1-\delta)$와 같은 관계식을 이용하면, 단일셀 환경에서 이들 두 시스템의 상대적인 무선링크 용량(스루풋), $T_{mc}/T_{sc}$은 식 (5.5)와 같이 표현된다.

$$\frac{T_{mc}}{T_{sc}} = \frac{1}{1 + \frac{(1-\delta)}{K_{mc}^{\max}}} \tag{5.5}$$

식 (5.5)에서 $\delta$=1일 경우 두 시스템의 무선링크 용량은 동일하지만, 다중부호 채널 간의 직교성이 완전히 유지가 되지 않을 경우엔 MC-CDMA 시스템의 용량이 적다는 것을 알 수 있다.

[그림 5.3]은 MC-CDMA 시스템의 확산부호 간의 직교성이 완전히 상실되었을 때(즉 $\delta$=0일 때), 확산대역폭($W$)과 사용자에게 할당하는 확산부호 수 등에 따른 SC-CDMA 시스템과 MC-CDMA 시스템의 상대적인 무선링크 용량을 나타낸 것이다. 확산부호들 간의 간섭으로 인하여 MC-CDMA 시스템의 무선링크 용량이 SC-CDMA 시스템보다 더 적다. 그러나 확산대역폭과 직교성 계수가 증가하고, 각 사용자에게 할당하는 확산부호 수가 감소할수록 이들 두 시스템의 용량 차이는 줄어든다. 예를 들어, 그림에서 사용자의 정보 전송률 $R$ = 384 kbps, 요구 신호품질 $E_b/N_t$ = 7 dB, $m$=12, 즉 $R_1$ = 32 kbps 일 경우, 확산대역폭을 2배 증가시키면 용량 차이는 20% 정도로 줄어든다.

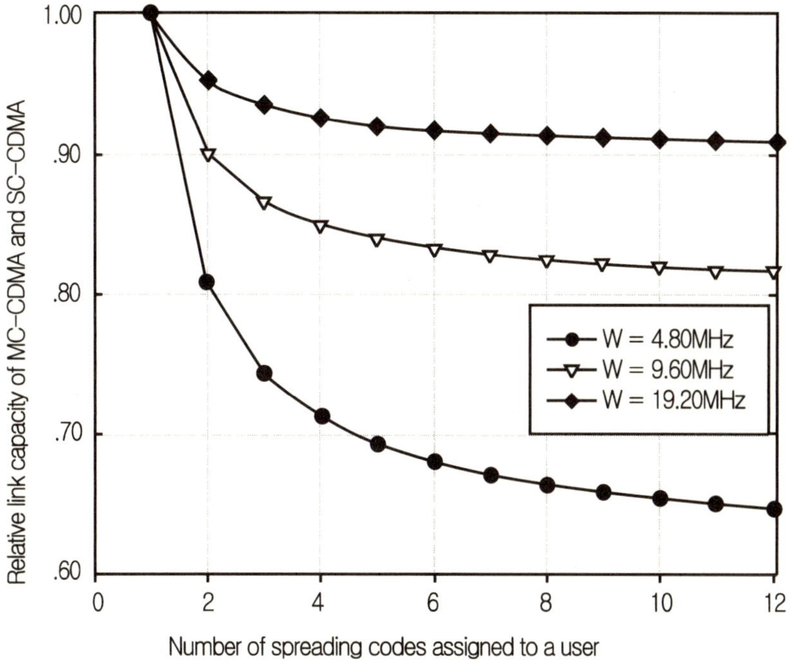


**[그림 5.3]** SC-CDMA 시스템과 MC-CDMA 시스템의 상대적인 무선링크 용량

한편 CDMA 이동통신시스템에서 이동전화 사용자들의 수신신호는 송신전력에 직접 비례하며, 확산대역폭, 각 사용자들에게 할당된 확산부호 수 등과 밀접한 관련성이 있다. 식 (5.2)에서 $m$=1, $R_1$=$R$, $\delta$=1/$m$, $K_{mc}$=$K_{sc}$ 및 $S_1$=$S$일 경우, 단일셀 환경에서 SC-CDMA 사용자의 수신신호전력, $S_{sc}$는 식 (5.6)과 같이 표현할 수 있다.

$$S_{sc} = \frac{N_o W}{\frac{W/R}{E_b/N_t} - K_{sc} + 1} \tag{5.6}$$

단일셀로 구성되는 MC-CDMA 시스템에서 사용자들이 적절한 수준의 신호품질을 수신하는 데 필요한 수신신호전력에 대하여 알아보자. 식 (5.2)로부터 MC-CDMA 사용자들에게 할당된 각 부호채널에서 수신하는 신호전력 $S_1$은 다음과 같이 표현할 수 있다.

$$S_1 = \frac{N_o W}{\frac{W/R_1}{E_b/N_t} - mK_{mc} + \delta m} \tag{5.7}$$

MC-CDMA 사용자들에게는 $m$개의 직교 확산부호가 할당되기 때문에 각 MC-CDMA 사용자들의 적절한 신호품질을 위해 요구되는 신호전력 $S_{mc}$는 식 (5.8)과 같이 된다.

$$S_{mc} = \frac{N_o W}{\frac{W/R}{E_b/N_t} - K_{mc} + \delta} \tag{5.8}$$

식 (5.8)로부터 MC-CDMA 이동전화 사용자들이 적절한 수준의 신호품질을 수신하는 데 요구되는 신호전력은 확산대역폭, 트래픽 부하 및 각 사용자들에게 할당된 확산부호 수 등과 관련되어 있음을 알 수 있다.

식 (5.4), (5.6) 및 (5.8)을 이용하면, 두 CDMA 시스템의 사용자들간의 상대적인 요구 신호전력 $S_{mc}/S_{sc}$을 다음과 같이 얻을 수 있다.

$$\frac{S_{mc}}{S_{sc}} = \frac{T_{sc} - K_{sc}R + R}{T_{mc} - K_{mc}R + R} \tag{5.9}$$

두 CDMA 시스템에서 요구하는 신호전력을 비교하기 위하여 상대적인 트래픽 부하 $L$을 고려한다. SC-CDMA 시스템과 MC-CDMA 시스템에서 트래픽 부하는 $L_{sc} = K_{sc}R/T_{sc}$, $L_{mc} = K_{mc}R/T_{mc}$와 같이 각각 정의된다. 만약 $L_{sc} = L_{mc}$이면, $K_{sc} = K_{mc}\{1+(1-\delta)/K_{mc}^{\max}\}$와 같이 주어진다. 따라서 식 (5.9)는 다음 식과 같이 나타낼 수 있다.

$$\frac{S_{mc}}{S_{sc}} = 1 + \frac{(1-\delta)(K_{mc}^{\max} - K_{mc})}{K_{mc}^{\max}(K_{mc}^{\max} - K_{mc} + 1)} \tag{5.10}$$

즉, 시스템의 트래픽 부하가 100%일 경우와 각 사용자들에게 할당된 직교확산부호들 간에 직교성이 완전하게 유지가 되는 두 경우를 제외하면, 언제나 $S_{mc}$가 $S_{sc}$보다 항상 크다는 사실을 알 수 있다.

### 5.1.1.2 다중셀 환경에서 용량과 사용자 신호전력

다중셀로 구성되는 CDMA 이동통신시스템에서 SC-CDMA 시스템과 MC-CDMA 시스템의 무선링크 용량을 비교 분석한다. 여기서 비교를 간단히 하기 위하여 셀 간 간섭계수(inter-cell interference factor; $f$)는 두 시스템 간에 거의 동일하다고 가정한다. 즉 $f_{sc} \approx f_{mc}$이다. 따라서 다중셀 환경에서 두 CDMA 시스템의 무선링크 용량은 거의 동일하다고 할 수 있다.

그러나 다중셀 환경에서 홈셀의 기지국은 홈셀뿐만 아니라 인접셀로부터 간섭신호를 수신하기 때문에 식 (5.9)는 다음과 같이 나타낼 수 있다.

$$\frac{S_{mc}}{S_{sc}} = \frac{(T_{sc} - K_{sc}R + R)(N_o W + I_{oc}^{mc})}{(T_{mc} - K_{mc}R + R)(N_o W + I_{oc}^{sc})} \tag{5.11}$$

식 (5.7)과 (5.9)로부터 각 CDMA 시스템에서 주변셀로부터 수신하는 간섭 $I_{oc}$는 통화중인 이동전화 사용자수와 각 사용자에게 할당된 확산부호 수에 직접 비례하는 것을 알 수 있다. 그런데 주변셀로부터 수신하는 간섭전력은 열잡음 전력보다 훨씬 크기 때문에, 즉 $I_{oc} \gg N_o W$, SC-CDMA 시스템의 기지국에서 수신하는 전체 간섭전력 밀도, $N_t^{sc}$는 다음과 같이 표현할 수 있다.

$$N_t^{sc} \cong (1 + f_{sc})\frac{E_b^{sc} K_{sc}}{G} \tag{5.12}$$

단, $G = W / R$(확산처리이득), $E_b^{sc} = S_{sc} / R$(SC-CDMA 사용자의 수신 비트 에너지)를 각각 의미한다.

마찬가지로, MC-CDMA 시스템의 기지국에서 수신하는 전체 간섭전력 밀도, $N_t^{mc}$는 다음과 같이 표현할 수 있다.

$$N_t^{mc} \cong (1 + f_{mc})\frac{E_b^{mc} K_{mc}}{G} \tag{5.13}$$

단, $E_b^{mc} = S_{mc} / R$, 즉 MC-CDMA 사용자의 비트 에너지를 나타낸다. 식 (5.12)와 (5.13)을 이용하면, 다음과 같은 관계식을 얻을 수 있다.

$$\frac{N_o W + I_{oc}^{mc}}{N_o W + I_{oc}^{sc}} = \frac{N_t^{mc} W - I_{hc}^{mc}}{N_t^{sc} W - I_{hc}^{sc}} \cong \left(\frac{S_{mc}}{S_{sc}}\right)_{single} \left(\frac{K_{mc}}{K_{sc}}\right) \tag{5.14}$$

단, $f_{sc} \approx f_{mc}$, $I_{hc}^{sc} \cong K_{sc} S_{sc}$, $I_{hc}^{mc} \cong K_{mc} S_{mc}$, 그리고 $(S_{mc}/S_{sc})_{\text{single}}$은 단일셀로 구성되는 두 CDMA 시스템에서 상대적인 사용자 신호전력이다. 만약 두 CDMA 시스템의 트래

픽 부하가 동일하다고 가정하면, 즉, $L_{sc} = L_{mc}$ 이면, $K_{sc} = K_{mc}\{1+(1-\delta)/K_{mc}^{\max}\} \cong K_{mc}$ 가 되어 식 (5.14)는 (5.15)와 같이 표현할 수 있다.

$$\frac{N_o W + I_{oc}^{mc}}{N_o W + I_{oc}^{sc}} \approx \left(\frac{S_{mc}}{S_{sc}}\right)_{single} \tag{5.15}$$

식 (5.15)로부터 $I_{oc}^{mc}/I_{oc}^{sc}$는 $S_{mc}/S_{sc}$에 비례함을 알 수 있다. 따라서 식 (5.11)은 다음과 같이 근사화될 수 있다.

$$\begin{aligned} \frac{S_{mc}}{S_{sc}} &\approx \left[1+\frac{(1-\delta)(K_{mc}^{\max}-K_{mc})}{K_{mc}^{\max}(K_{mc}^{\max}-K_{mc}+1)}\right]^2 \\ &= \left\{\left(\frac{S_{mc}}{S_{sc}}\right)_{single}\right\}^2 \end{aligned} \tag{5.16}$$

단, $(S_{mc}/S_{sc})_{\text{single}}$는 단일셀로 구성되는 CDMA 시스템에서 상대적인 사용자 요구 신호전력을 나타내는 것으로 식 (5.10)과 같이 주어진다. 즉 다중셀로 구성되는 이동통신 시스템에서 MC-CDMA 사용자와 SC-CDMA 사용자의 상대적인 요구신호전력 비는 단일셀 환경에서의 상대적인 비의 제곱과 거의 같다.

[그림 5.4]는 다중셀 환경에서 SC-CDMA 사용자와 MC-CDMA 사용자가 요구하는 신호전력의 상대적인 비를 나타낸다. 상대적인 신호전력 비가 1이면 두 시스템 사용자들의 요구 신호전력이 동일함을 뜻한다. 그림에서 확산대역폭이 증가할수록, 확산부호들 간의 직교성이 많이 유지될수록(즉, 직교성 계수가 클수록) 두 시스템 사용자들 간의 신호전력 차이는 줄어든다. 예를 들어 $L_{sc} = L_{mc} = 50\%$, W = 4.80 MHz, 그리고 $\delta = 0.47$ 일 때, $S_{mc}/S_{sc} \approx 1.3$ 이다. 즉 동일한 신호품질을 수신하기 위해서는 MC-CDMA 사용자가 SC-CDMA 사용자보다 대략 30% 정도의 높은 송신전력을 요구한다. 그러나 $L_{sc} = L_{mc} = 60\%$, W = 19.20 MHz, $\delta = 0.47$ 일 경우, $S_{mc}/S_{sc} \approx 1.1$ 정도로 줄어든다.

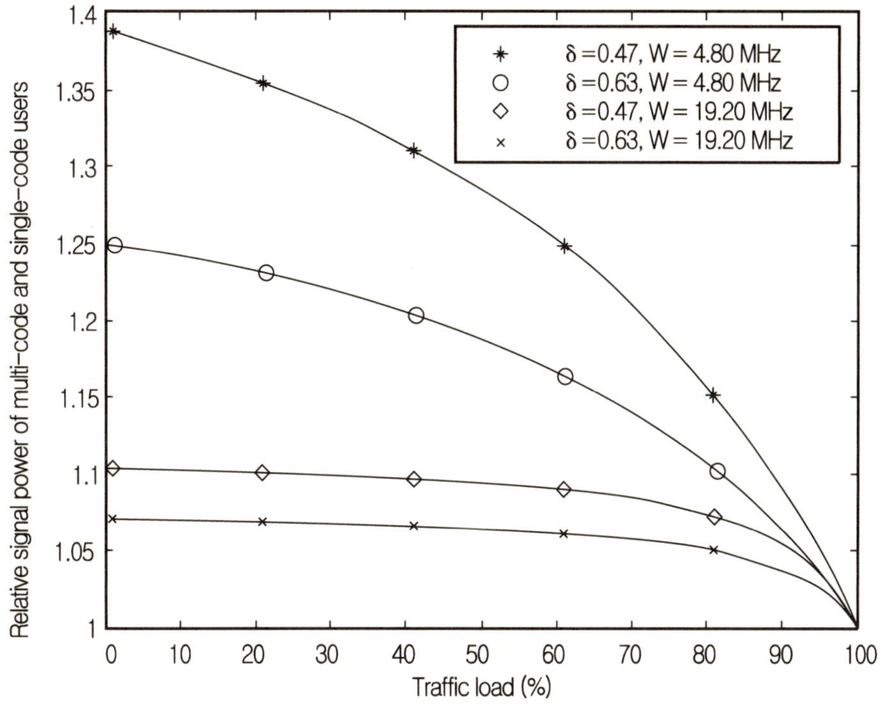


**[그림 5.4]** MC–CDMA와 SC–CDMA 사용자 간의 상대적인 신호전력(다중셀 환경)

## 5.1.2 멀티미디어 서비스를 위한 사용자 신호전력

한편 CDMA 이동통신시스템에서 단일 종류의 서비스(트래픽)가 아닌 멀티미디어 서비스를 제공할 경우 요구 신호전력 특성은 어떻게 될까? 이 물음에 대한 답을 구하기 위해 $M$종류의 서비스(비트 전송률은 $R_j$ $(1 \le j \le M)$이고, $R_1$은 기본 전송률임)를 제공하는 MC–CDMA 시스템에 대하여 고찰해 보자.

고속의 정보를 전송할 경우 $j$번째 종류의 서비스의 정보 전송률은 $R_j = mR_1$과 같이 주어진다. 단 $m(1 \le m \le M)$은 한 명의 사용자에게 할당된 대역확산부호 수이다. 그러면 $j$번째 서비스를 제공하기 위하여 각 확산부호 채널에서 수신한 신호품질 $(E_b / N_t)_j^c$는 다음과 같이 표현할 수 있다.

$$\left(\frac{E_b}{N_t}\right)_j^c = \frac{S_j^c / R_1}{I_t / W} = \frac{S_j^c G_1}{P_t - m[1-(1-\delta)]S_j^c}, \tag{5.17}$$

단, $S_j^c$는 기지국에서 수신하는 $j$번째 종류의 서비스를 위해 전송하는 각 부호채널의 신호전력을 나타낸다. 그리고 $I_t$는 기지국에서 수신하는 열잡음 전력과 전체 간섭전력의 총합, $P_t$는 원하는 사용자 신호전력을 포함한 기지국에서 수신하는 전체 전력, $G_1$은 기본 전송률을 갖는 서비스에 대한 확산처리이득을 각각 나타낸다. 따라서 $S_j^c$는 다음과 같이 나타낼 수 있다.

$$S_j^c = \frac{P_t \gamma_j}{G_1 + m\delta\gamma_j} \tag{5.18}$$

단, $\gamma_j$ 는 $j$번째 종류의 서비스가 적절한 수준의 품질을 유지하는 데 요구되는 신호품질 $(E_b / N_t)$을 나타낸다. 따라서 한 명의 MC-CDMA 사용자가 $j$ 번째 종류의 서비스를 제공받는 데 필요한 신호전력은 다음과 같다.

$$S_j = \frac{mP_t \gamma_j}{G_1 + m\delta\gamma_j} \tag{5.19}$$

예를 들어 CDMA 시스템이 음성과 데이터와 같이 두 종류의 서비스를 제공할 경우에 대하여 살펴보자. 식 (5.19)로부터 MC-CDMA 시스템에서 음성과 데이터 서비스를 제공하는 데 요구되는 신호전력의 상대적인 비, $(S_d/S_v)_{mc}$를 다음과 같이 얻을 수 있다 [5.5].

$$\left(\frac{S_d}{S_v}\right)_{mc} \equiv \Gamma_{mc} = \frac{m(G_v + \gamma_v)}{G_v + m\delta\gamma_d} \cdot \frac{\gamma_d}{\gamma_v} \tag{5.20}$$

단, $G_v$는 음성 서비스에 대한 확산처리이득을 나타낸다.

SC-CDMA 시스템에서 음성과 데이터의 상대적인 요구신호전력 비를 위하여 $m$=1, $\delta$=1/$m$, 그리고 $G_1$=$G_j$를 식 (5.19)에 대입하여 정리하면 다음과 같이 얻을 수 있다.

$$\left(\frac{S_d}{S_v}\right)_{sc} \equiv \Gamma_{sc} = \frac{G_v + \gamma_v}{G_d + \gamma_d} \cdot \frac{\gamma_d}{\gamma_v} \tag{5.21}$$

단, $G_d$는 데이터 서비스에 대한 확산처리이득을 나타낸다. 따라서 MC-CDMA 시스템과 SC-CDMA 시스템에서 두 종류의 멀티미디어 서비스를 제공할 경우 요구되는 신호전력의 상대적인 비, $\Gamma_{mc}/\Gamma_{mc}$는 다음과 같이 얻어진다.

$$\frac{\Gamma_{mc}}{\Gamma_{sc}} = \frac{m(G_d + \gamma_d)}{G_v + m\delta\gamma_d} = \frac{G_v + m\gamma_d}{G_v + m\delta\gamma_d} \tag{5.22}$$

즉 $\Gamma_{mc}$는 다중부호 채널 간의 상호간섭이 전혀 없을 경우를 제외하고는 항상 $\Gamma_{sc}$ 보다 크다는 것을 알 수 있다.

## 5.2 중첩(계층) 셀룰러 CDMA 시스템의 간섭신호전력

마이크로셀과 매크로셀 등과 같이 여러 종류의 셀들이 서로 중첩되어 통신하는 시스템을 중첩(계층) 셀룰러시스템이라 한다. 이러한 중첩 셀룰러시스템의 응용분야는 4세대 이동통신과 함께 최근 많은 관심을 불러 일으키고 있는 펨토셀을 들 수 있다. 펨토셀은 초소형 옥내 기지국시스템으로도 불리는데, 무선랜 시스템에서 사용하는 무선 공유기(access point)와 같은 크기의 셀룰러 시스템용 초소형 기지국을 거실이나 실내 공간에 설치하여 이동전화는 물론이고, 여러 종류의 정보통신 기기들과 통신할 수 있는 무선 허브 역할을 할 수 있는 시스템이다.

여기서는 이와 같은 펨토셀의 통신환경과 유사한 매크로셀과 마이크로셀의 중첩(overlay) 시스템에 대한 간섭신호전력의 특성을 고찰한다. 셀룰러 CDMA 시스템에서 간섭신호전력은 통화품질, 무선링크 용량 및 무선 커버리지에 직접적인 영향을 미치며, 이동전화 사용자들의 분포, 전파전파 특성(모델), 전력제어의 정확성 등 다양한 파라미터들과 관련되어 있다.

중첩된 매크로셀과 마이크로셀의 각 기지국에서 수신하는 전체 간섭전력은 동일계층의 셀들로부터 수신하는 간섭(co-tier interference)과 타계층 셀 간의 간섭(cross-tier interference) 등으로 구성된다. 동일계층 간섭에 대한 해석 방법은 [그림 3.5]를 참조하기 바라며, 여기서는 타계층 간섭에 대하여 분석하는 방법을 고찰한다. 즉 마이크로셀이 매크로셀에 미치는 간섭($\Psi_{\mu M}$)과 매크로셀이 마이크로셀에 미치는 간섭($\Psi_{\mu M}$)에 대하여 알아본다.

### 5.2.1 마이크로셀이 매크로셀에 미치는 간섭신호전력

[그림 5.3]에서 보는 바와 같이 마이크로셀 기지국으로부터 거리 $r_\mu$만큼 떨어진 마이크

로셀 내에 위치하고 있는 이동전화 사용자(MS)를 고려해 보자. 그런데 이 사용자는 매크로셀 기지국 $BS_0$로부터 $r_{M0}$와 같은 거리에 위치한다.

$$r_{M0} = \sqrt{D^2 + r_\mu^2 - 2Dr_\mu \cos\phi} \tag{5.23}$$

식 (5.23)과 [그림 5.5]에서 $D$는 마이크로셀의 기지국과 매크로셀의 기지국 $BS_0$ 간의 거리를 나타낸다.

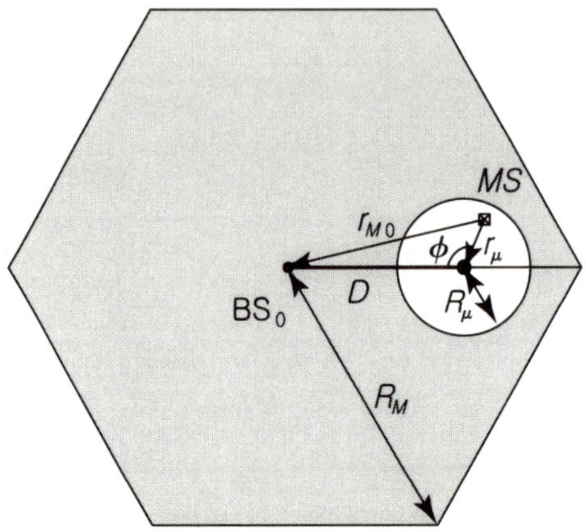


**[그림 5.5]** 마이크로셀 사용자에 의한 매크로셀 기지국의 수신간섭 모델

한편 경로손실과 표준편차 $\sigma$를 가지는 대수정규 난변수(log-normal random variable) $\lambda$를 가지는 전파전파 채널모델을 함께 고려하자. 그러면 마이크로셀에 위치한 이동전화 사용자와 마이크로셀 기지국간의 신호감쇠 $a_\mu$는 다음 식과 같이 주어진다.

$$a_\mu = r_\mu^{-4} 10^{\lambda_\mu/10} \tag{5.24}$$

또한 마이크로셀의 사용자와 매크로셀의 기지국 $BS_0$의 기지국 간 신호감쇠 $a_m$은 다음 식과 같이 주어진다.

$$a_M = r_{M0}^{-4} 10^{\lambda_M/10} \tag{5.25}$$

그런데 마이크로셀 사용자들의 신호전력은 마이크로셀 기지국 $BS_\mu$에 의해 신호전력

$S_{v,\mu}$와 같은 값으로 제어된다. 따라서 마이크로셀 기지국에서 수신하는 마이크로셀 사용자의 신호전력은 $S_{v,\mu}=a_\mu P_{t,v}$와 같이 주어지는데, 여기서 $P_{t,\mu}$는 마이크로셀 사용자의 송신전력을 나타낸다.

따라서 마이크로셀의 사용자들에 의해 매크로셀 $BS_0$에서 수신하는 간섭전력 $I_{\mu M}$은 다음과 같다.

$$\begin{aligned} I_{\mu M} &= a_M P_{t,\mu} \\ &= \left(\frac{r_\mu}{r_{M0}}\right)^4 10^{(\lambda_M - \lambda_\mu)/10} S_{v,\mu} \\ &= \left(\frac{r_\mu}{r_{M0}}\right)^4 10^{\chi/10} S_{v,\mu} \end{aligned} \tag{5.26}$$

단, $\chi = \lambda_M - \lambda_\mu$ 는 평균이 0이고 표준편차 $\sqrt{2}\sigma$ 인 가우시안 난변수이다.

한편 매크로셀에서 수신하는 간섭은 마이크로셀에 있는 사용자들의 위치와 음영손실과 밀접한 관계가 있다. 따라서 마이크로셀에서 통화중인 사용자들이 매크로셀 $BS_0$에 야기하는 전체 평균 간섭전력 $I_{\mu M}^{cross}$ 은 다음과 같다.

$$\begin{aligned} I_{\mu M}^{cross} &= E[I_{\mu M}] \\ &= \int_0^{2\pi}\int_0^{Rc_\mu} \frac{K_{v,\mu}}{\pi Rc_\mu^2}\left(\frac{r_\mu}{r_{M0}}\right)^4 E\left[\Phi\left(\chi, \frac{r_\mu}{r_{M0}}\right)10^{\chi/10}\right] S_{v,\mu} r_\mu dr_\mu d\phi \end{aligned} \tag{5.27}$$

단, $\Phi\left(\chi, \frac{r_\mu}{r_{M0}}\right) = \begin{cases} 1, & \left(\frac{r_\mu}{r_{M0}}\right)^4 10^{\chi/10} \le 1 \\ 0, & \text{그 외} \end{cases}$ 일 경우이다.

위 식은 마이크로셀의 이동전화 사용자들이 경로손실과 음영손실을 고려하여 신호감쇠가 가장 작은 마이크로셀 기지국과 통신한다는 것을 나타내는 것이다. 즉 매크로셀과 마이크로셀의 신호감쇠가 $a_M \le a_\mu$ 임을 의미한다.

식 (5.27)에서 기대값은 다음과 같이 구해진다.

$$E\left[\Phi\left(\chi, \frac{r_\mu}{r_{M0}}\right)10^{\chi/10}\right] = \exp\left(\frac{\sigma \ln 10}{10}\right)^2 \left\{1 - Q\left[\frac{40\log_{10}(r_{M0}/r_\mu)}{\sqrt{2\sigma^2}} - \frac{\sqrt{2\sigma^2}\ln 10}{10}\right]\right\} \tag{5.28}$$

단, $Q(x) \equiv \frac{1}{\sqrt{2\pi}}\int_x^\infty e^{-y^2/2}dy$

따라서, 마이크로셀이 매크로셀에 미치는 간섭계수 $\Psi_{\mu M}$는 $I_{\mu M}^{cross}$를 $K_{v,\mu}S_{v,\mu}$로 정규화하면 다음과 같이 얻어진다.

$$\Psi_{\mu M} = \int_0^{2\pi}\int_0^{Rc_\mu}\frac{1}{\pi Rc_\mu^2}\left(\frac{r_\mu}{r_{M0}}\right)^4 E\left[\Phi\left(\chi, \frac{r_\mu}{r_{M0}}\right)10^{\chi/10}\right]r_\mu dr_\mu d\phi \tag{5.29}$$

식 (5.29)를 이용하면 마이크로셀이 매크로셀의 상향링크에 미치는 간섭계수를 얻을 수 있으며, [표 5.1]과 [표 5.2]와 같이 얻어진다.

**[표 5.1]** D와 $\sigma$(음영손실)에 따라 마이크로셀이 매크로셀에 미치는 간섭계수, $\Psi_{\mu M}(R_M=1,\ R_\mu/R_M=0.1)$

| D \ σ | 6 dB | 7 dB | 8 dB |
|---|---|---|---|
| 0.4 | 1.11e−05 | 2.63e−04 | 3.15e−03 |
| 0.5 | 2.71e−07 | 2.25e−05 | 5.86e−04 |
| 0.6 | 9.31e−09 | 2.49e−06 | 1.34e−04 |
| 0.7 | 4.27e−10 | 3.40e−07 | 3.59e−05 |
| 0.8 | 2.51e−11 | 5.47e−08 | 1.08e−05 |
| 0.9 | 1.80e−12 | 1.01e−08 | 3.59e−06 |
| 1.0 | 1.55e−13 | 2.10e−09 | 1.29e−06 |

[표 5.2] D와 $\sigma$(음영손실)에 따라 마이크로셀이 매크로셀에 미치는 간섭계수, $\Psi_{\mu M}(R_M=1,\ R_\mu/R_M=0.2)$

| D \ σ | 6 dB | 7 dB | 8 dB |
|---|---|---|---|
| 0.4 | 5.57e-02 | 1.21e-01 | 3.28e-01 |
| 0.5 | 5.93e-03 | 2.09e-02 | 7.71e-02 |
| 0.6 | 6.73e-04 | 4.33e-03 | 2.33e-02 |
| 0.7 | 8.27e-05 | 1.01e-03 | 8.15e-03 |
| 0.8 | 1.11e-05 | 2.63e-04 | 3.15e-03 |
| 0.9 | 1.66e-06 | 2.42e-05 | 1.31e-03 |
| 1.0 | 2.71e-07 | 2.25e-05 | 5.86e-04 |

### 5.2.2 매크로셀이 마이크로셀에 미치는 간섭신호전력

중첩 셀룰러 이동통신시스템에서 마이크로셀의 기지국이 수신하는 간섭전력은 [그림 5.5]와 [그림 5.6]에서 보는 바와 같이 마이크로셀을 중첩하고 있는 매크로셀뿐만 아니라 주변의 매크로셀들에서 야기한다.

먼저 마이크로셀과 중첩된 매크로셀로 인하여 마이크로셀에서 수신하는 간섭전력에 대하여 고찰해 보자. [그림 5.6]에서 보는 바와 같이 매크로셀 $BS_0$로부터 거리 $r_{m0}$만큼 떨어진 매크로셀에 위치하는 이동전화 사용자를 고려하는데, 이 사용자는 마이크로셀 기지국으로부터 거리 $r_{\mu0}$만큼 떨어진 곳에 위치한다.

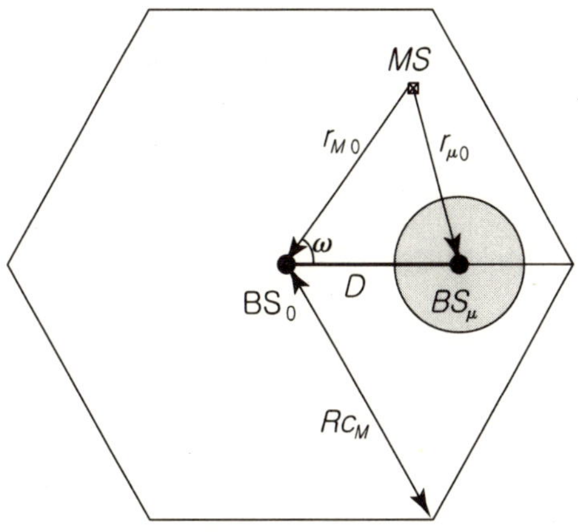


[그림 5.6] 중첩하고 있는 매크로셀에 의한 마이크로셀 기지국의 수신 간섭 모델

$$r_{\mu 0} = \sqrt{D^2 + r_{M0}^2 - 2Dr_{Mo}\cos(\omega)} \tag{5.30}$$

그러면, 매크로셀 $BS_0$에서 수신하는 신호전력은 $S_{v,M} = a_{M0}P_{t,M}$와 같이 주어지는데, 여기서 $P_{t,M}$는 매크로셀 사용자의 송신전력을 나타내며, $a_{M0}$는 $r_{M0}^{-4}10^{\lambda_{M0}/10}$와 같이 주어진다. 그리고 마이크로셀 사용자로부터 마이크로셀 기지국 $BS_\mu$까지의 신호감쇠 $a_\mu$는 $r_{\mu 0}^{-4}10^{\lambda_{\mu 0}/10}$와 같이 주어진다.

따라서 매크로셀 사용자들로 인하여 마이크로셀의 기지국에서 수신하는 간섭전력, $(I_{M\mu})_0$은 다음과 같이 표현된다.

$$(I_{M\mu})_0 = a_\mu P_{t,M}$$

$$= \left(\frac{r_{M0}}{r_{\mu 0}}\right)^4 10^{(\lambda_{\mu 0} - \lambda_{M0})/10} S_{v,M} \tag{5.31}$$

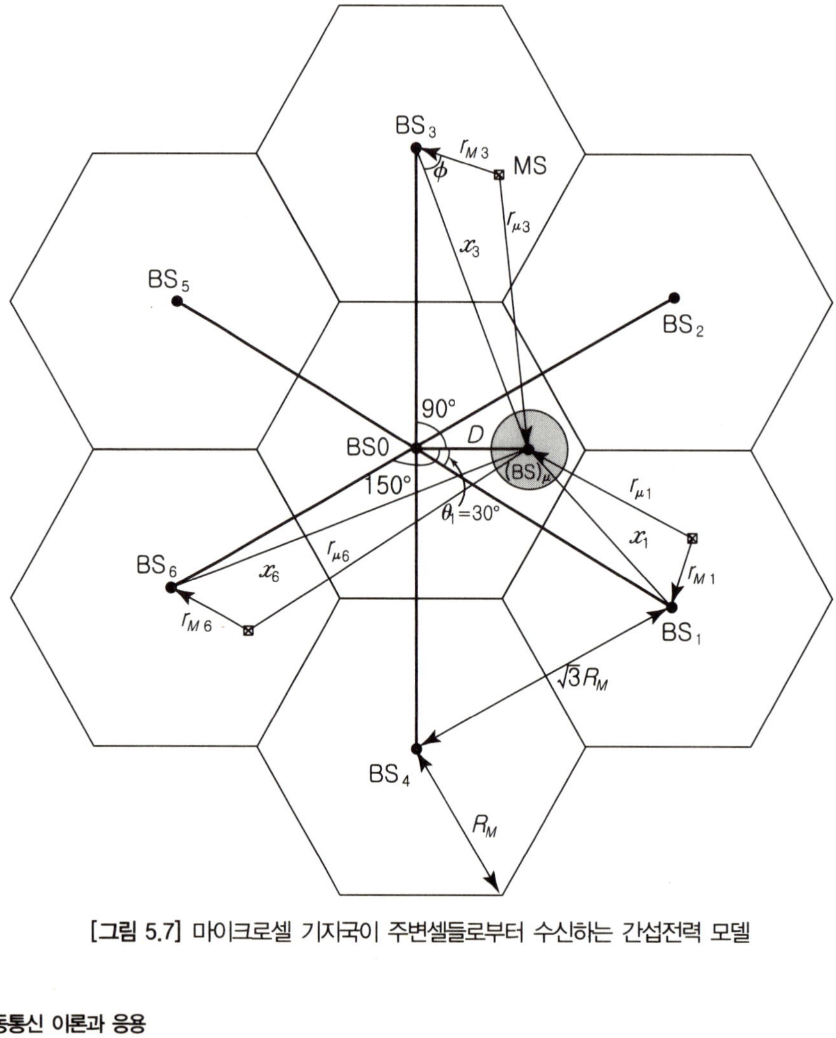


[그림 5.7] 마이크로셀 기지국이 주변셀들로부터 수신하는 간섭전력 모델

같은 방법으로, [그림 5.7]로부터 $J-1$개의 주변 매크로셀들의 이동전화 사용자들에 의해서 마이크로셀의 기지국이 수신하는 간섭전력을 얻을 수 있다. 첫 번째 티어(first-tier)를 구성하는 6개의 셀과 두 번째 티어에 있는 12개의 셀들이 마이크로셀에 간섭을 야기한다고 간주한다.

중심에 위치하는 매크로셀과 주변의 6개 매크로셀들에 위치한 이동전화 사용자들로부터 마이크로셀이 수신하는 간섭은 다음과 같다.

$$(I_{M\mu})_j = \left(\frac{r_{Mj}}{r_{\mu j}}\right)^4 10^{(\lambda_{\mu j} - \lambda_{Mj})/10} S_{v,M} \tag{5.32}$$

단, $j = 0,\ 1,\ \cdots,\ J-1$이다.

육각형으로 구성되어 있는 매크로셀을 반경 $Rc_M$인 원모양의 셀로 근사화하면, 매크로셀 사용자들에 의해 마이크로셀에서 수신하는 전체 평균 간섭전력 $I_{M\mu}^{cross}$은 다음과 같다.

$$\begin{aligned} I_{M\mu}^{cross} &= E[(I_{M\mu})_j] \\ &= \sum_{j=0}^{J-1} \int_0^{2\pi} \int_0^{Rc_M} \frac{K_{v,M}}{\pi Rc_M^2} \left(\frac{r_{Mj}}{r_{\mu j}}\right)^4 E\left[\Phi_j\left(\chi_j, \frac{r_{Mj}}{r_{\mu j}}\right) 10^{-\chi_j/10}\right] P_{v,M} r_{Mj} dr_{Mj} d\omega \end{aligned} \tag{5.33}$$

단, $\chi_j = \lambda_{Mj} - \lambda_{\mu j}$ 이다. 그리고 매크로셀 사용자와 기지국 간의 통신 조건인 $a_\mu \le a_{Mj}$를 고려하면,

$$\Phi_j\left(\chi_j, \frac{r_{Mj}}{r_{\mu j}}\right) = \begin{cases} 1, & \left(\frac{r_{Mj}}{r_{\mu j}}\right)^4 10^{-\chi_j/10} \le 1 \\ 0, & \text{그외} \end{cases}$$ 일 경우와 같다.

따라서 식 (5.33)을 이용하면 매크로셀이 마이크로셀에 미치는 간섭계수 $\psi_{c2c3}$를 다음과 같이 얻을 수 있다.

$$\psi_{M\mu} = \frac{I_{M\mu}^{cross}}{K_{v,M} P_{v,M}} \tag{5.34}$$

$$= \sum_{j=0}^{J-1} \int_0^{2\pi} \int_0^{Rc_M} \frac{1}{\pi Rc_M^2} \left(\frac{r_{Mj}}{r_{\mu j}}\right)^4 \exp\left(\frac{\sigma \ln 10}{10}\right)^2 Q\left[\frac{-40\ \log_{10}(r_{\mu j}/r_{Mj})}{\sqrt{2\sigma^2}} + \frac{\sqrt{2\sigma^2}\ \ln 10}{10}\right],$$

$$\int_0^{Rc_M} \frac{1}{\pi Rc_M^2} \left(\frac{r_{Mj}}{r_{\mu j}}\right)^4 \exp\left(\frac{\sigma \ln 10}{10}\right)^2 Q\left[\frac{-40\ \log_{10}(r_{\mu j}/r_{Mj})}{\sqrt{2\sigma^2}} + \frac{\sqrt{2\sigma^2}\ \ln 10}{10}\right] r_{Mj} dr_{Mj} d\omega$$

단, $r_{\mu j} = \sqrt{x_j^2 + r_{Mj}^2 - 2x_j r_{Mj} \cos\omega}$, $0 \le j \le 18$ 과 같다.

$$x_j = \begin{cases} D & j = 0 \text{일 경우} \\ \sqrt{(\sqrt{3}R_{C_M})^2 + D^2 - 2\sqrt{3}R_{C_M} D\cos\theta_j}, & j = 1,2,3,4,5,6 \text{일 경우} \\ \sqrt{(2\sqrt{3}R_{C_M})^2 + D^2 - 4\sqrt{3}R_{C_M} D\cos\theta_j}, & j = 7,9,11,13,15,17 \text{일 경우} \\ \sqrt{(3R_{C_M})^2 + D^2 - 6R_{C_M} D\cos\theta_j}, & j = 8,10,12,14,16,18 \text{일 경우} \end{cases}$$

$$\cos\theta_j = \begin{cases} 1, & j = 8 \\ \sqrt{3}/2, & j = 1,2,7,9 \\ 1/2, & j = 10,18 \\ 0, & j = 3,6,11,17 \\ -1/2, & j = 12,16 \\ -\sqrt{3}/2, & j = 4,5,13,15 \\ -1, & j = 14 \end{cases}$$

## 5.3 핸드오버 알고리즘의 성능분석

일반적으로 셀룰러 이동통신시스템에서 핸드오버가 빈번하게 발생하면 하드웨어뿐만 아니라, 시그널링(signaling) 및 통화채널의 스위칭(절체) 부담 등으로 인하여 무선자원을 효율적으로 사용하기 어렵다. 물론 소프트 핸드오버는 CDMA 시스템의 상향링크 용량을 향상시키는 장점도 있지만, 위와 같은 단점들을 고려할 때 불필요한 핸드오버 발생 및 필요 핸드오버 발생확률 등은 핸드오버 알고리즘의 중요한 성능지표가 된다. 여기서는, 이러한 셀룰러 CDMA 이동통신시스템에서 동일한 주파수를 사용하는 셀 간에 발생하는 소프트 핸드오버와 서로 다른 주파수 간에 발생하는 하드 핸드오버의 성능에 대하여 분석한다.

소프트 핸드오버는 이동전화가 인접한 셀로부터 수신하는 파일럿 채널의 신호세기가 핸드오버 시작임계치(T_ADD)를 초과할 경우, 현재 통화중인 기지국으로부터 수신하는 파일럿 신호세기와는 무관하게, 홈(서빙)셀의 기지국을 통하여 소프트 핸드오버를 요청하게 된다. 이러한 핸드오버 요청을 통신망에서 수락하면, 이동전화는 원래 통화중인 홈 기지국과 새로이 추가된 신규 기지국 등 두 기지국과 동시에 통화정보를 송수신하게 된다. 그리고 이동전화는 홈셀로부터 수신하는 파일럿 채널의 신호세기가 핸드오버 종료임계치(T_DROP) 이하로 떨어지면 이를 이동통신망에 보고하게 되며, 이후 일정한 시간이 경과한 뒤에도 여전히 (T_DROP) 이하일 경우 홈셀과의 통신링크를 단절시켜 소프트 핸드오버 절차를 완료하게 된다. 여기서 소프트 핸드오버 알고리즘은 IS-95A 시스템의 방식을 고려한다.

반면에, 하드 핸드오버는 이동전화가 홈셀로부터 수신하는 신호세기가 새로운 기지국으로부터 수신하는 신호세기보다 크게 낮을 경우 발생한다.

### 5.3.1 핸드오버 알고리즘의 성능분석 모델

이와 같은 핸드오버 성능을 분석하기 위하여 [그림 5.8]과 같은 셀룰러 모형을 고려한다. 그림에서 셀 0을 홈셀로 간주한다. 셀 반경은 인접한 두 기지국간 거리의 절반에 해당하며, 각 기지국으로부터 이동전화까지의 정규화된 상대거리는 각각 $r0$와 $r1$이다. 즉, 거리 $r0$와 $r1$은 같으며, 이동전화는 정확하게 셀 가장자리에 위치한다고 가정한다. 또한 각 기지국은 동일한 전력을 송신하며, 모든 기지국은 전방향(omni-direction) 안테나를 사용한다고 가정하자. 전파전파(radio propagation) 모델로서, 경로손실과 음영손실을 고려하면 이동전화가 수신하는 전력은 다음과 같이 표현할 수 있다.

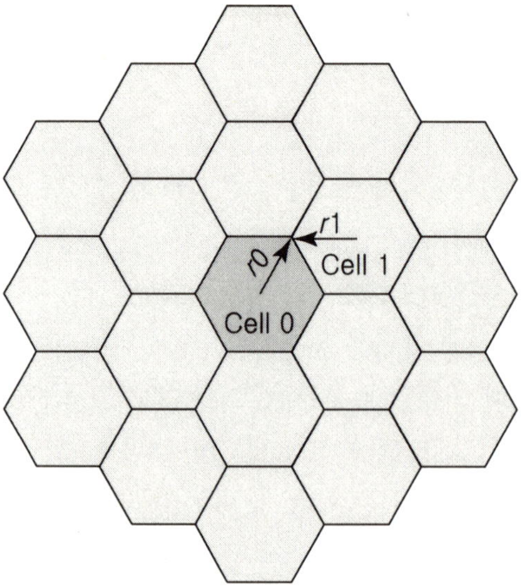


**[그림 5.8]** 소프트 핸드오버 성능 분석을 위한 셀 모델

$$R = \frac{K}{r^{\mu}} 10^{10/\zeta} \tag{5.35}$$

단 $K$는 전파전파 상수이며, $r$은 기지국과 이동전화 사이의 거리, $\mu$는 경로손실계수(path-loss exponent)를 각각 나타낸다. 여기서 경로손실계수는 전형적으로 2~4의 값으로 주어진다. 즉 자유공간에서는 $\mu$=2, 마이크로셀의 경우 $\mu$=3, 매크로셀의 경우 $\mu$=4 등으로 알려져 있다.

기지국과 이동전화 간의 거리가 증가함에 따라 이동전화가 수신하는 신호전력은 가시권(LOS) 경로보다는 주로 음영손실에 의한 영향이 크게 된다. 식 (5.35)에서 $\zeta$는 평균이 0이고 표준편차 $\sigma$를 갖는 음영손실로 인한 신호감쇠(dB 단위)를 나타낸다. 따라서 식 (5.35)로부터 이동전화가 수신하는 신호전력을 다음과 같이 dB단위로 표현할 수 있다.

$$R_i = K - 10\mu \log r_i + \zeta_i \ \text{[dB]} \tag{5.36}$$

단, 식 (5.36)에서 이동전화가 셀 0의 기지국으로부터 수신하는 전력은 각각 $R0$와 $R1$이다. 식 (5.36)은 가우시안 분포를 따르기 때문에 두 개 이상의 기지국에 신호전력 손실은 결합 가우시안 확률밀도(joint Gaussian probability density function)로 가정할 수 있다.

핸드오버 발생과 관련한 통계치 분석을 위하여 이러한 페이딩 모델을 셀룰러 CDMA

시스템의 하향링크에 적용한다. 따라서 $i$번째($i = 0, 1, 2 \cdots$) 기지국에 대한 음영손실을 dB단위로 모델링하면 다음과 같다[5.1].

$$\zeta_i = a\xi + b\xi_i,\ \text{단}\ a^2 + b^2 = 1 \tag{5.37}$$

단, $E(\zeta_i) = E(\xi) = E(\xi_i) = 0$, $Var(\zeta_i) = Var(\xi) = Var(\xi_i) = \sigma^2$

$E(\xi\xi_i) = 0$, 모든 $i$에 대하여 $E(\xi_i\xi_j) = 0$,모든 $i$에 대하여 $i \neq j$

그리고 두 기지국으로부터 발생하는 음영손실에 대한 정규화된 상관계수는 다음과 같이 가정한다.

$$\frac{E(\zeta_i\zeta_j)}{\sigma^2} = a^2 = 1 - b^2 \tag{5.38}$$

$$a^2 = b^2 = \frac{1}{2}$$

### 5.3.2 소프트 핸드오버 확률

먼저 소프트 핸드오버 발생확률(probability of soft handover), $P_{h/o}$은 다음과 같다.

$$\begin{aligned} P_{h/o} &= \Pr\{R_1 > T_{ADD}\} \\ &= \Pr\{a\xi + b\xi_1 > T_{add} - K + 10\mu \log r_1\} \\ &= \frac{1}{\sqrt{2\pi}} \int_{-\infty}^{\infty} \exp(-x^2/2) \left\{ Q\left[ \frac{T_{ADD} - K + 10\mu \log r_1 - a\sigma x}{b\sigma} \right] \right\} dx \end{aligned} \tag{5.39}$$

단, $Q(x) \equiv \dfrac{1}{\sqrt{2\pi}} \int_x^{\infty} e^{-y^2/2} dy = \dfrac{1}{\sqrt{2\pi}} \int_x^{\infty} e^{-y^2/2} dy$

### 5.3.3 불필요한 소프트 핸드오버 확률

이동전화가 홈셀로부터 수신하는 파일럿 신호세기가 통화(call 또는 호)를 유지하기에 충분히 양호한 상태에서, 주변셀로부터 수신하는 파일럿 신호세기가 T_ADD를 초과할 경우에도 이동전화는 소프트 핸드오버를 요청한다. 이와 같은 핸드오버가 불필요한 소프트 핸드오버에 해당하며, 이러한 핸드오버의 발생확률(probability of unnecessary soft handover) $P_u$는 다음과 같다.

$$
\begin{aligned}
P_u &= \Pr\{R_0 > T_{ADD}, R_1 > T_{ADD}\} \\
&= \Pr\{K\text{-}10\mu\log r_0 + \zeta_0 > T_{ADD}, K - 10\mu\log r_1 + \zeta_1 > T_{ADD}\} \\
&= \frac{1}{\sqrt{2\pi}}\int_{-\infty}^{\infty}\exp(-x^2/2)\left\{Q\left[\frac{T_{ADD} - K + 10\mu\log r_0 - a\sigma x}{b\sigma}\right]\right. \\
&\quad \left. Q\left[\frac{T_{ADD} - K + 10\mu\log r_1 - a\sigma x}{b\sigma}\right]\right\}dx \qquad (5.40)
\end{aligned}
$$

## 5.3.4 필요 소프트 핸드오버 확률

필요 소프트 핸드오버는 주변 셀로부터 수신하는 파일럿 신호세기가 핸드오버 임계치인 T_ADD보다 클 때, 홈셀로부터 수신하는 파일럿 채널의 신호세기가 T_DROP보다 낮을 때 발생하는 소프트 핸드오버를 말한다. 따라서 필요 소프트 핸드오버 발생확률(probability of necessary soft handover) $P_n$은 다음과 같이 얻어진다.

$$
\begin{aligned}
P_n &= \Pr\{R_0 < T_{DROP}, R_1 > T_{ADD}\} \\
&= \Pr\{K\text{-}10\mu\log r_0 + \zeta_0 < T_{DROP}, K - 10\mu\log r_1 + \zeta_1 > T_{ADD}\} \\
&= \frac{1}{\sqrt{2\pi}}\int_{-\infty}^{\infty}\exp(-x^2/2)\left\{1 - Q\left[\frac{T_{DROP} - K + 10\mu\log r_0 - a\sigma x}{b\sigma}\right]\right. \\
&\quad \left. Q\left[\frac{T_{ADD} - K + 10\mu\log r_1 - a\sigma x}{b\sigma}\right]\right\}dx \qquad (5.41)
\end{aligned}
$$

## 5.3.5 호 단절 확률

모든 셀에서 동일한 주파수를 사용하는 셀룰러 CDMA 이동통신시스템에서 이동전화의 호 단절 현상은 홈셀로부터 수신하는 파일럿 신호세기가 충분히 낮으면서, 동시에 주변 셀들로부터 수신하는 파일럿 신호세기가 T_ADD보다 낮을 경우 발생한다. 왜냐하면, 이동전화는 통신망에 소프트 핸드오버를 요청할 수 없기 때문에, 통화품질이 악화된 상황에서 일정시간 지속될 경우 호가 단절될 수 있다. 따라서 호 단절 확률은 다음과 같이 표현할 수 있다.

$$P_{call\_drop} = \Pr\{R_0 < T_{DROP}, R_1 < T_{ADD}\}$$
$$= \Pr\{K\text{-}10\mu \log r_0 + \zeta_0 < T_{DROP}, K - 10\mu \log r_1 + \zeta_1 < T_{ADD}\}$$
$$= \frac{1}{\sqrt{2\pi}} \int_{-\infty}^{\infty} \exp(-x^2/2)\left\{1 - Q\left[\frac{T_{DROP} - K + 10\mu \log r_0 - a\sigma x}{b\sigma}\right]\right\}$$
$$\left\{1 - Q\left[\frac{T_{ADD} - K + 10\mu \log r_1 - a\sigma x}{b\sigma}\right]\right\} dx \tag{5.42}$$

## 5.3.6 하드 핸드오버 확률

셀룰러 CDMA 시스템은 기본적으로 모든 셀에서 동일한 주파수를 사용한다. 그런데 특정 셀 또는 지역에 따라서 가입자가 증가하거나 시간에 따라 통화량이 셀 치국시보다 훨씬 증가할 경우 여분의 주파수 자원을 해당 셀에 할당하여 운용할 수 있다.

이와 같은 셀룰러 시스템에서 하드 핸드오버는 이동전화가 홈셀로부터 수신하는 신호세기가 셀 경계지역에서 특정 임계치보다 훨씬 떨어질 경우나 또는 핸드오버에 할당할 무선채널 자원이 충분하지 못할 경우 발생한다.

따라서 하드 핸드오버 발생확률(probability of hard handover) $P_{hh}/_{o}$는 다음과 같이 표현할 수 있다.

$$
\begin{aligned}
P_{hh/o} &= \Pr\{R_0 < T_{DROP}\} \\
&= \Pr K + 10\mu \log r_0 + \zeta < T_{DROP}\} \\
&= \frac{1}{\sqrt{2\pi}\sigma} \int_{-\infty}^{T_{drop} - K + 10\mu \log r_0} \exp(-\zeta^2 / 2\sigma^2) d\zeta \\
&= 1 - Q\left[\frac{T_{DROP} - K + 10\mu \log r_0}{\sigma}\right]
\end{aligned} \tag{5.43}
$$

## 5.3.7 핸드오버 알고리즘의 성능분석 결과

마이크로셀과 매크로셀 환경에서 음영손실의 정도(손실 표준편차)와 핸드오버 파라미터(T_ADD, T_DROP) 등을 고려하여 위에서 해석한 핸드오버 알고리즘의 여러 가지 성능을 분석한다.

[표 5.3]은 마이크로셀($\mu = 2$) 환경에서 핸드오버 알고리즘의 성능을 분석한 결과들이다. 핸드오버 시작과 종료 임계치를 낮출수록 소프트 핸드오버 발생확률과 불필요한 소

프트 핸드오버 발생확률이 크게 증가하는 것을 알 수 있다. 반면에 임계치를 작게 설정할수록 필요 소프트 핸드오버 확률도 감소한다. 그러나 동일한 임계치 설정에 따른 음영손실의 영향은 미미한 것을 알 수 있다.

[표 5.3] 핸드오버 알고리즘의 성능분석 결과($\mu=2$, $r0=0.95$, $a=b=1$)

| 음영손실 | 핸드오버 임계치 (T_ADD=T_DROP) | 핸드오버 통계치 | | | |
|---|---|---|---|---|---|
| | | Ph/o | Pu | Pn | Pcall_drop |
| 6 dB | 0 dB | 0.529 | 0.332 | 0.197 | 0.333 |
| | −1 dB | 0.595 | 0.401 | 0.194 | 0.267 |
| | −2 dB | 0.628 | 0.472 | 0.185 | 0.211 |
| 7 dB | 0 dB | 0.524 | 0.332 | 0.192 | 0.331 |
| | −1 dB | 0.581 | 0.391 | 0.198 | 0.276 |
| | −2 dB | 0.636 | 0.452 | 0.184 | 0.226 |
| 8 dB | 0 dB | 0.522 | 0.333 | 0.189 | 0.332 |
| | −1 dB | 0.571 | 0.384 | 0.187 | 0.283 |
| | −2 dB | 0.620 | 0.437 | 0.182 | 0.239 |

[표 5.4] 핸드오버 알고리즘의 성능분석 결과($\mu=3$, $r0=0.95$, $a=b=1$)

| 음영손실 | 핸드오버 임계치 (T_ADD=T_DROP) | 핸드오버 통계치 | | | |
|---|---|---|---|---|---|
| | | Ph/o | Pu | Pn | Pcall_drop |
| 6 dB | 0 dB | 0.544 | 0.331 | 0.213 | 0.329 |
| | −1 dB | 0.609 | 0.399 | 0.202 | 0.265 |
| | −2 dB | 0.671 | 0.471 | 0.200 | 0.209 |
| 7 dB | 0 dB | 0.538 | 0.331 | 0.206 | 0.330 |
| | −1 dB | 0.594 | 0.390 | 0.203 | 0.275 |
| | −2 dB | 0.648 | 0.451 | 0.197 | 0.225 |
| 8 dB | 0 dB | 0.533 | 0.332 | 0.201 | 0.330 |
| | −1 dB | 0.582 | 0.383 | 0.199 | 0.282 |
| | −2 dB | 0.631 | 0.436 | 0.194 | 0.238 |

[표 5.4]와 [표 5.5]는 경로손실계수가 각각 $\mu = 3$과 $\mu = 4$(매크로셀 환경)인 이동통신채널 환경에서 핸드오버 알고리즘의 성능과 관련한 여러 가지 지표들을 보여준다. 경로손실이 큰 셀룰러 시스템에서 소프트 핸드오버 발생확률과 필요 소프트 핸드오버 발생확률이 증가한다.

**[표 5.5]** 핸드오버 알고리즘의 성능분석 결과($\mu = 4$, $r0 = 0.95$, $a = b = 1$)

| 음영손실 | 핸드오버 임계치 (T_ADD=T_DROP) | 핸드오버 통계치 | | | |
|---|---|---|---|---|---|
| | | Ph/o | Pu | Pn | Pcall_drop |
| 6 dB | 0 dB | 0.559 | 0.329 | 0.230 | 0.326 |
| | −1 dB | 0.627 | 0.397 | 0.226 | 0.263 |
| | −2 dB | 0.685 | 0.468 | 0.216 | 0.207 |
| 7 dB | 0 dB | 0.550 | 0.330 | 0.220 | 0.327 |
| | −1 dB | 0.606 | 0.388 | 0.217 | 0.273 |
| | −2 dB | 0.660 | 0.449 | 0.210 | 0.223 |
| 8 dB | 0 dB | 0.544 | 0.331 | 0.213 | 0.329 |
| | −1 dB | 0.593 | 0.382 | 0.211 | 0.281 |
| | −2 dB | 0.641 | 0.435 | 0.206 | 0.236 |

## 5.4 무선 커버리지와 통화품질 개선

최근 이동통신 사용자의 급격한 증가로 인하여 주파수 및 송신전력 등과 같은 한정된 무선자원의 효율적인 관리방안에 대한 필요성이 증대하고 있다. 특히 무선자원 관리는 셀룰러 이동통신시스템에 할당된 제한된 주파수를 통하여 보다 많은 이동전화 사용자들에게 양질의 통화품질을 제공할 수 있을 뿐만 아니라, 보다 넓은 영역(무선 커버리지)에서 이러한 서비스를 제공하여야 한다. 이를 위하여 셀룰러 CDMA 이동통신시스템에서는 핸드오버, 전력제어, 호수락제어(call admission control), 부하제어(load control) 등과 같은 무선자원관리 기술이 사용된다. 이러한 기술 중에서 소프트 핸드오버는 이동국의 셀 간 이동시 끊김 없는 통화를 보장하고 상향링크의 무선 커버리지를 실질적으로 확장시키는 특징이 있다.

한편 셀룰러 이동통신시스템에서 간섭이 급격히 증가하거나 통화량의 폭주현상 등으로 인하여 트래픽 과부하 현상이 발생할 경우 통화중인 모든 사용자들의 통화품질이 급격하게 저하된다. 이와 같은 통화품질 저하는 기지국으로부터 멀리 떨어져서 통화중인 이동전화 사용자일수록 더욱 심각하게 된다. 따라서 트래픽 과부하 문제는 통화품질뿐만 아니라 무선 커버리지와도 직접적인 관련성이 있다.

셀룰러 이동통신시스템에서 과부하 문제를 해결하기 위한 방안에는 크게 핸드오버를 이용하여 무선 커버리지를 제어하는 방법과 호수락제어와 무선링크 적응기술을 결합한 부하제어 방법 등이 있다. 여기서는 IS-95A 시스템, WCDMA 및 와이브로 시스템에서 트래픽 과부하가 발생할 경우 무선커버리지 제어를 통하여 통화품질을 개선하는 기법에 대하여 살펴본다. 특히 무선링크 적응기술 등을 결합한 부하제어기법에 대해서는 5.5절에서 다룬다.

### 5.4.1 트래픽 과부하와 통화품질

셀룰러 CDMA(또는 WCDMA) 이동통신시스템에서 소프트 핸드오버는 이동전화의 셀간 이동시 끊김 없는 통화를 보장하고 상향링크 커버리지를 실질적으로 확장시키는 특징이 있다. 그러나 불필요한 소프트 핸드오버는 무선자원 낭비를 초래할 뿐만 아니라, 특정 셀 영역(커버리지)에 트래픽 부하가 급증할 경우 기지국에서 할당할 수 있는 무선자원(송신전력 및 부호 등)의 부족으로 인한 통화품질의 악화 요인으로 작용할 수 있다.

따라서 불필요한 핸드오버를 줄이고 트래픽 부하가 급증할 경우에도 적절한 통화품질을 유지할 수 있는 소프트 핸드오버 제어기술이 필요하다. 이를 위하여 과부하가 발생한 셀의 커버리지를 가상으로 줄여(소프트 핸드오버 영역을 가상으로 확장) 인접한 셀로 과부하 트래픽의 일부를 핸드오버시킴으로써 통화품질을 개선하는 방법에 대하여 고찰해 보자.

핸드오버 파라미터를 조정하여 커버리지를 제어함으로써 과부화 셀 내의 트래픽 일부를 트래픽 밀도가 낮은 인접 셀로 핸드오버시키는 기법은 갑작스러운 이동전화의 증가로 인한 트래픽 불균형을 완화시킬 수 있다. 그러나 이러한 기술은 필요 핸드오버뿐만 아니라 불필요 핸드오버까지 포함하여 소프트 핸드오버를 수행함으로써 무선자원 낭비를 초래할 수도 있다.

[그림 5.9]는 셀룰러 CDMA 이동통신시스템에서 트래픽 과부하 현상이 발생한 셀(그림 5.9(a))과 소프트 핸드오버를 이용한 과부하 제어 알고리즘을 적용할 때 일부 과부하 트래픽이 완화(traffic load shedding)된 모습(그림 5.9(b))을 나타낸 것이다.

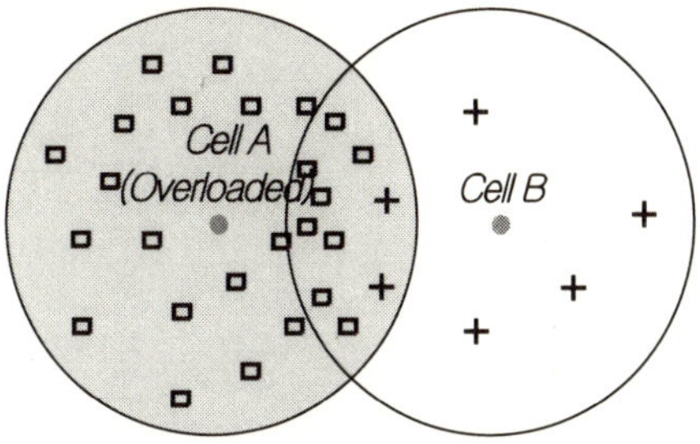


(a) before the traffic load shedding

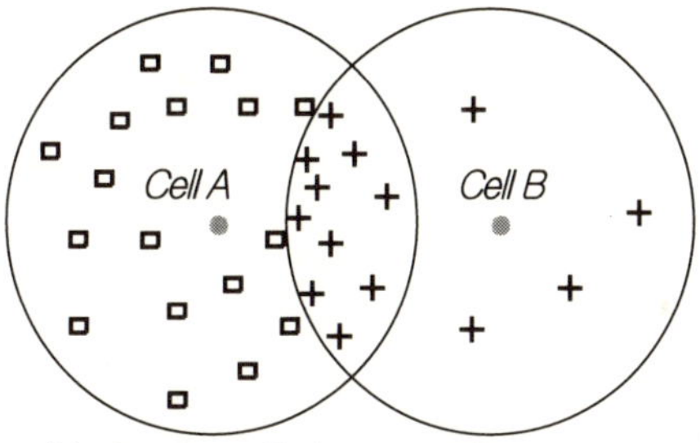


(b) after the traffic load shedding



**[그림 5.9]** 셀룰러 CDMA 시스템에서 트래픽 과부하 제어 모델

## 5.4.2 무선 커버리지 제어와 통화품질 개선 방법

[그림 5.10]은 IS-95A 시스템에서 거리에 따른 파일럿 신호세기(T_ADD, T_DROP)의 증가 또는 감소에 따라 변하는 셀 커버리지를 나타낸 것이다. [그림 5.10(a)]는 이동전화에서 수신하는 거리에 따른 파일럿 신호세기를 보여준다. [그림 5.10(b)]는 셀룰러 CDMA 시스템의 하향링크 전력할당 상태와 셀 커버리지를 나타낸다.

하향링크는 호출 채널, 동기 채널, 호출 채널, 통화 채널로 구성되며, 기지국에서는 채널의 정보가 각 이동전화에 적절한 품질로 도달할 수 있도록 필요한 전력을 할당한다. 이와 같은 채널 중에서 파일럿 채널, 동기 채널, 호출 채널에는 일정한 전력을 할당하는 반면, 통화 채널용 전력은 이동통신 채널 상태, 통화량, 간섭 특성 등의 변화에 따라 할당 전력이 가변적이다.

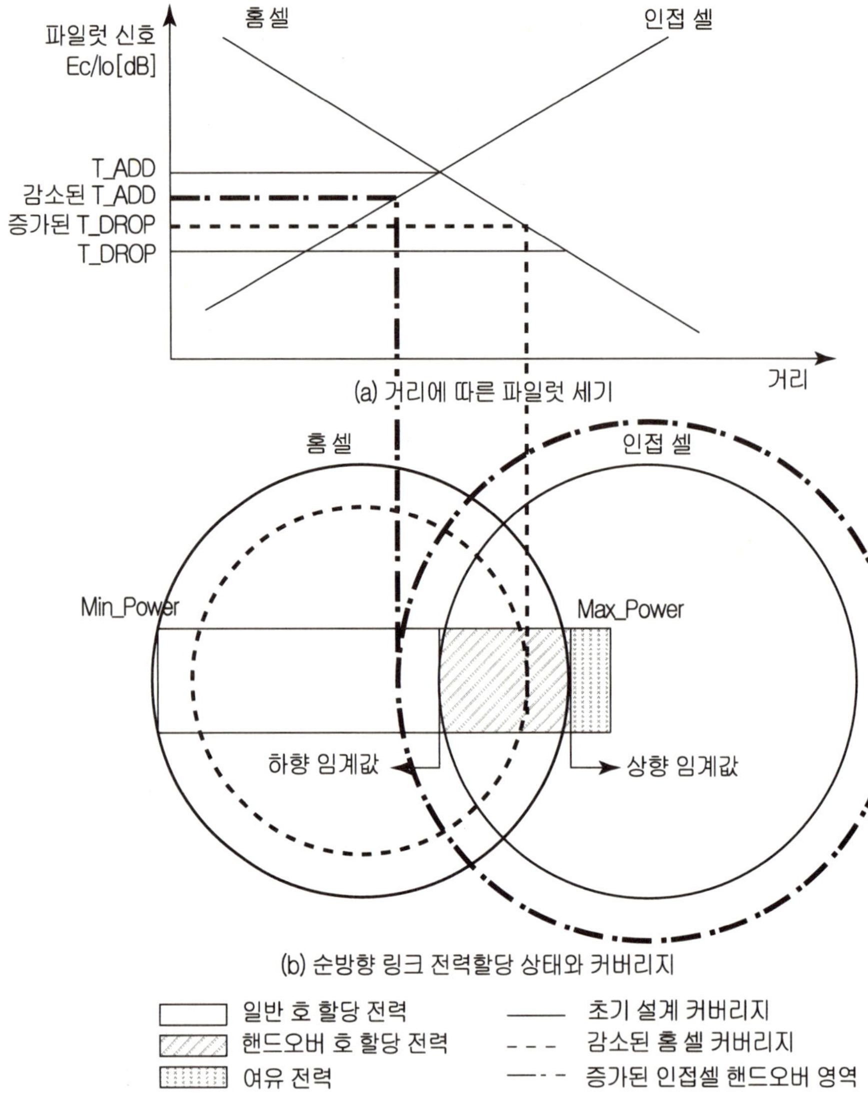


**[그림 5.10]** 셀룰러 CDMA 시스템(IS-95A)에서 커버리지 제어모델

소프트 핸드오버 임계값의 조정을 통하여 트래픽 과부하로 인한 통화품질의 저하와 커버리지 축소 문제를 해소할 수 있다(그림 5.11). 기지국은 주기적으로 하향링크 전력 할당 상태를 체크하여 여유 할당 전력이 있을 경우 통화 채널을 할당하게 된다. 만약 홈셀에서 통화량 증가 등으로 인하여 할당 전력이 상향 임계값을 초과하게 되면, 기지국은 셀 내의 모든 이동전화들에게 핸드오버 파라미터 변경을 요구한다.

파라미터 변경 요구 메시지를 수신한 이동전화는 미리 설정되어 있는 핸드오버 파라미터 중 T_ADD값을 $x$ dB 낮추고, T_DROP값을 $y$ dB 증가시킨다. 이와 같은 방법으로 무선 커버리지를 동적으로 제어하여 트래픽 과부하로 인한 서비스 불가확률(통화품질)

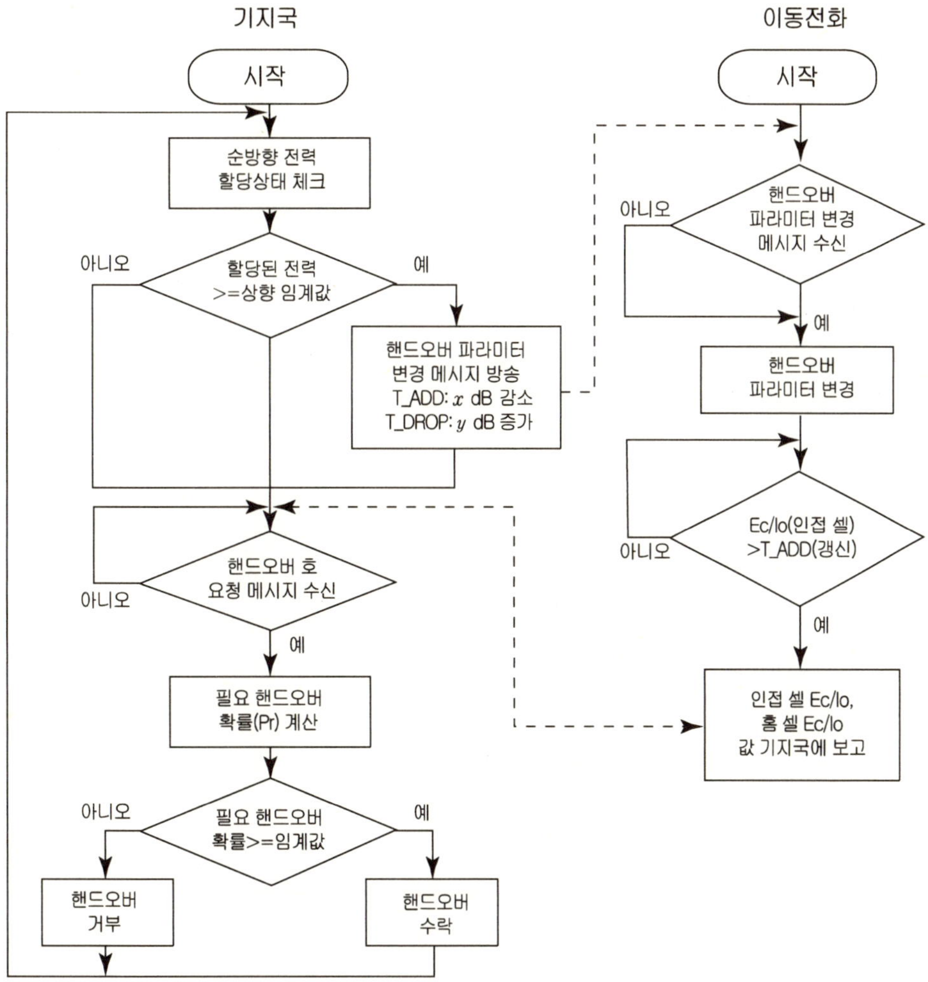


**[그림 5.11]** 소프트 핸드오버를 이용한 무선 커버리지 제어(예)

을 개선할 수 있다.

또한 이와 같은 커버리지 제어 알고리즘을 WCDMA 시스템에 적용하면 트래픽 과부하로 인하여 저하된 통화품질을 개선할 수 있다. 4장에서 살펴본 WCDMA 소프트 핸드오버 알고리즘에서 핸드오버 발생확률과 관련한 시스템 파라미터인 *W*를 조정함으로써, 무선 커버리지를 동적으로 제어하여 통화품질을 개선할 수도 있다.

## 5.5 무선링크 적응기술을 이용한 통화품질 개선

WCDMA 이동통신시스템은 IS-95A와 IS-95B와 같은 2세대 CDMA 시스템이 가진 취약점을 개선하기 위하여, 보다 넓은 대역폭과 함께 다양한 종류의 멀티미디어 서비스를 제공하는 것을 목표로 개발되었다. 특히 WCDMA 시스템은 HSDPA(High-Speed Downlink Packet Access) 시스템을 통하여 하향링크 패킷 데이터의 전송속도를 14 Mbps 정도로 개선하였다.

이와 같이 WCDMA 시스템의 하향링크에서 고속 데이터 서비스를 제공하기 위하여 적응변조 및 부호화 기법인 AMC(Adaptive Modulation and Coding), 패킷 스케줄링, 다중 안테나 기술 등을 적용하고 있다. AMC 기술은 변하는 이동통신채널의 상태에 효과적으로 대처하기 위하여, 이동단말(UE)이 수신하는 신호품질(SIR)에 따라 기지국(BS)에서 변조방식(QPSK, 16QAM, 64QAM 등)과 부호화율을 포함한 무선자원을 다르게 할당하여 사용자 및 셀 스루풋을 크게 향상시킬 수 있다(그림 5.12).

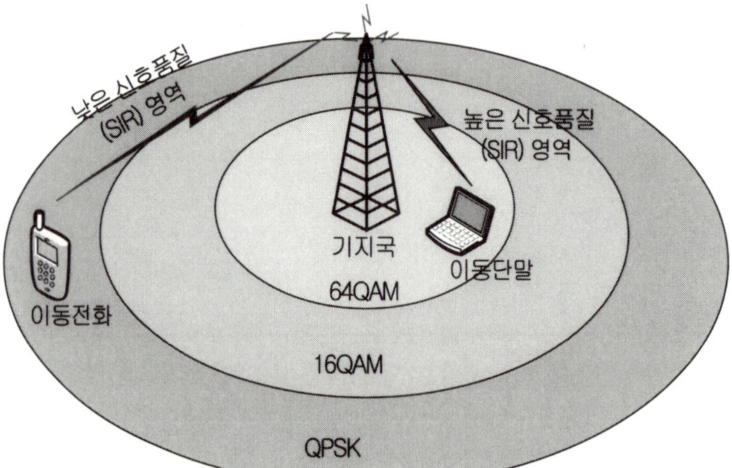


**[그림 5.12]** 적응변조 및 부호화(AMC)기술의 개념

특히 HSDPA 시스템의 하향링크에서 고속 데이터 서비스를 제공하기 위하여 고속 하향링크 공용채널인 HS-PDSCH(High Speed-Physical Downlink Shared Channel)를 사용한다. 반면에 WCDMA 시스템에서는 기지국이 이동전화에 사용자 정보를 전송하기 위하여 전용물리채널인 DPCH(Dedicated Physical Channel)를 사용한다.

HSDPA 시스템에서 패킷 스케줄러는 DPCH 채널들에 할당하고 남은 모든 전력을 HSDPA용 이동단말을 위해 HS-PDSCH에 할당한다. 따라서 HSDPA 시스템의 이동단말들에 할당할 수 있는 전력은 HSDPA 이동단말들이 인접 셀로부터 수신하는 간섭뿐만 아니라 홈셀에서 사용 중인 DPCH 채널들에 의한 하향링크 트래픽 부하와 직접적으로 연관되게 된다.

즉 음성 서비스를 주로 제공하는 WCDMA 시스템과 데이터 서비스 전용인 HSDPA 시스템은 동일한 주파수를 사용하면서 동일 셀에서 공존한다. 따라서 이들 음성 사용자와 데이터 사용자들 간에 발생하는 간섭이 주변 셀에 간섭을 증가시켜 공존하는

WCDMA와 HSDPA 시스템에 과부하 현상을 야기할 수 있다.

이와 같은 트래픽 과부하 현상을 완화하기 위하여 무선링크 적응(link adaptation) 기술인 AMC 기술과 하향링크 송신전력 할당 방법 등을 이용하여 통화품질과 커버리지를 개선할 수 있다. AMC 기법은 와이브로, HSDPA 시스템뿐만 아니라 모바일 와이맥스와 LTE-Advanced와 같은 4세대 이동통신시스템의 성능(throughput)을 획기적으로 개선하기 위하여 적용하고 있다.

HSDPA 시스템의 기본 구성과 기지국(Node-B)에서 수행하는 패킷 스케줄링 등에 관한 내용은 6장에서 다루며, 여기서는 과부하 발생시 이로 인하여 저하되는 통화품질을 개선하는 방법에 관하여 논한다. 또한 CDMA20001x-EVDO 시스템에서 사용하는 트래픽 과부하로 인한 통화품질 개선 방법에 대해서도 알아본다.

### 5.5.1 WCDMA와 HSDPA 시스템의 하향링크 전력할당

셀룰러 WCDMA 시스템과 공존하는 HSDPA 시스템에서, 기지국에서 관리하는 송신전력은 DPCH 채널들과 AMC 및 다중부호 기법을 적용하는 HS-PDSCH 채널, 그리고 공통파일럿채널(CPICH)을 포함하는 공통채널 등이 함께 사용한다. 이때 기지국이 DPCH들에 할당하는 전력은 목표 신호품질(target $E_b/N_t$)을 만족시키도록 전력제어에 의해 조정된다. 반면에 공통채널들에 할당되는 전력은 채널의 상태가 변해도 전력제어 없이 고정 값으로 할당된다. 따라서 DPCH들에 할당한 후 남은 전력은 모두 HS-PDSCH에 할당된다.

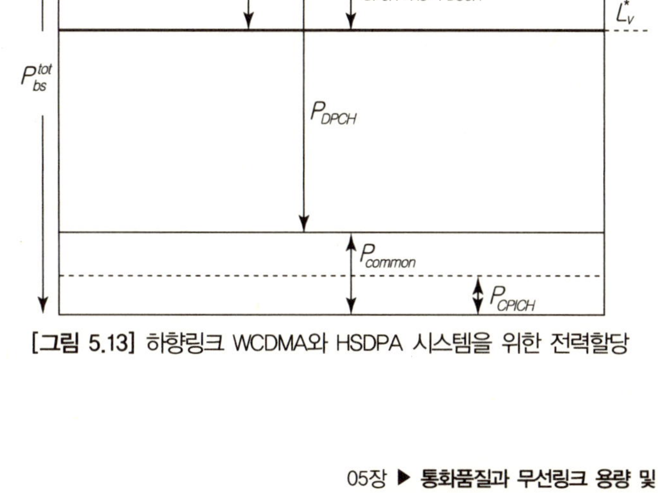


[그림 5.13] 하향링크 WCDMA와 HSDPA 시스템을 위한 전력할당

트래픽 과부하 현상을 제어하기 위하여, 셀 $k$에서 현재 트래픽 부하를 나타내는 파라미터인 $L_k$를 다음과 같이 정의한다.

$$L_k = \frac{P_{k\_tra}^{alloc}}{P_{k\_tra}^{total}} \tag{5.44}$$

여기서 $P_{k_tra}^{total}$는 하향링크 통화채널들인 DPCH와 HS-PDSCH에 할당할 수 있는 BS $k$의 전체 전력을 나타내며, $P_{k\_tra}^{alloc}$ 이들 통화채널 중에서 현재 BS $k$에서 이동단말들과 연결되어 정보를 전송중인 채널들에 할당된 전력의 합을 가리킨다. 특히 $P_{k\_tra}^{total}$ 값은 셀 $k$의 최대 하향링크 용량을 결정한다.

하향링크 부하의 상태를 구분하기 위하여 두 개의 부하제어 임계값을 사용한다.

$$L_v^* = \frac{P_{bs}^{tot} - P_{PDSCH}}{P_{bs}^{tot}}, \quad L_d^* = \frac{P_{common} + P_{DPCH}}{P_{bs}^{tot}}$$

여기서 $P_{bs}^{tot}$ 는 기지국의 전체 전력을 의미하며, $P_{DPCH} = L_d^* P_{bs}^{tot} - P_{common}$는 DPCH 할당할 전력의 최대값을 나타내며, $P_{PDSCH} = (1 - L_v^*) P_{bs}^{tot}$ 는 DPCH들에 할당한 후 남은 전력으로써 HS-PDSCH에 할당하기 위해 설정한 최대전력이다. $P_{common}$은 CPICH를 포함한 공통제어채널들을 위한 전력을 가리킨다(그림 5.13).

## 5.5.2 WCDMA와 HSDPA 시스템의 하향링크 부하제어

WCDMA 시스템에서는 AMC를 위한 CQI(Channel Quality Indicator) 값들을 [부록 5.1]과 같이 규정하고 있다. 즉 HS-PDSCH를 위한 최대 다중부호(multi-code) 수는 5이고, 변조방법은 QPSK와 16QAM을 사용한다. 그리고 부호화율은 (트랜스포트 블록크기/{(부호채널당 비트수 * 부호채널 수)}로 주어지며, 부호채널당 비트 수는 QPSK일 경우 960비트, 16QAM일 경우 1920비트가 된다.

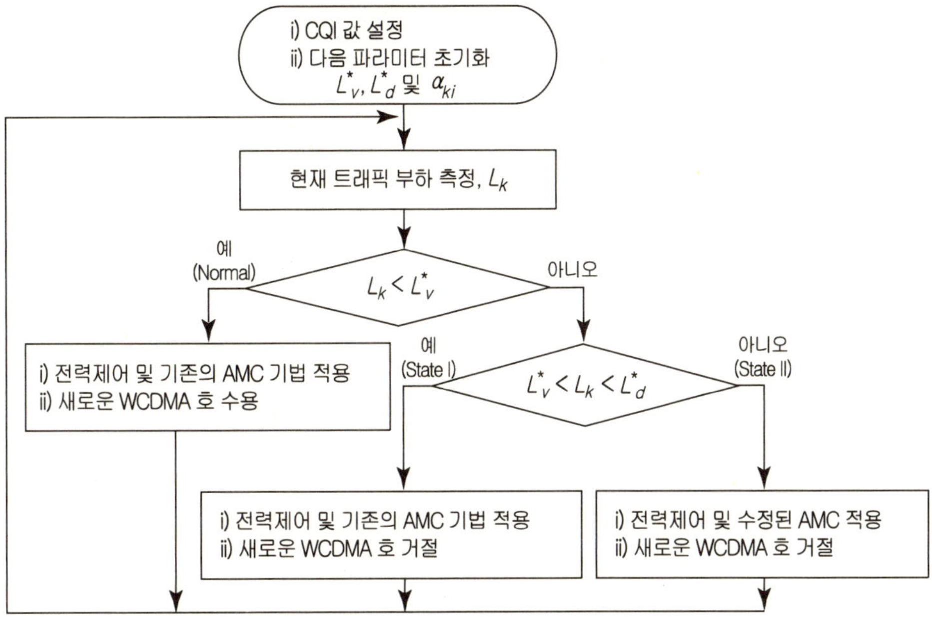


**[그림 5.14]** WCDMA/HSDPA 시스템의 하향링크 부하제어(예)

[그림 5.14]는 WCDMA와 HSDPA가 공존하는 셀룰러 시스템의 하향링크 부하제어 방법을 나타낸다. 트래픽 부하가 낮을 경우엔($L_k < L_v^*$), WCDMA 이동단말에는 전력제어, HSDPA 이동단말에는 AMC 및 스케줄링 기법을 각각 적용한다. 또한 부하가 낮을 때에는 새로운 WCDMA 이동단말의 통화요구를 수용하지만, 트래픽 부하가 증가할 경우 ($L_v^* < L_k < L_d^*$)에는 WCDMA 통화요구를 수용하지 않는다. 특히 트래픽 부하가 더욱 증가하여 과부하 상태($L_k > L_d^*$)에 이를 경우엔, 새로운 WCDMA 통화요구를 수용하지 않을 뿐만 아니라 HSDPA 이동단말에는 다음와 같은 수정된 AMC 기법을 적용한다.

즉 수정된 AMC 기법은, 홈셀의 BS $k$가 (초기화 단계에서) 미리 설정해준 CQI 값들을 한 단계씩 강제적으로 감소시키는데, 가장 작은 CQI 값인 1은 조정하지 않는다. CQI 값을 감소시킨 후 BS $k$의 패킷 스케줄러는 조정한 CQI 값에 따라 단말기에 변조방법, 부호화율(또는 데이터 블록 크기) 및 다중부호 수 등을 할당한다.

이와 같은 방법으로 부하를 제어할 경우 하향링크 WCDMA 시스템에서 서비스 품질을 크게 개선할 수 있다. [그림 5.15]에서 보는 바와 같이 하향링크 WCDMA와 HSDPA 시스템에서 발생하는 트래픽 과부하를 제어함으로써 서비스 품질(outage probability)을 크게 개선할 수 있다.

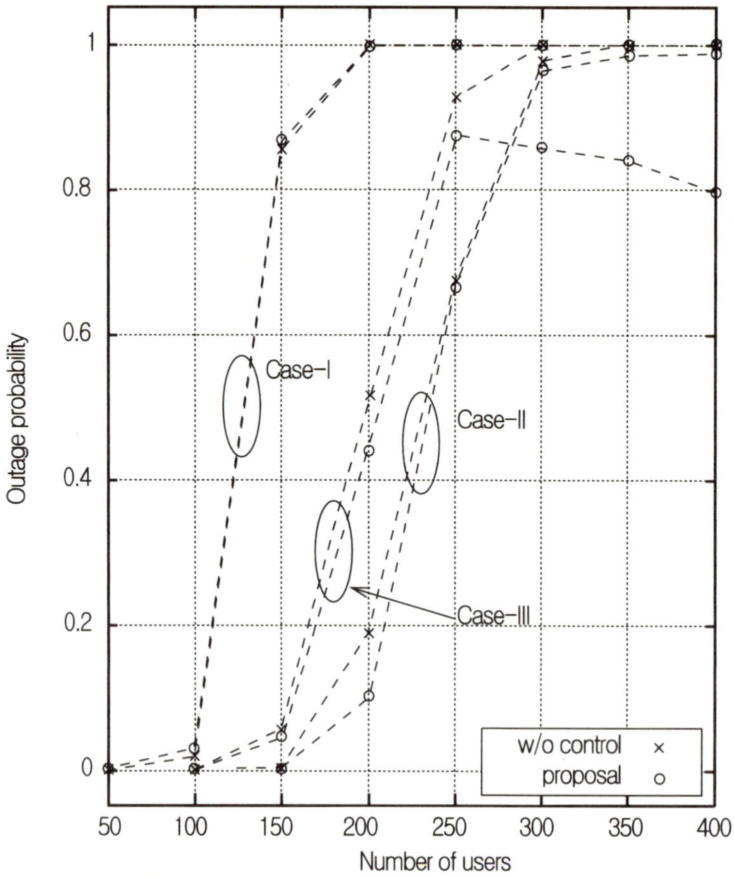


[그림 5.15] 하향링크 WCDMA와 HSDPA 시스템에서 과부하 제어를 통한 통화품질 개선

## 5.5.3 CDMA20001x-EVDO 시스템의 상향링크 부하제어

WCDMA와 HSDPA 시스템이 함께 공존하는 이동통신시스템의 과부하 제어와 마찬가지로, CDMA20001x-EVDO Revision-A(이하 CDMA20001x-EVDO) 시스템에서도 트래픽 과부하를 제어할 수 있다. CDMA20001x-EVDO 시스템에서는 이동전화의 전송률 천이 확률(rate transition probability)에 따라 전송률(transmission rate)을 감소시킴으로써 상향링크 섹터(sector) 부하를 제어할 수 있다.

좀 더 구체적으로 살펴보면, 먼저 상향링크 트래픽 부하는 기지국이 수신하는 전체 전력을 열잡음(thermal noise)으로 정규화한 값(Rise over Thermal noise: ROT)으로 측정한다. 즉 ROT는 열잡음 전력에 비하여 홈셀과 주변 셀로부터 수신하는 간섭전력의 증가 비율을 상대적으로 나타낸 값이다.

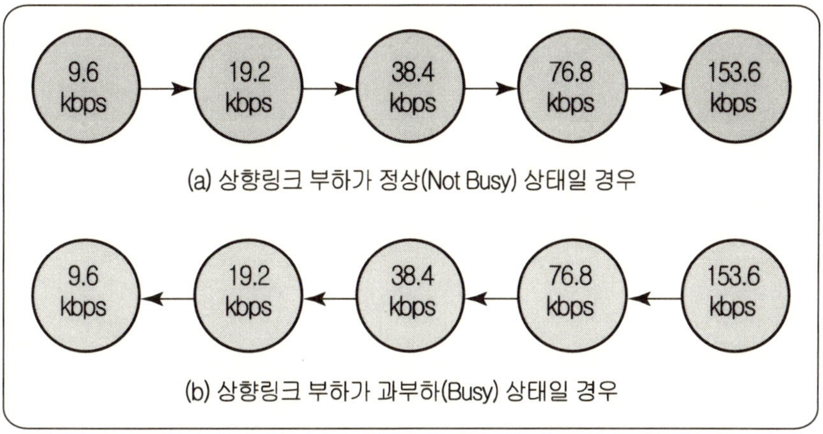


**[그림 5.16]** CDMA20001x-EVDO Revision A의 상향링크 전송률 제어

따라서 상향링크에서 기지국이 수신하는 ROT가 일정값 이상이면 상향링크 과부하(busy)상태로 판단하여, 기지국은 이동전화들의 전송률을 다음과 같이 감소시켜 상향링크의 트래픽 부하를 완화시킬 수 있다. 즉 [그림 5.16]과 같이 상향링크 부하가 과부하(busy) 상태일 경우, 이동전화는 최대 전송률인 153.6 kbps에서 최저 전송률인 9.6 kbps까지 전송률을 점진적으로 감소시킨다. 반면에 상향링크의 부하가 정상(not busy) 상태일 경우, 이동단말은 9.6 kbps → 19.2 kbps → 38.4 kbps → 76.8 kbps → 153.6 kbps와 같이 전송률을 증가시킬 수 있다.

한편 WCDMA와 HSDPA 공존시스템은 모든 자원들을 두 시스템에서 적절히 공유하면서 이동전화 사용자들에 서비스를 제공한다. 따라서 이들 두 시스템 간에는 상호 간섭이 발생하여 과부하 현상이 발생할 우려가 높다. 반면에 CDMA20001x-EVDO 시스템은 음성 및 데이터 전용채널(dedicated channel)을 지원하는 CDMA20001x 시스템으로부터 간섭은 수신하지 않기 때문에 WCDMA와 HSDPA 공존 시스템과는 다른 특징으로 볼 수 있다.

[부록 5.1] WCDMA 시스템의 CQI mapping table

| CQI value | Transport Block Size | Number of HS-PDSCH | Modulation | Reference power adjustment $\Delta$ | $N_{IR}$ | Xrv |
|---|---|---|---|---|---|---|
| 0 | N/A | Out of range | | | | |
| 1 | 137 | 1 | QPSK | 0 | 9600 | 0 |
| 2 | 173 | 1 | QPSK | 0 | | |
| 3 | 233 | 1 | QPSK | 0 | | |
| 4 | 317 | 1 | QPSK | 0 | | |
| 5 | 377 | 1 | QPSK | 0 | | |
| 6 | 461 | 1 | QPSK | 0 | | |
| 7 | 650 | 2 | QPSK | 0 | | |
| 8 | 792 | 2 | QPSK | 0 | | |
| 9 | 931 | 2 | QPSK | 0 | | |
| 10 | 1262 | 3 | QPSK | 0 | | |
| 11 | 1483 | 3 | QPSK | 0 | | |
| 12 | 1742 | 3 | QPSK | 0 | | |
| 13 | 2279 | 4 | QPSK | 0 | | |
| 14 | 2583 | 4 | QPSK | 0 | | |
| 15 | 3319 | 5 | QPSK | 0 | | |
| 16 | 3565 | 5 | 16QAM | 0 | | |
| 17 | 4189 | 5 | 16QAM | 0 | | |
| 18 | 4664 | 5 | 16QAM | 0 | | |
| 19 | 5287 | 5 | 16QAM | 0 | | |
| 20 | 5887 | 5 | 16QAM | 0 | | |
| 21 | 6554 | 5 | 16QAM | 0 | | |
| 22 | 7168 | 5 | 16QAM | 0 | | |
| 23 | 7168 | 5 | 16QAM | −1 | | |
| 24 | 7168 | 5 | 16QAM | −2 | | |
| 25 | 7168 | 5 | 16QAM | −3 | | |
| 26 | 7168 | 5 | 16QAM | −4 | | |
| 27 | 7168 | 5 | 16QAM | −5 | | |
| 28 | 7168 | 5 | 16QAM | −6 | | |
| 29 | 7168 | 5 | 16QAM | −7 | | |
| 30 | 7168 | 5 | 16QAM | −8 | | |

# Chapter 05

# 연습문제

1. 900 MHz 대역의 주파수와 1.8 GHz 대역의 주파수를 사용하는 2개의 이동통신시스템을 고려하자. 이들 두 통신시스템에서 동일한 넓이의 산간지역에 같은 수의 기지국을 설치하여 서비스할 경우 나타날 수 있는 현상들을 이동통신채널과 통화품질 관점에서 이론적 근거를 바탕으로 설명하시오.

2. 단일셀로 구성되는 CDMA 이동통신시스템에서 시스템 대역폭($W$), 신호품질($E_b/N_t$), 사용자 정보 전송률($R$)과 같은 시스템 파라미터가 주어질 때, 직교성 계수(orthogonality factor)를 고려하여 신호품질과 무선링크 용량과의 관계를 설명하시오.

3. 다중셀로 구성되는 CDMA 이동통신시스템에 대하여 문제 2에서 주어지는 시스템 파라미터를 고려하여 무선링크 용량과 간섭의 관계를 수식으로 표현하고 그 의미를 설명하시오.

4. 매크로셀과 마이크로셀이 중첩된 셀룰러 CDMA 이동통신시스템에서 이들 셀 간에 미치는 간섭(cross-tier interference)의 특성에 대하여 설명하시오.

5. 셀룰러 CDMA 이동통신시스템에서 소프트 핸드오버가 무선 커버리지에 미치는 영향을 정성적으로 설명하시오.

6. 셀룰러 CDMA 이동통신시스템에서 트래픽 과부하 현상이 통화품질에 미치는 영향을 설명하고 이를 해결할 수 있는 방안에 대하여 논하시오.

7. 무선링크 적응기술 중에서 적응 변조 및 부호화(AMC) 기술을 설명하고, 이 기술을 이용한 통화품질 방안에 대하여 기술하시오.

# 참고문헌


[5.1] A.J. Viterbi, A.M. Viterbi, K.S. Gilhousen, and E. Zehavi, "Soft handoff extends CDMA cell coverge and increase reverse link capacity," *IEEE J. Sel. Area Commun.*, vol. 12, no.8, pp.1281-1288, Oct. 1994.

[5.2] 강창순, 조기형, 성단근, "Link capacity and signal power of CDMA systems according to spreading code and bandwidth allocations in multipath fading environments," *IEICE Trans. on Communications*, vol. E84-B, no. 12, pp. 3218-3225, Dec. 2001.

[5.3] A.M. Viterbi and A.J. Viterbi, "Erlang capacity of a power controlled cellular CDMA system," *IEEE J. Select. Areas Commun.*, vol. 11, no. 6, pp. 892- 900, Aug. 1993.

[5.4] 강창순, 신성문, 성단근, "Link capacity and signal power according to allocations of spreading codes and bandwidth in CDMA systems," *IEICE Trans. on Communications*, vol. E83-B, no. 4, pp. 858-860, April 2000.

[5.5] 강창순, 신성문, 성단근, "The required signal power for multimedia traffic in multipath faded CDMA systems," *IEICE Trans. on Communications*, E85-B, no. 1, pp. 343-347, Jan. 2002.

[5.6] 강창순, 조호신, 성단근, "Capacity analysis of spectrally overlaid macro/micro cellular CDMA systems supporting multiple types of traffic," *IEEE Trans. on Vehicular Technology*, vol. 52, no. 2, pp. 333- 346, March 2003.

[5.7] 강창순, 성단근, "Capacities of spectrally overlaid single-code and multi-code CDMA systems," *IEEE Trans. on Vehicular Technology*, vol.51, no. 5, pp. 839-854, Sept. 2002.

[5.8] N. D. Tripathi, J.H. Reed, and H.F. Vanlandingham, "Handoff in cellular systems, "*IEEE Pers. Commun.*, vol.5, no.6, pp.26-37, Dec, 1998.

[5.9] V.V. Veeravalli and A. Sendonaris, "The coverage-capacity tradeoff in cellular CDMA systems,: *IEEE Trans. Veh. Technol.*, vol. 48, no. 5, pp. 1443-1450, Sept. 1999.

[5.10] Xinjie Yang, Shahram Ghaheri-Niri, and Rahim Tafazolli, "Enhanced Soft Handover Algorithms for UMTS System," in P*roc. IEEE Vehicular Technology Conf. (VTC'2000)*, vol. 4, Boston, MA, Sept. 2000, pp. 1539-1543.

[5.11] N. Zhang and J. Holtzman, "Analysis of a CDMA soft handoff algorithm," in *Proc. IEEE PIMRC*, 1995, pp. 819-823.

[5.12] 김원익, 강창순, "An adaptive soft handover algorithm for traffic-load shedding in the WCDMA mobile communication system," i*n Proc. IEEE Wireless Communications and Networking Conf. (WCNC)*, vol. 2, New Orleans, LA, Mar. 2003, pp. 1213-1217.

[5.13] 황선호외 4인., "Soft handoff algorithm with variable thresholds in CDMA cellular systems," *Electron. Lett.*, vol. 33, no. 19, pp. 1602-1603, Sept. 1997.

[5.14] A. J. Viterbi et al., "Soft handoff extends CDMA coverage and increases reverse link capacity," *IEEE J. Select. Areas Commun.*, vol. 12, pp. 1281-1288, Oct. 1994.

[5.15] 강창순, 김기석, 김명진, "The Effects of Path Loss, Shadowing, and Handoff Parameters on Handoff Statistics in CDMA cellular Systems," in *Proc. Wireless'95*, Calgary, Canada, July 1995, pp. 521-530.

[5.16] 염동화, 어윤, 강창순, "Joint Coverage and Radio Resource Management Scheme for Cellular CDMA Systems," *한국통신학회지*, vol. 29, no.01A, pp.1139-1146, 2004년 10월.

[5.17] 강창순, 염동화, 김영일, 안지환 "2.3 GHz 휴대인터넷 시스템을 위한 적응형 무선 커버리지 제어 기법," *Telecommunications Review*, 제16권 4호, 2006년 9월.

[5.18] 강창순, 황선호, 김명진, 한영남, "Method for shedding traffic load in Code Division Multiple Access mobile communication systems," *US patent 5,781,861*, July 14, 1998.

[5.19] 강창순, 이남준, 이상천, 이경준, 김기홍, 임덕빈, "Development of the test and evaluation systems for the CDMA mobile systems," *ETRI Journal*, vol. 19, no. 3, pp. 281-302, Oct. 1997.

[5.20] E. Dahlman, S. Parkvall, J. Skold, P. Beming, 3G Evolution: HSPA and LTE for mobile broad-band, Academic Press, 2007.

[5.21] 3GPP, "Radio resource control (RRC): protocol specification," 3GPP TS25.331 V6.8.0.

[5.22] 3GPP, "High speed downlink packet access (HSDPA) enhancements," 3GPP TR25.899 V6.1.0.

[5.23] J. Shapira, "Microcell engineering in CDMA cellular networks," IEEE Trans. Veh. Technol.,vol. 43, no. 4, pp. 817-825, November 1994.

[5.24] 3GPP2, "cdma2000 high rate packet data air interface specification," C.S0024-A, Version 1.0, Mar. 2004.

[5.25] P.-C. Chen, R. Da, C. Mooney, Y. Yang, Q. Zhang, L. H. Zhu, and J. Zou, "Quality of service support in 1xEv-DO revision-A systems," *Bell labs Technical Journal*, 11(4), pp. 169-184, 2007.

Chapter

# 06

# 4세대 이동통신시스템

1980년경에 서비스를 시작한 아날로그 방식의 셀룰러 이동통신시스템은 1990년대 초반에 이르러 디지털 방식의 이동통신시스템으로 전환하게 되는데, 디지털 이동통신시스템의 등장으로 아날로그 서비스에 비해 보다 양질의 다양한 서비스가 가능하게 되었다.

그러나 이러한 디지털 이동통신시스템의 서비스도 제한된 전송 및 링크용량 등으로 인하여 당초 예상했던 수준의 고품질 멀티미디어 서비스를 제공하는 데 한계를 보였다. 이러한 한계를 극복하기 위하여 2세대 및 3세대 이동통신시스템을 연구개발한 기업이나 연구소 등은 3GPP(3rd Generation Partnership Project), 3GPP2 및 IEEE802(Institute of Electrical and Electronics Enigineers) 등과 같은 표준단체를 통하여 3세대 이후의 이동통신시스템에 대한 표준화에 착수하게 되었다.

특히 2000년대 중반경에 이르러 ITU-R의 WP8F(Working Part)에서는 3세대 이동통신(IMT-2000) 이후의 4세대 이동통신인 IMT-Advanced 기술에 대한 비전을 발표하게 되었다. 이러한 비전을 토대로 광대역 무선접속망 표준단체인 IEEE802.16을 비롯하여 셀룰러 이동통신 관련 표준기술을 주도해 오던 3GPP에서도 2012년경에 서비스를 제공할 예정으로 IMT-Advanced에 부합하는 기술규격의 표준화에 박차를 가하고 있다.

6장에서는 이와 같이 ITU-R, 3GPP 및 IEEE802.16 등에서 주도하고 있는 차세대 이동통신시스템과 이들의 주요 특징들에 대하여 고찰한다. 그리고 4세대 이동통신시스템을 위한 표준(후보)규격으로 선정된 Mobile WiMAX-Evolution과 LTE-Advanced 시스템의 주요 특징을 살펴보고, 최근 관심이 증대하고 있는 펨토셀에 대하여 알아본다. 그리고 이러한 4세대 이동통신시스템에서 무선링크 용량 및 신호품질 등을 개선하기 위하여 도입하는, 다중 송수신안테나(Multiple Input Multiple Output) 기술, 중계기를 기반으로 하는 다중홉 중계기 시스템 및 협력 무선통신시스템의 구성과 동작원리에 대하여 고찰한다.

## 6.1 4세대 이동통신시스템의 비전과 요구사항

### 6.1.1 4세대 이동통신의 비전

[그림 6.1]은 국제전기통신연합(ITU-R)에서 바라보는 원거리 및 근거리 무선통신 서비스의 발전전망을 나타낸다. 그림에서 가로축은 서비스 속도를 가늠하는 데이터 전송률을 나타내며, 세로축은 사용자가 통화중에 자동차나 기차 등을 이용하여 얼마나 빨리 이동하면서 통신이 가능한지를 의미하는 무선 단말기의 이동성(mobility)을 보여주고 있다.

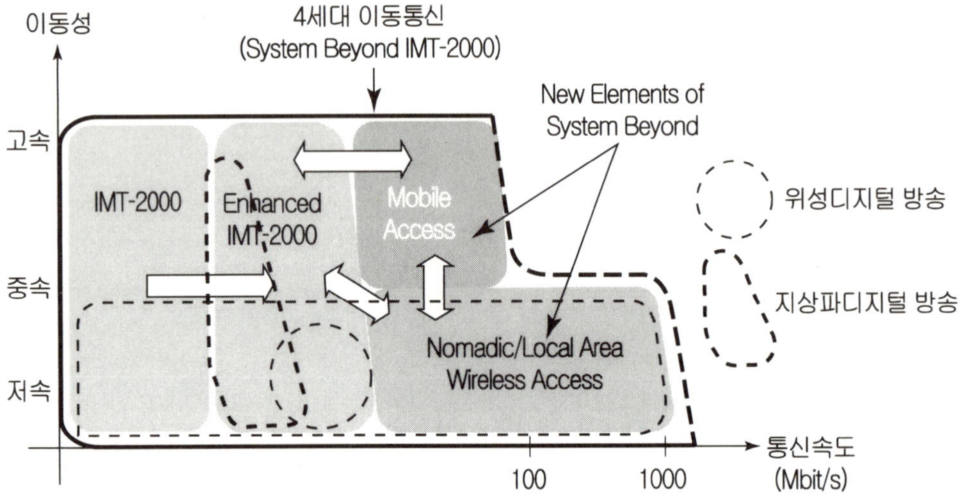


**[그림 6.1]** ITU-R에서 제시하는 4세대 이동통신 비전(출처 : ITU-R[6.1])

고속의 이동성을 제공한다는 것은 사용자들이 고속으로 이동하면서도 양질의 통신을 할 수 있다는 것을 의미한다. 통상적으로 저속의 이동성은 보행자 속도를 뜻하며, 중속은 자동차로 도심지를 주행하는 정도의 속도, 그리고 고속은 고속도로 주행속도나 열차 주행속도 등에 해당한다.

고속의 이동성을 갖는 초기의 2세대 셀룰러 이동동통신시스템은 음성 또는 이와 유사한 데이터 전송률을 갖는 단문 서비스를 주로 제공하였다. 그러나 CDMA-20001x와 WCDMA 등 3세대 셀룰러 이동통신으로 불리는 IMT-2000 시스템은 음성, 데이터 및 영상 서비스에 대한 품질을 개선하는 방향으로 발전하였다.

또한 저속의 이동성을 갖는 무선랜과 같은 무선통신 시스템은 데이터 전송률 측면에서는 셀룰러 이동통신시스템에 비해 우수하지만, 처음 통화를 시작한 기지국 영역을 벗어나 다른 기지국 영역으로 이동하더라도 통화가 가능하도록 해주는 기능인 핸드오버와 같은 특징은 없다.

이와 같이 핸드오버 기능을 갖는 셀룰러 이동통신시스템은 새로운 개념의 고품질 서비스를 제공할 수 있는 4세대 이동통신시스템으로 발전해 갈 전망이다. 그리고 근거리 무선통신시스템은 이동성이 낮은 환경에서 초고속의 데이터 전송률을 제공할 수 있는 4세대 이동통신시스템으로 발전할 것으로 보인다. 특히, 4세대 이동통신시스템은 기존의 시스템들과는 달리 저속의 이동환경에서 최대 1 Gbps급의 데이터를, 고속의 이동환경에서는 최대 100 Mbps급의 데이터를 전송할 수 있는 시스템으로 발전하는 것을 목표로 하고 있다. 이를 위하여 최근 LTE(Advanced)와 Mobile WiMAX(Evolution)이 4세대 이동통신시스템의 표준(후보)규격으로 선정되었다.

그런데 국내에서 개발하여 서비스 중인 휴대인터넷 시스템인 와이브로(Wireless Broadband Internet Access: WiBro)는 4세대 이동통신으로 가는 중간 단계의 시스템으로 볼 수도 있다. 그림에서 화살표는 서로 다른 이동통신 시스템간의 호환이 가능함을 나타낸다. 즉 개선된(enhanced) IMT-2000 시스템은 4세대 이동통신 단말기뿐만 아니라 근거리 무선통신시스템의 단말기와도 통신이 가능하다는 것을 의미한다.

한편 다양한 종류의 무선통신시스템의 사용으로 인하여 낮은 주파수 대역의 전파자원의 부족으로 점점 더 높은 주파수 대역으로 이동하고 있다. 무선통신시스템에서 사용하는 주파수의 높고 낮음은 무선 커버리지의 차이로 인한 통신품질이나 시스템 운용비용 등에 영향을 미칠 수 있다. 이것은 이동단말기나 기지국에서 사용하는 주파수가 높아질수록 파장이 짧아지기 때문에, 전파의 직진성은 좋아지나 회절성이 떨어져 동일한 서비스 영역을 제공하기 위해서는 보다 많은 기지국을 필요로 하여 비용 증가를 초래할 수 있기 때문이다.

### 6.1.2 4세대 이동통신의 요구사항

한편 동기식(북미식) 3세대 이동통신시스템으로 불리는 CDMA20001x 및 CDMA20001x-EVDO와 비동기식(유럽식) 3세대 이동통신시스템인 WCDMA는 음성뿐만 아니라 인터넷 서비스, 고속 데이터 서비스 등 다양한 종류의 멀티미디어 서비스를 효과적으로 제공한다는 당초 목표에 한계를 보이고 있는 실정이다. 예를 들면 IS-95A, IS-95B 및 CDMA20001x는 음성 서비스와 144 kbps 이하의 데이터 서비스를 위주로 하며, 2002

년경에 서비스를 시작한 CDMA20001x-EVDO 시스템은 384 kbps급의 서비스를 제공한다. 또한 WCDMA 시스템도 무선링크 용량의 한계로 인하여 384 kbps급 이하의 서비스를 제공한다. 이러한 데이터 전송속도의 제한은 무엇보다도 각 이동통신 사업자들에게 할당된 제한된 주파수 자원과 각 주파수 자원을 통하여 제공할 수 있는 무선링크 용량의 한계 때문이다.

또한, [그림 6.2]에서 보는 바와 같이 2012년경 서비스를 제공할 4세대 이동통신시스템은 고밀도 트래픽 영역인 핫스팟(hot spot) 셀을 비롯하여 마이크로셀과 매크로셀 등 다양한 무선 커버리지에서 사용자들에게 끊김 없는 초고속 데이터 서비스를 제공할 수 있을 것으로 보인다.

이를 위하여, 동일한 계층(무선 커버리지)에서 동작하는 이동통신시스템 간에는 수평 핸드오버를 통해 이동단말에 연속된 서비스를 제공하며, 반면에 서로 다른 계층의 시스템 간에는 수직 핸드오버를 통하여 끊김없는 서비스를 제공한다.

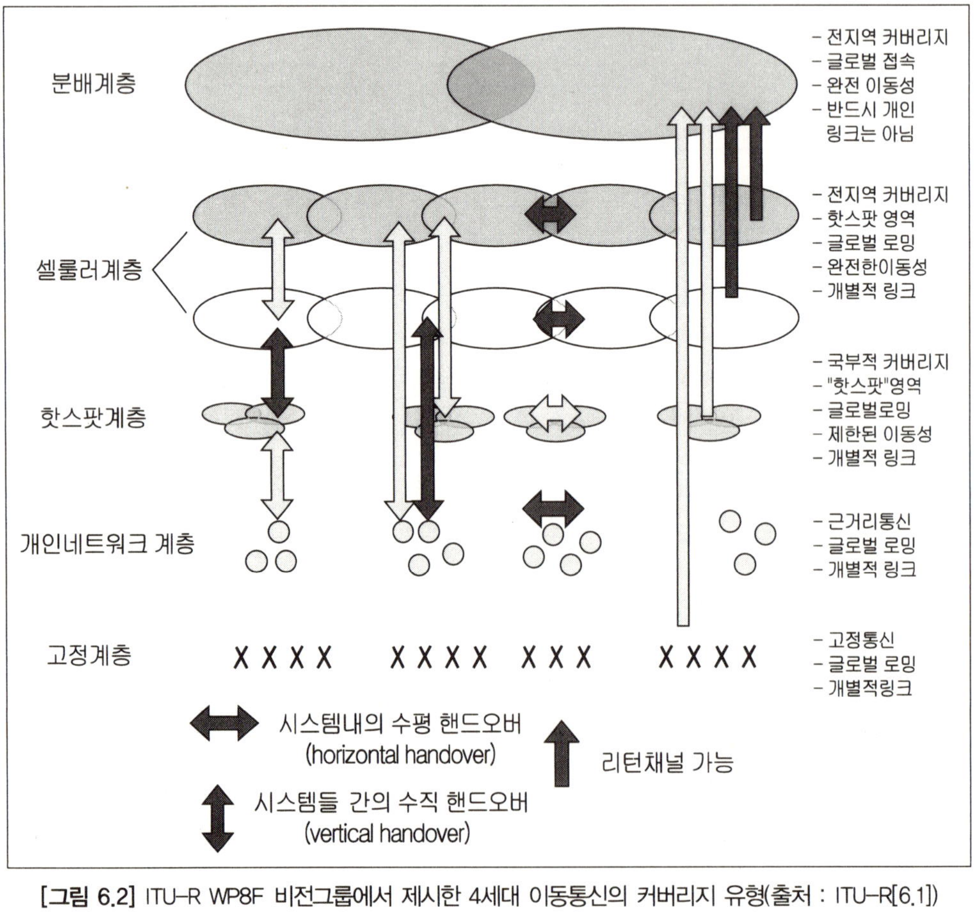


**[그림 6.2]** ITU-R WP8F 비전그룹에서 제시한 4세대 이동통신의 커버리지 유형(출처 : ITU-R[6.1])

그런데 핫스팟 셀은 사용자들의 부분적 또는 완전한 이동 환경에서 서비스를 제공할 수 있어야 하며, 마이크로 셀과 매크로 셀 등으로 구성되는 서비스 영역에서는 완전한 이동성을 제공할 수 있는 시스템을 요구하고 있다. 특히 이와 같은 다양한 종류의 셀들이 서로 중첩되는 계층셀 시스템에서 높은 수준의 스루풋과 고품질의 멀티미디어 서비스를 끊김 없이 제공할 수 있도록 요구하고 있다.

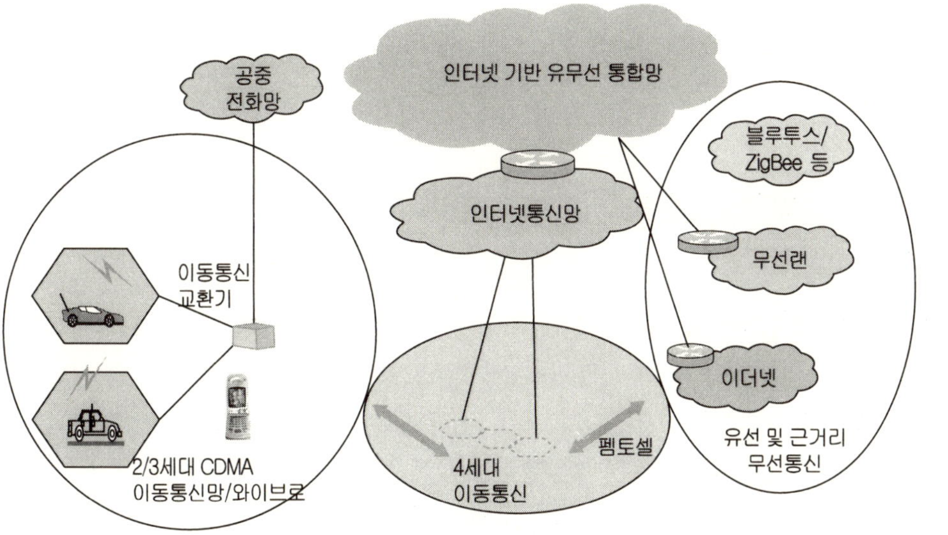


**[그림 6.3]** 차세대 이동통신시스템의 발전 전망

한편 최근 전 세계적으로 이동통신 사용자의 급격한 증가와 함께 언제, 어디서나 제공 가능한 다양한 종류의 고품질 멀티미디어 서비스에 대한 요구가 급증하고 있다. 이를 위하여 광대역 인터넷을 기반으로 무선통신망과 유선통신망이 서로 유기적으로 동작하는 컨버전스(convergence)통신망으로 발전하고 있다(그림 6.3).

무선통신망은 멀리 떨어져 있는 무선 단말기와도 통신이 가능한 원거리 무선통신망과, 가까이 떨어져 있는 무선 단말기들끼리만 통신이 가능한 근거리 무선통신망으로 나눌 수 있다. 그리고 유선통신망은 일반 유선전화 서비스를 제공해 주는 공중 전화망(Public Switching Telecommunication Network: PSTN)과 인터넷 통신망을 고려할 수 있다.

원거리 무선통신망은 셀룰러 이동통신시스템을 들 수 있다. 근거리 무선통신망은 공항이나 지하철, 도서관 등 제한된 영역에 설치되어 있는 통신접속 장치와 노트북 컴퓨터 등을 이용하여 무선으로 인터넷을 접속하는 무선랜(WLAN)을 비롯하여, 휴대전화와 무선 이어폰 간에 통신이 가능하게 하는 블루투스(Bluetooth)나 지그비(ZigBee) 등을 들수 있다. 이러한 셀룰러 이동통신시스템은 인터넷을 접속하여 사용자들에게 무선 인터넷 서비스를 제공하고 있다. 특히, 차세대 이동통신망은 이러한 여러 종류의 유무선 통신망들이 초고속 인터넷을 통하여 상호 접속할 수 있는 새로운 형태로 발전하고 있다.

또한 우리나라에서 주도하여 세계 표준화 및 상용 서비스 중인 와이브로 시스템은 4세대 이동통신시스템으로 발전해 가는 중간 단계의 시스템으로 볼 수 있다. 이러한 종류의 이동통신시스템도 향후에는 [그림 6.1]과 [그림 6.2]에서와 같이 동일한 종류의 이동통신시스템과의 핸드오버(horizontal handover)뿐만 아니라, 다른 종류의 시스템들과 핸드오버(vertical handover)를 통한 유연한 서비스(seamless service)가 가능하게 될 것으로 보인다.

## 6.2 3세대 이동통신시스템의 종류와 특징

1세대 이동통신시스템은 20 kHz의 매우 좁은 대역폭으로 저속의 음성 서비스만을 제공하였으며, 통신보안에 매우 취약하고 서비스 품질과 시스템 용량 측면에서도 한계를 보였다. 그러나 2세대 이동통신시스템은 이러한 문제점을 크게 개선하였다. 특히 전 세계적으로 가장 많은 가입자를 확보했던 TDMA 방식의 GSM 시스템은 시스템 용량 측면에서 기존의 아날로그 시스템에 비해 4~5배 정도 개선하였으며. CDMA 방식의 IS-95A 시스템은 1세대 시스템에 비해 거의 10배의 용량 증가를 가져왔다.

IMT-2000으로 불린 3세대 이동통신시스템인 비동기식 WCDMA와 동기식 CDMA 20001x는 음성뿐만 아니라 인터넷 서비스, 고속 데이터 서비스 등 다양한 종류의 멀티미디어 서비스를 효과적으로 제공한다는 당초 목표에 한계를 보였다. 서비스 측면에서 볼 때 3세대 이동통신은 서비스 영역이 전국을 대상으로 하여야 하며, 통신망은 음성과 데이터 서비스를 효율적으로 제공해야 하므로, 높은 투자비용에 따른 서비스 요금의 증가로 사용자에게 매력적으로 다가가지 못하는 문제점을 지니고 있었다.

따라서 이와 같은 문제점을 해결하기 위해 무선랜의 빠른 전송속도, 저렴한 이용요금과 함께 셀룰러 이동통신시스템과 같은 넓은 서비스 커버리지 및 최대 시속 60 km 내외의 고속 이동성을 함께 갖춘 휴대인터넷 기술인 와이브로 시스템이 2005년경 국내에서 개발되었다. 이와 같은 특징을 지닌 와이브로 시스템은 CDMA20001x-EVDO와 WCDMA 시스템의 하향링크 성능을 개선한 HSDPA 등과 함께 3.5세대 이동통신시스템으로 불린다.

여기서는 고속 하향링크 및 상향링크 데이터 패킷 액세서(HSDPA/HSUPA), CDMA

20001x-EVDO 및 와이브로 시스템의 주요 특징에 대하여 알아본다.

### 6.2.1 HSPA(HSDPA/HSUPA)

WCDMA 규격을 기본으로 하는 고속 패킷 서비스(High Speed Packet Access: HSPA) 시스템에는 하향링크 데이터 전송률을 개선한 고속 하향링크 패킷 서비스(HSDPA)와 상향링크 데이터 전송률을 개선한 고속 상향링크 패킷 서비스(High Speed Uplink Packet Access: HSUPA) 시스템이 있다. HSDPA 시스템은 WCDMA 시스템의 하향링크(기지국에서 이동단말 방향의 통신링크) 성능을 획기적으로 개선한 WCDMA 진화(evolution) 시스템이다. 이 시스템은 WCDMA의 기본 규격을 사용하면서 하향링크 성능을 개선한 것으로써, 하향링크로 최대 14 Mbps 정도의 데이터 서비스를 제공할 수 있다.

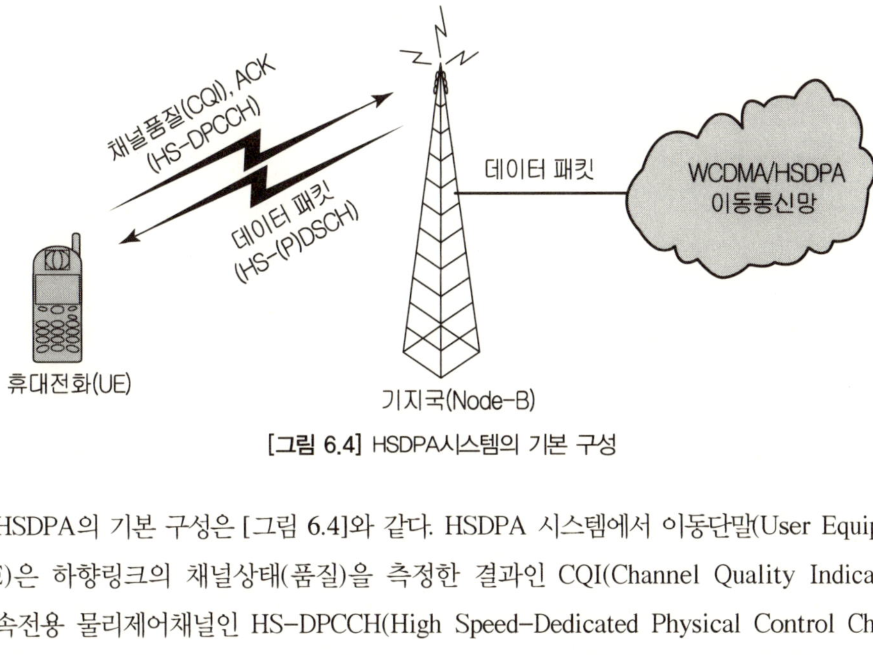


**[그림 6.4]** HSDPA시스템의 기본 구성

HSDPA의 기본 구성은 [그림 6.4]와 같다. HSDPA 시스템에서 이동단말(User Equipment: UE)은 하향링크의 채널상태(품질)을 측정한 결과인 CQI(Channel Quality Indicator)를 고속전용 물리제어채널인 HS-DPCCH(High Speed-Dedicated Physical Control Channel)를 통하여 기지국(Node-B)에 전송한다. CQI 정보를 수신한 기지국의 패킷 스케줄러(packet scheduler)는 이를 토대로 하향링크로 이동단말(UE)에 전송할 전송률(트랜스포트 블록 크기)을 결정하게 된다.

이때 패킷 스케줄러는 고속 하향링크 공용물리채널인 HS-PDSCH(High Speed-Physical Downlink Shared Channel)용으로 사용할 다중부호(multi-code)수, 트랜스포트 블록 크기(비트 수), 채널 부호화율 등을 할당하여 데이터 패킷을 HS-PDSCH를 통하여 UE에 전송한다. UE는 적절한 품질로 데이터 패킷을 성공적으로 수신하면 ACK 패킷을, 수신에 실패하면 NACK 패킷을 각각 HS-DPCCH를 통하여 기지국에 보고하게 된다.

HSDPA는 하향링크 전송 성능을 개선하기 위하여 여러 가지 기술을 도입하였다. 대표적으로 무선링크 적응기술인 적응변조 및 부호화(Adaptive Modulation and Coding: AMC) 기법을 들 수 있다. 이 기술은 이동단말이 수신하는 채널상태에 따라 변조지수(QPSK, 8PSK 또는 16QAM 등) 및 부호화율을 다르게 설정하여 기지국에서 정보 전송률을 조정하는 기법이다.

즉 높은 수준의 신호품질(SNR)을 수신할 수 있는 이동통신 채널 환경에서는 데이터 전송 조건이 좋은 상황이므로 기지국에서는 고변조 방식(예를 들면, 16QAM)으로 데이터 패킷을 전송한다. 반면에 이동단말이 수신하는 신호품질이 낮은 경우에는, 기지국에서 아무리 많은 정보를 보내고 싶어도 전송하는 정보에 오류가 많이 발생할 수 있기 때문에 데이터 전송률이 낮은 변조방식(예를 들면, QPSK)으로 정보를 전송한다.

한편 WCDMA 시스템의 상향링크 데이터 전송률을 개선하기 위하여 고속 상향링크 패킷 서비스(HSUPA)시스템이 개발되었다. HSUPA는 3.84 MHz의 시스템 대역폭을 사용하여 상향링크로 최대 5.8 Mbps급 데이터 서비스를 제공한다. 이를 위하여 HSUPA는 채널상태에 따라 BPSK 또는 QPSK 등과 같은 두 가지 변조방식을 이용하는 AMC 기술을 채용하였다.

### 6.2.2 CDMA20001x-EVDO

CDMA20001x-EVDO는 CDMA20001x 규격을 기본으로 하여 하향링크 데이터 전송률을 최대 2.4 Mbps, 상향링크 전송률은 150 kbps 정도 제공하는 동기식 이동통신시스템이다. CDMA20001x-EVDO는 Revision-A와 Revision-B 등과 같은 개선된 규격으로 발전하였다. Revision-A는 1.25 MHz의 시스템 대역폭으로 하향링크로 최대 3.1 Mbps 정도의 데이터를 전송하며, Revision-B는 하향링크로 최대 4.9 Mbps 정도의 데이터를 전송할 수 있을 정도로 성능을 크게 개선하였다. 이와 같은 성능 개선을 위하여 이동통신채널 상태에 따라 QPSK, 8PSK, 16QAM 등과 같은 다양한 종류의 변조방식을 이용한 AMC 기술을 적용하였다.

특히 CDMA20001x-EVDO는 [그림 6.5]와 같이 다수의 사용자들의 데이터를 전송하기 위하여, 전체 전송시간 구간을 타임슬롯(1.67 msec)으로 나누어 전송하고자 하는 사용자들의 데이터를 다중화(Time Division Multiplexing: TDM)하여 전송하는 것을 특징으로 한다.

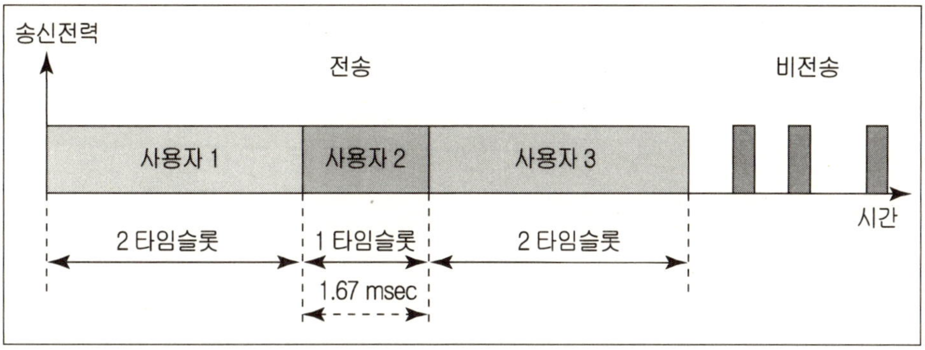


**[그림 6.5]** CDMA20001x-EVDO에서 데이터 전송 개념

## 6.2.3 와이브로(WiBro)

와이브로(Wireless Broadband internet access)는 도심지에서 달리는 평균 차량속도 수준인 시속 60 km 내외의 속도로 이동하면서, 반경 1 km 정도의 기지국 서비스 영역에서 무선 인터넷으로 고품질의 데이터 서비스를 제공할 수 있는 휴대 인터넷시스템이다. 특히 와이브로 시스템은 2.3 GHz 주파수 대역에서 10 MHz의 주파수 대역폭을 휴대단말기와 기지국이 함께 사용하여(TDD 방식의 이중화) 사용자들의 정보를 송신하거나 수신한다.

그런데 휴대 단말기의 사용자가 기지국을 거쳐 인터넷으로 상대방 사용자에게 정보를 송신하는 상향링크와, 상대방 사용자가 와이브로 시스템의 기지국을 통하여 정보를 전송하는 하향링크는 통상적으로 정보 전송량이 다른 비대칭 트래픽 특성을 가진다. 예를 들어 와이브로 사용자가 무선 인터넷에 접속하여 어떤 정보를 내려받기 위해 클릭할 경우, 상향링크로는 단순히 클릭에 대한 정보만 전송되지만, 하향링크로는 내려받고자 하는 다량의 정보를 수신하게 된다. 따라서 와이브로 시스템에서는 기본적으로 상향링크에서 512 kbps, 하향링크에서 2 Mbs 정도의 정보 전송률을 제공하며, 하나의 셀에서 10 Mbps 이상의 정보를 전송할 수 있다.

이와 같은 서비스를 제공하기 위하여 와이브로 시스템은 모든 기지국에서 부분적으로 동일한 주파수를 사용하며, 기지국간을 이동해도 끊김 현상이 없이 서비스를 제공하는 것을 특징으로 한다. 특히 와이브로 시스템의 다중접속 방식은 3장에서 살펴본 직교 주파수 분할 다중접속(Orthogonal Frequency Division Multiple Access: OFDMA) 방식을 사용한다.

OFDMA 기술은 사용자 정보를 전송할 때 데이터 프레임의 OFDM 심볼과 심볼 사이에 순환확장자(Cyclic Prefix)를 추가함으로써, 다중경로 페이딩 채널에서 발생하는 지연확산에 의한 신호 간 간섭(ISI)과 부반송파 간의 간섭(ICI)을 방지할 수 있다. 따라서 와이브로 시스템은 셀룰러 CDMA 시스템과 같이 모든 셀에서 동일한 주파수를 부분적으로 재사용할 수 있는 장점이 있는데 이것을 부분 주파수 재사용이라 한다. 부분 주파수 재사용의 개념에 대한 보다 상세한 내용은 6.3.1절에서 설명한다.

### 6.2.3.1 와이브로 시스템의 구성

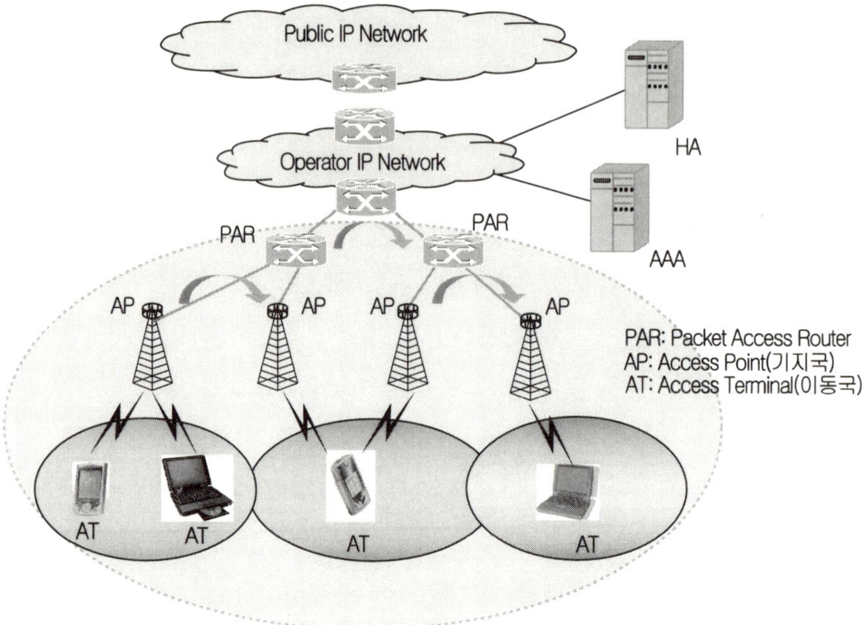


**[그림 6.6]** 와이브로 시스템의 구성(출처: 양정록[6.4])

와이브로 시스템은 휴대 단말기(Access Terminal: AT), 기지국(Access Point: AP), 패킷 액세서 라우터(Packet Access Router: PAR) 그리고 PAR을 서로 연결하는 기반 통신망 등으로 구성된다. 기반 통신망은 인증 및 과금센터(Authorization, Authentication and Accounting: AAA), 홈 에이전트(Home Agent: HA) 등의 서버들로 구성된다(그림 6.6). 각 장치들에 대한 기본 기능들을 살펴보면 다음과 같다.

먼저 AT는 PDA나 노트북 컴퓨터 등과 휴대 단말기로서, AP와 무선으로 정보를 송수신하는 장치이다. AP는 기존의 셀룰러 이동통신시스템에서의 기지국 장치나 무선랜에서의 무선접속장치와 유사하며 AT로부터 수신하는 정보를 PAR로 전달하거나 반대로 PAR로부터 수신하는 정보들을 무선신호로 변환하여 AT에 전달하는 기능을 수행한다. PAR은 여러 개의 AP들과 접속하여 이들을 관리하며 PAR내에서의 휴대 단말기의 고속 이동성을 보장하기 위한 기능들을 수행한다. 또한 인증 및 과금 센터 등은 인터넷을 접속하고자 하는 휴대 단말기에 대한 인증과 통신요금을 계산하는 기능을 각각 수행한다.

### 6.2.3.2 와이브로 시스템의 채널 구조

[그림 6.7]은 와이브로 시스템의 상향 및 링크의 채널 구조를 나타낸다. 무선링크 채널은 전체 부반송파 집합을 다수의 부집합으로 분할하며 분할된 부집합을 부채널(sub-channel)이라 한다. 부채널은 용도에 따라 다이버시티 부채널과 AMC(adaptive modulation & coding) 부채널로 나누어지며 이들은 데이터 전송용으로 사용된다. 부채널들은 하나의 부반송파 또는 인접한 여러 개의 부반송파로 구성된다. 이러한 인접한 여러 개의 부반송파는 그 구성에 따라 타일(tile)과 빈(bin)으로 나누어지며, 각각 다이버시티 부채널과 AMC 부채널을 구성하는 기본 단위가 된다.

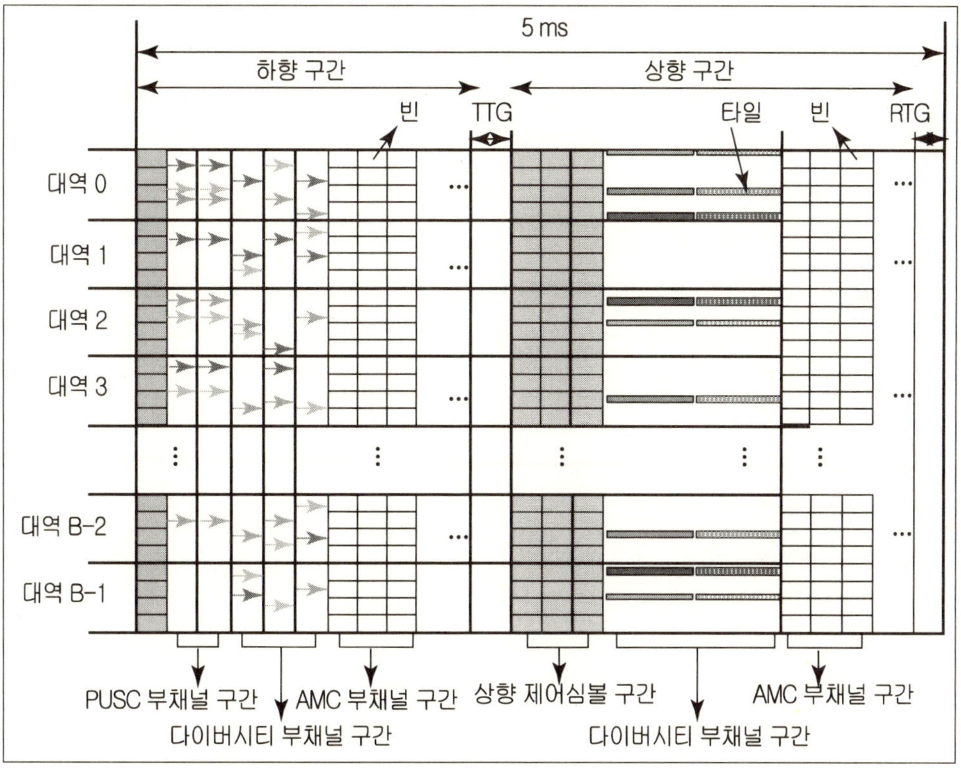


[그림 6.7] 와이브로 시스템의 상향 및 하향링크 채널 구조(출처 : TTA[6.5])

한편 와이브로 시스템은 고정형 와이맥스(WiMAX) 규격과 결합하여 모바일 와이맥스(Mobile WiMAX) 시스템으로 발전하게 되며, 2005년말 IEEE802.16e 규격으로 승인되었다. 이 규격 내용에 따르면 휴대 단말기와 기지국간의 주파수 채널의 사용방식에 있어서, 시분할 이중화(TDD) 방식과 주파수 분할 이중화(FDD) 방식을 함께 지원한다. TDD 방식은 휴대 단말기와 기지국간에 하나의 주파수를 시간적으로 나누어서 공용하는 방식이다. 반면에 FDD 방식은 휴대 단말기에서 기지국 방향으로 정보를 송신하는(상향링크) 주파수와 기지국에서 휴대 단말기 방향으로 정보를 전송하는(하향링크) 주파수를 서로 다르게 사용하는 방식이다.

이와 같이 모바일 와이맥스시스템은 전송능력을 개선하기 위하여 기존의 셀룰러 이동통신시스템과는 달리 고성능 다중 송수신 안테나(Multiple Input Multiple Output: MIMO) 기술을 채용하였다. 기존의 셀룰러 이동통신시스템의 휴대전화에서는 하나의 안테나를 송수신할 때 함께 사용하였다. 그런데 무선 전파는 휴대 전화가 위치하는 통신 환경에 따라 전파의 송신 또는 수신 경로가 크게 차이가 나기 때문에 기존의 휴대전화에서는 이들의 차이점을 효과적으로 이용하지 못했다. 그러나 MIMO 기술은 기지국뿐만 아니라 휴대전화 또는 노트북 PC 등과 같은 휴대 단말기에도 여러 개의 송신 및 수신 안테나를 장착하여 수신신호품질과 용량을 획기적으로 개선할 수 있다. MIMO 기술에 대한 보다 자세한 내용은 6.4.2절에서 살펴본다.

[표 6.1] 3세대 및 3.5세대 이동통신시스템의 주요특징 비교

| 항목 | CDMA20001x | WCDMA | CDMA20001x-EVDO | HSDPA/HSUPA (HSPA) | IEEE802-16e |
|---|---|---|---|---|---|
| 기본규격 | IS-95A, B | WCDMA | CDMA20001x | WCDMA | WiBro/ WiMAX |
| 이중화 | FDD | FDD | FDD | FDD | TDD |
| 시스템 대역폭 | 1.25 MHz | 3.84 MHz | 1.25 MHz | 3.84 MHz | 10 MHz |
| 최대 전송률 | 384 kbps | 384 kbps | 4.9 Mbps/DL | 14 Mbps/DL | 32 Mbps/DL |
| | | | 1.8 Mbps/UL | 5.8 Mbps/UL | 4 Mbps/UL |
| 단말 이동성 | 250 km/h | 250 km/h | 20 km/h 내외 (보행자) | 20 km/h 내외 (보행자) | 100 km/h 내외 |
| 커버리지 (셀반경) | 3 km | 3 km | 2 km | 2 km | 1 km |

[표 6.1]은 3세대 및 3.5세대 이동통신시스템들의 주요기술 특징을 비교한 것이다. 전송속도 측면에서는 IEEE802.16e 표준기반의 모바일 와이맥스가 가장 우수하지만, 다른 시스템들에 비해 2~4배 정도 넓은 시스템 대역폭을 요구하며 무선 커버리지가 좁은 단점이 있다. 그러나 모바일 와이맥스는 이중화 방식으로 TDD 기법을 사용하므로 주파수 사용효율 관점면에서는 다른 시스템들에 비해 우수하다고 할 수 있다. 반면에 시스템 대역폭과 무선 커버리지 등을 함께 고려할 때 WCDMA 규격을 기본으로 하는 HSDPA/HSUPA가 대체로 높은 수준의 전송률을 제공하는 특징을 가지고 있다.

## 6.3 4세대 이동통신시스템의 종류와 특징

3세대 및 3.5세대 이동통신시스템은 다양한 종류의 고품질 멀티미디어 서비스를 장소, 시간, 서비스 종류 등에 구애받지 않고 자유롭게 제공하는 데는 한계를 드러냈다. 반면에 4세대 이동통신시스템은 VoIP, 웹브라우징, 파일 전송(FTP) 등과 같은 실시간 및 비실시간 고속 데이터 서비스를 비롯하여, 이메일 서비스와 같이 최소 서비스 요건이 보장되지 않는 서비스(best-effort) 등과 같이 다양한 종류의 고품질 멀티미디어 서비스를 고속의 이동환경에서 100 Mbps급, 정지 상태에서 최대 1 Gbps급의 서비스를 제공하는 것을 목표로 하고 있다.

이를 위하여 향후 2012년경 서비스될 것으로 예상되는 4세대 이동통신(IMT-Advanced)을 위한 표준 규격으로 2가지 기술규격이 후보로 선정되었다. 첫 번째 규격은 우리나라와 미국 주도로 표준화 중인 IEEE802.16e의 진화기술인 IEEE802.16m의 모바일 와이맥스(Evolution)이고, 다른 하나는 WCDMA와 HSPA를 표준화했던 3GPP의 LTE(Long Term Evolution)-Advanced이다.

### 6.3.1 모바일 와이맥스(Mobile WiMAX)

IEEE802.16e의 표준규격으로 승인된  모바일 와이맥스는 IEEE802.16m을 통하여 4세대 이동통신 표준규격(후보)으로 발전하였으며, 이를 Mobile WiMAX-(Evolution)라고 부른다. 3세대 이동통신에 비하여 우수한 성능을 제공하기 위하여 진화된 모바일 와이맥스(IEEE802.16m)는 여러 가지 기술들을 채용하고 있다. [그림 6.8]은 세 부분의 계층(L1, L2, L3)으로 구성된 모바일 와이맥스의 프로토콜 구조를 나타낸 것이다.

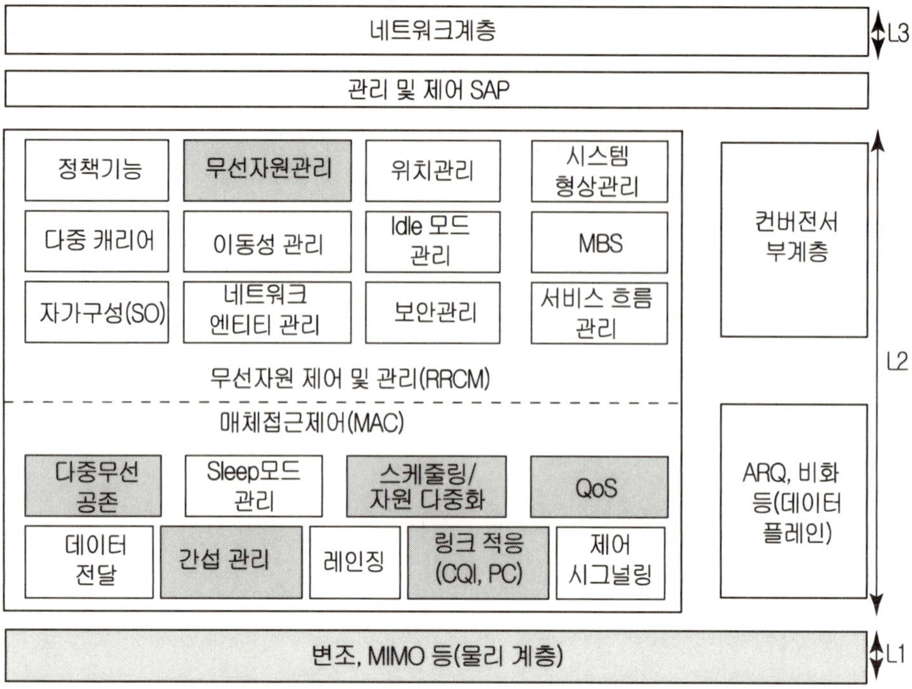


**[그림 6.8]** 모바일 와이맥스의 프로토콜 구조와 주요 기술 (출처: Ahmadi [6.8])

계층 1(L1: Physical layer: PHY)에서 제공하는 MIMO와 변복조 기술 등을 제외한 효율적인 무선통신을 위한 대부분의 기술들은 계층 2에서 지원한다. 계층 2(L2)는 크게 매체접근제어(Medium Access Control: MAC) 기술과 무선자원제어 및 관리(Radio resource control and management: RRCM) 기술로 구성된다. MAC 기술은 주로 많은 사용자들에게 고품질의 멀티미디어 서비스를 제공하기 위하여 서비스 품질제어(QoS), 링크적응기술(AMC), 스케줄링 및 간섭관리 기술 등을 포함한다.

특히 4세대 이동통신은 앞서 [그림 6.2]와 [그림 6.3]에서 본 바와 같이 2~3세대 시스템들을 포함한 여러 종류의 이동통신시스템들이 중첩하여 통신하는 환경(multi radio coexistence)에서 서비스를 제공할 수 있는 기술들도 지원하고 있다.

그리고 무선자원관리 및 제어 기술에는 이동(또는 고정형) 단말기의 plug & play 방식 등의 기능을 지원하기 위한 자가구성(self organization) 기술이나, 음성을 포함한 인터넷 통신시 나타날 수 있는 보안문제를 강화하는 기술과 기지국 전체의 부하(간섭)를 관리하는 기능 등을 포함한다.

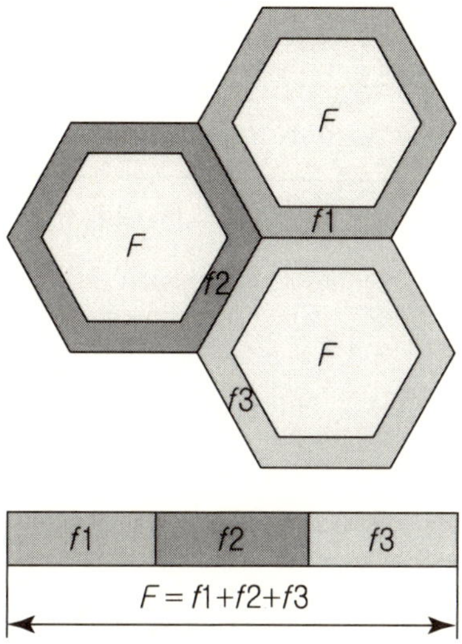


**[그림 6.9]** 모바일 와이맥스의 부분 주파수 재사용 개념(예)

이동통신시스템에서 간섭은 통화품질, 무선링크 용량, 무선 커버리지 등과 같은 시스템 성능과 직결된다. 모바일 와이맥스는 셀 간의 간섭(Inter-cell Interference) 문제를 해결하기 위하여 부분 주파수 재사용(Fractional Frequency Reuse: FFR) 기법을 사용한다(그림 6.9). OFDMA 방식의 모바일 와이맥스시스템에서는 주파수 재사용계수 1을 지원하도록 주파수 채널을 운용한다. 그러나 이 시스템은 모든 사용자들에게 부채널(sub-channel 또는 부반송파) 형태로 주파수 자원을 할당하기 때문에, 셀 가장자리의 간섭 영향을 FFR 방식으로 완화할수 있다. 즉, 우수한 품질의 신호를 수신하는 셀 중앙의 사용자들에게는 시스템에서 사용 가능한 전체 부채널($F = f1 + f2 + f3$)을 할당하고, 반면에 신호품질이 열악한 셀 가장자리 사용자들에게는 전체 부채널 중에서 일부분(fraction)만을 할당한다. 이때 할당하는 부분적인 부채널들은 인접셀의 가장자리 사용자들이 사용하지 않는 부채널들을 할당함으로써 시스템 성능(cell throughput)을 개선할 수 있다.

따라서 FFR 방식으로 주파수를 운용하는 모바일 와이맥스시스템에서는 셀 가장자리 영역의 사용자들에게 서로 다른 주파수(부채널)를 할당하여 셀간의 간섭을 효율적으로 회피하기 위하여 인접 기지국들 간에 각 셀의 간섭(부하)상태와 부채널 할당 현황등에 관한 정보를 서로 제공할 필요가 있다.

한편, CDMA 방식의 HSPA와 CDMA20001x-EVDO 시스템에도 모든 셀(또는 섹터)에서 동일한 주파수 채널로 운용함으로써 주파수 재사용계수 1을 지원한다. 따라서 셀 가장자리에 위치하는 사용자들은 셀 중앙에(기지국에 가까이) 위치하는 사용자들에 비해 강한 간섭신호를 수신하기 때문에 신호품질이 열악해진다. 따라서 이동통신채널 상태(신호품질)에 따라 무선자원(부호, 변조지수 및 부호화율 등)을 다르게 할당하여 전송률을 조정하는 적응변조 및 부호화(AMC) 기술을 적용할 경우 셀 가장자리 사용자의 스루풋(throughput)이 상대적으로 크게 떨어진다.

이러한 문제를 해결하기 위하여, 이들 두 시스템에서는 셀(또는 섹터)의 부하(load)에 따라 이동단말 또는 기지국의 전송률(transmission bit rate)을 조정함으로써 셀 가장자리에서의 간섭 영향을 완화시킨다(5.5.2절 및 5.5.3절 참조). 그러나 이와 같은 방법은 셀 중앙의 사용자에 비해 가장자리 사용자들은 대부분 낮은 전송률로 전송해야 하기 때문에 형평성(fairness)문제를 수반하게 될 뿐만 아니라, 시스템 용량 관점에서도 손실이 발생할 수 있다. 물론 이러한 형평성 문제는 스케쥴링 기법으로 보완할 수도 있다.

따라서 주파수 재사용계수 1을 지원하도록 주파수를 운용하는 방법에 있어서, CDMA 시스템에서는 인접 기지국 간의 협력 없이도(non-cooperation) AMC 기술과 스케쥴링 기술로써 셀 가장자리 사용자의 성능을 개선할 수 있다. 반면에 OFDMA 시스템에서는 셀 가장자리의 간섭문제를 효율적으로 해결하기 위해서는 인접 기지국간의 유기적인 협력(cooperation)이 필요하다.

### 6.3.2 3GPP-LTE(Long-Term Evolution)

ITU-R에서 제시하는 4세대 이동통신 모델인 IMT-Advanced를 위한 표준(후보) 기술 중의 하나인 LTE-Advanced는 3GPP-LTE 기술을 확장한 것으로써, 모바일 와이맥스(진화)와 마찬가지로 OFDMA 방식의 다중접속기술을 사용하며, FDD와 TDD 방식의 이중화 기술을 함께 지원한다.

[그림 6.10]은 LTE-Advanced의 기본을 이루고 있는 3GPP-LTE의 프로토콜 구조를 나타낸다. RLC(Radio Link Control), MAC 계층과 물리계층으로 구성되며, 이들은 스케줄러를 통하여 적절하게 제어된다. 특히 이와 같은 프로토콜 구조는 WCDMA/HSDPA의 기본 구조를 따르며, 성능개선을 위하여 물리계층에 MIMO 기능 등을 추가하였다. RLC 계층에서는 입력되는 사용자의 데이터를 적절히 세그먼트하여 MAC 계층으로 전달하며, MAC 계층에서는 다중화와 혼합 ARQ(Hybrid Automatic Repeat Request)를 통한 재전송 기능 등을 제공한다.

한편 이동통신채널 상태에 따라 사용자가 전송하고자 하는 데이터 전송률을 제어하는데(AMC), 스케줄러는 부호화율과 변조방식(QPSK, 16QAM 등)을 설정하고, 또한 MIMO 송수신을 위한 안테나와 OFDM 변조를 위한 (부)반송파 자원을 할당하여 입력된 사용자의 데이터를 전송한다.

특히 3GPP-LTE에서는 셀별 간섭관리와 함께 셀 간의 간섭으로 인한 성능저하를 해결하기 위하여 셀 간 간섭 조정(inter-cell interference coordination) 기법을 채택하고 있다. 이 기술은 고간섭 표시기(high interference indicator)와 과부하 표시기(overload indicator)를 이용하여 각 셀에서 수신하는 전체 간섭량의 정도를 관리한다. '고간섭 표시기'는 어떤 셀의 가장자리에 위치하는 사용자에게 전송기회를 부여하기(스케줄링) 위하여 할당 가능한 셀 전체 대역폭 중에서 일부 주파수 대역(이를테면, 부대역 또는 부채널)에 관한 정보를 자기 주변 셀들에 알려준다[6.10].

한편 셀 가장자리의 사용자들은 셀 간 간섭에 취약하기 때문에, 해당 셀은 '고간섭 표시기' 정보를 수신하면 해당 대역을 이용한 전송을 회피함으로써 간섭의 영향을 크게 줄일 수 있다. 이러한 기능들은 위의 3GPP-LTE 프로토콜 스택의 스케줄러에서 수행한다.

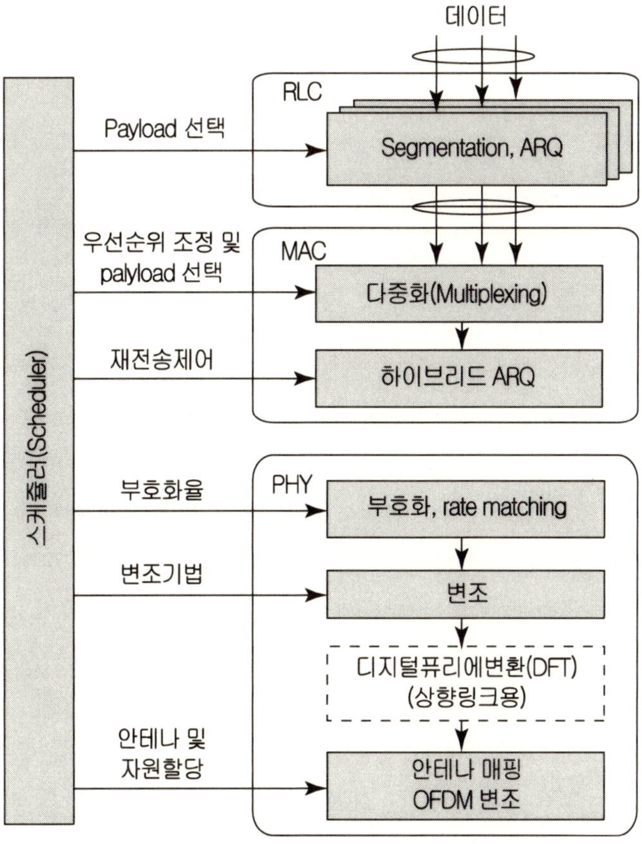


**[그림 6.10]** 3GPP-LTE의 프로토콜 구조와 주요 기술(출처: Astely[6.10])

[표 6.2] Mobile WiMAX와 3GPP-LTE에서 간섭관리 기법 비교

| 비교항목 | 3GPP-LTE | Mobile WiMAX |
|---|---|---|
| 주요 목적 | 셀별 간섭(부하) 관리 및 셀 가장자리의 사용자 성능 및 주파수 자원사용 효율 개선 | 셀 가장자리의 사용자 성능개선 |
| 해결 방안 | 셀 간 간섭조정 기법 | 부분 주파수 재사용 기법 |
| 적용링크 | 상향링크와 하향링크에 별도 적용 | 상향링크와 하향링크 모두 적용 |
| 주요 수단 | • 상향링크: 고간섭 표시기와 과부하 표시기<br>• 하향링크: 상대적 협대역 전송 전력표시기<br>• 기타: 스케줄링 기법과 연동함 | 평균적인 주파수 재사용계수는 1이지만, 셀별로 전체 대역폭 중에서 부채널(sub-channel)의 할당을 다르게 함 |

[표 6.2]는 모바일 와이맥스(진화)와 3GPP-LTE에서 시스템 성능을 개선하기 위한 간섭관리 기법의 주요 특징을 비교한 것이다. 기본적으로 모바일 와이맥스(진화)는 부분 주파수 재사용 방법을 통하여, 셀 가장자리에 위치하는 사용자들이 수신하는 간섭량을 줄여 이들의 성능을 개선하고자 하는 것이 특징이다. 반면에 3GPP-LTE에서는 셀 간 간섭조정 기법으로 셀별 전체 간섭, 즉 전체 부하를 관리하여 주파수 사용효율을 개선하는 것을 특징으로 한다.

## 6.4 4세대 이동통신시스템을 위한 주요기술

4세대 이동통신시스템에서는 무선링크 용량 및 서비스 품질을 개선하기 위하여 여러 가지 진보된 기술들을 도입하고 있다. 이러한 기술에는 5장에서 살펴본 중첩셀 개념을 이용한 펨토셀(Femtocell), 다중송수신 안테나 기술인 MIMO(Multiple Output Multiple Input)와 다양한 방식의 무선 중계기를 이용한 협력무선통신(cooperative wireless communication) 등이 있다. 특히 협력무선통신에는 고정형 중계기를 이용한 협력무선통신뿐만 아니라 IEEE802.16m에서 표준규격으로 제정한 사용자의 이동 단말기를 이용하는 다중홉 중계(Mobile Multihop Relay: MMR) 시스템(IEEE802.16j) 등이 있다.

### 6.4.1 펨토셀

펨토셀(Femtocell)은 차세대 이동통신기술의 응용분야로 최근 많은 관심을 불러일으키는 시스템으로써, $10^{-15}$을 나타내는 단위인 펨토(femto)와 셀(cell)을 합성한 용어이며, 초소형 무선 커버리지를 갖는 옥내 이동통신시스템(기지국)의 일종이다.

2세대 및 3세대 이동통신시스템은 800 MHz에서 1.8 GHz 대역의 주파수를 사용하며, 3.5세대(와이브로) 시스템은 2.3 GHz 대역의 초고주파 대역의 주파수를 사용하여 서비스를 제공한다. 이외에도 2.4 GHz 대역과 5 GHz 대역은 ISM 대역(Industrial, Scientific and Medical Band)인 비면허 대역으로, 셀룰러 이동통신시스템에서는 사용할 수 없다. 따라서 4세대 이동통신시스템은 이러한 주파수 대역 이외의 주파수를 사용해야 할 것으로 보인다.

이와 같이 초고주파 대역을 사용하는 이동통신시스템에서 매크로셀의 기지국 또는 이동 사용자의 송신신호는 콘크리트 등으로 구성되는 건물내로 전파하는 과정에서 신호 감쇠가 많이 일어난다. 따라서 이러한 건축물의 실내는 옥외에 비하여 신호세기가 상대적으로 매우 미약하여 신호품질과 사용자 정보의 전송품질을 저하시키게 된다. 특히 4세대 이동통신시스템에서는 수 GHz의 반송파 주파수로 최대 100 Mbps(고정)~1 Gbps 급의 전송률을 갖는 서비스를 제공하는 것을 목표로 하기 때문에 이러한 서비스 품질의 저하는 더욱 심화될 수 있다.

또한 최근에 이르러 음성통화의 절반과 데이터(영상 등) 서비스용 통화의 70퍼센트 정도가 실내(indoor)에서 발생한다고 알려져 있다. 이러한 특징을 고려하여 실내의 통신 품질(신호 및 통화품질)을 개선할 수 있는 방안으로 펨토셀이 등장하게 되었다. [그림 6.11]은 매크로셀과 중첩된 펨토셀의 구성 예를 보여준다.

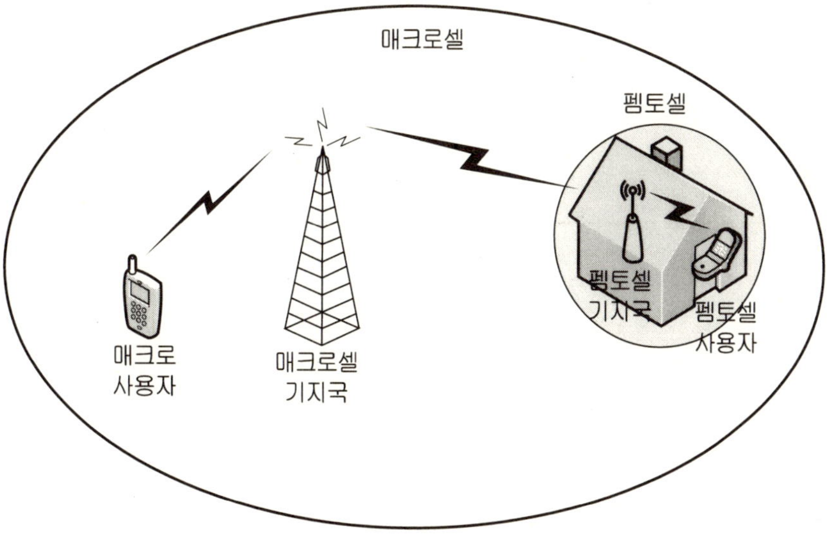


**[그림 6.11]** 매크로셀과 중첩된 펨토셀

펨토셀은 옥외의 매크로셀과 동일한 반송파 주파수 또는 다른 주파수로 중첩되어 운용할 수 있다. 따라서 옥외의 매크로셀 사용자는 기본적으로 매크로셀 기지국으로부터 서비스를 받지만, 펨토셀 영역(옥내)으로 이동할 경우엔 펨토셀로부터 서비스를 받을 수 있다. 반면에 옥내의 펨토셀 사용자가 옥외로 이동할 경우엔 서비스 기지국이 매크로셀 기지국으로 변경된다.

따라서 펨토셀과 매크로셀간에 사용자가 이동할 경우엔 핸드오버가 발생하게 되며, 중첩으로 인한 셀간의 간섭이 발생하게 된다. 이러한 간섭은 5장에서 다룬 중첩셀의 간섭분석과 동일한 방법으로 분석할 수 있다. 펨토셀은 옥내의 거실과 같은 곳에 설치하여 초소형 옥내 이동통신 기지국 역할을 수행하면서, 동시에 홈 네트워크 서비스를 위한 홈게이트웨이 기능도 수행할 수 있을 것으로 보인다.

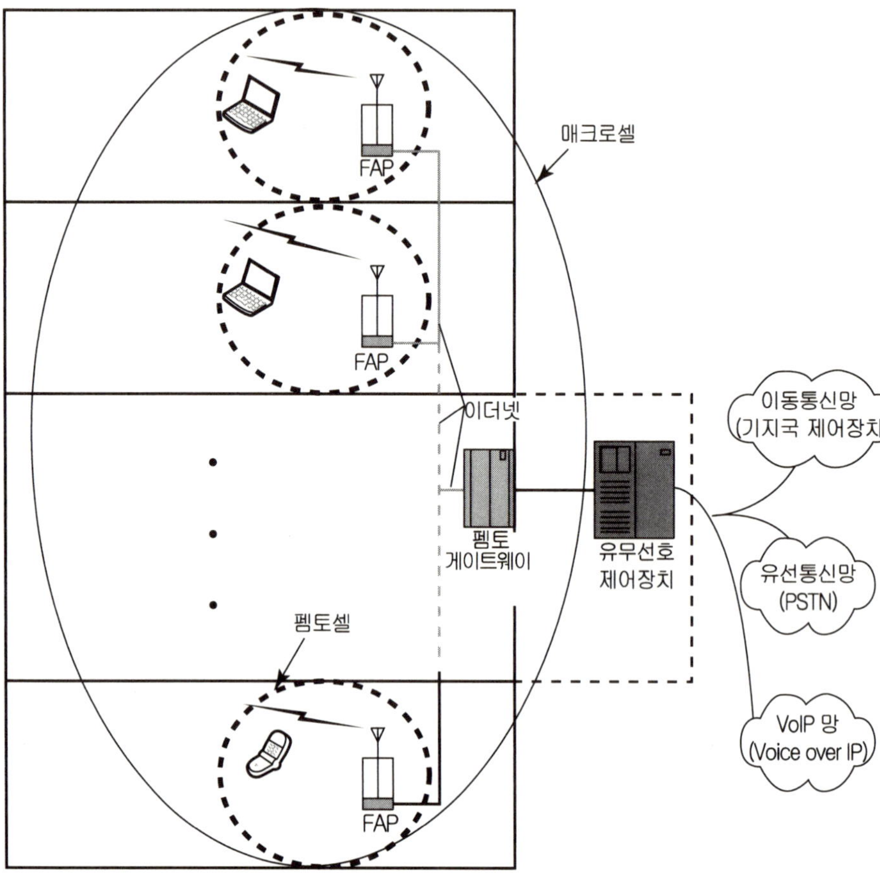


**[그림 6.12] 초소형 IP 기지국장치를 이용한 옥내 펨토셀 구성(예)**

[그림 6.12]는 Plug & Play 기능을 가진 초소형 IP(Internet Protocol) 기지국 장치인 펨토셀 기지국(Femtocell Access Point: FAP)을 이용하여 옥내에서 펨토셀을 구성한 예를 보여준다. 각 층별로 구성된 펨토셀은 외부의 매크로셀과 중첩되어 있으며, FAP 들은 유선 인터넷 서비스를 위하여 이미 옥내에 설치되어 있는 이더넷 케이블(Ethernet, Unshielded Twisted Pair: UTP)을 통하여 상호 연결할 수 있다.

이러한 FAP는 일반적인 기지국 장치보다 비용이 싸며, 사용자가 소유하면서 관리할 수도 있을 것으로 예상된다. 따라서 셀룰러 이동통신사에서 펨토셀을 매크로셀과 연계하여 운용할 경우 전반적인 통신망 설비 투자비용과 운용비용을 크게 줄일 수 있을 것으로 보인다.

한편 3GPP, 3GPP2, WiMAX 포럼 등에서는 펨토셀의 표준화를 진행 중이다. 3GPP에서는 2008년경에 WCDMA시스템(3G)과 4G표준(후보)규격인 3GPP-LTE를 기반으로 하는 펨토셀에 대한 표준화를 시작하였다. 3GPP에서는 펨토셀 접속(기지국)장치를 HNB(Home Node-B) 또는 HeNB(4G)라고 하며, HNB-GW(Gateway)를 통하여 이동통신망과 연결된다. 그리고 HNB-GW는 다수의 HNB들과 연결된 일종의 데이터집중장치(concentrator) 역할을 한다[6.14].

반면에 3GPP2에서는 2007년경 CDMA20001x와 CDMA20001x-EVDO를 기반으로 하는 펨토셀 표준화를 시작하였다. 3GPP2의 펨토셀 구조는 펨토셀 접속장치인 FAP와 FAP의 게이트웨이 역할을 수행하는 펨토 컨버전서 서버(Femto Convergence Server: FCS) 등으로 구성된다. 이외에도 WiMAX 포럼에서는 IEEE802.16 규격을 기반으로 단계별 펨토셀 표준을 진행 중인데, 1단계에서는 IEEE802.16을 기반으로 하며, 2단계에서는 IEEE802.16m을 기반으로 하는 펨토셀의 규격을 준비중에 있다.

이와 같은 펨토셀에서 사용자 단말의 접속방법은 크게 세 가지로, 제한된 펨토셀 사용자 그룹에 가입한 사용자들에게만 펨토셀을 접속할 수 있도록 허용하는 폐쇄접속모드(closed access mode)와, 모든 펨토셀 사용자들에게 펨토셀을 접속할 수 있도록 허용하는 개방모드(open access mode), 그리고 이 두 가지 모드를 결합한 하이브리드 접속모드(hybrid access mode) 등이 있다.

## 6.4.2 다중 송수신 안테나(MIMO) 기술

다수의 송신 안테나와 수신 안테나를 이용하여 다이버시티 이득을 얻어 전송용량을 크게 개선하는 기술을 다중 송수신 안테나(Multiple Input and Multiple Output: MIMO) 시스템이라고 한다. 여기서는 셀룰러 이동통신시스템에서 널리 사용되는 통상적인 다이버시티 기술의 종류와 특징에 대하여 살펴보고, 다중경로 페이딩 채널 환경에서 페이딩 신호의 상관성과 안테나 다이버시티에 대하여 소개한다. 이를 토대로 MIMO 시스템의 구성과 동작원리 등에 대하여 살펴본다. 이러한 MIMO 기술은 HSDPA를 비롯하여 4세대 이동통신 표준(후보)규격인 Mobile WiMAX와 3GPP-LTE 시스템 등에서도 성능 개선을 위하여 적용하고 있다.

#### 6.4.2.1 다이버시티 기술의 종류와 특징

2세대 및 3세대 셀룰러 이동통신시스템에서 널리 사용되는 다이버시티(diversity : 다양성)기술의 종류는 공간(space), 경로(path), 시간(time), 주파수(frequency) 및 수신 안테나 다이버시티 등이 있다. 먼저 공간 다이버시티는 셀룰러 CDMA 시스템의 상향링크에서, 소프트 핸드오버 동안 이동전화에서 전송한 사용자 정보(트래픽)를 두 기지국을 경유한 후 기지국제어장치에서 양호한 정보(프레임)를 선택(결합)하는 기술을 들 수 있다. 경로 다이버시티 기법은 주로 셀룰러 (W)CDMA 시스템에서 송신신호가 건물 등의 반사체에 의해 다중경로로 수신되는 신호들을 이동전화 또는 기지국의 레이크 수신기(rake receiver)로 결합하여 신호품질을 개선하는 기술이다(2장 참조).

시간 다이버시티(time diversity)는 인터리버(interleaver)를 이용하여 이동통신채널에서 발생하는 군집성 에러(burst error)를 시간 측면에서 랜덤성 에러로 변환시켜, 채널 복호기(Viterbi decoder)의 입력 에러 특성이 가우시안 잡음처럼 되도록 하여 성능을 개선하는 방법이다.

그리고 주파수 다이버시티는 다수의 주파수에 동일한 신호(심볼)를 이동통신채널을 통하여 전송할 때, 이들 각 주파수들이 겪는 페이딩이 서로 독립적일 경우 페이딩을 덜 받은 주파수로부터 상대적으로 높은 신호품질을 수신할 수 있다.

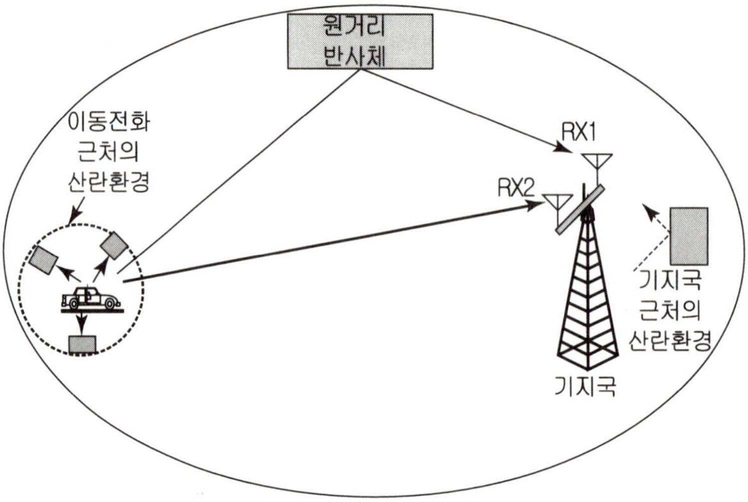


[그림 6.13] 다중경로 페이딩 채널에서 수신 안테나 다이버시티

한편 이동전화에서 송신한 신호는 다중경로 페이딩 채널을 거쳐 기지국에 도달할 때 왜곡(fade)되며, 이러한 왜곡 현상은 특히 이동전화가 이동하기 때문에 시간에 따라 변하는 특징을 가진다. 이와 같은 문제점을 해결하기 위하여 수신 안테나 다이버시티는

이동전화에서 전송한 신호를 서로 다른 위치에 설치된 두 개의 수신 안테나를 통하여 신호를 결합함으로써 신호품질을 개선할 수 있다(그림 6.13).

지금까지 살펴본 다이버시티 기술들은 송신기에서 전송한 신호들이 페이딩 채널을 경유하여 다수의 공간, 경로, 시간, 주파수 또는 수신 안테나 각각에 서로 상관성(correlation)이 없이 독립적(independent)으로 수신될 때, 최적의 다이버시티 이득을 얻어 신호품질(SNR)을 개선할 수 있다.

#### 6.4.2.2 페이딩 신호의 상관성과 안테나 다이버시티

[그림 6.13]과 같은 전형적인 다중경로 페이딩 채널에서 이동단말 근처의 산란환경은 비교적 가까운 거리에 산란을 일으키는 반사체들이 존재하기 때문에 이들에 의한 지연확산은 대단히 작다. 따라서 이러한 지연확산은 전송 신호품질에 큰 영향을 미치지 않는다. 반면에 원거리에 위치하는 반사체들에 의한 지연확산은 2장에서 본 바와 같이 수신신호 간에 간섭을 야기하여 신호품질을 저하시키게 된다.

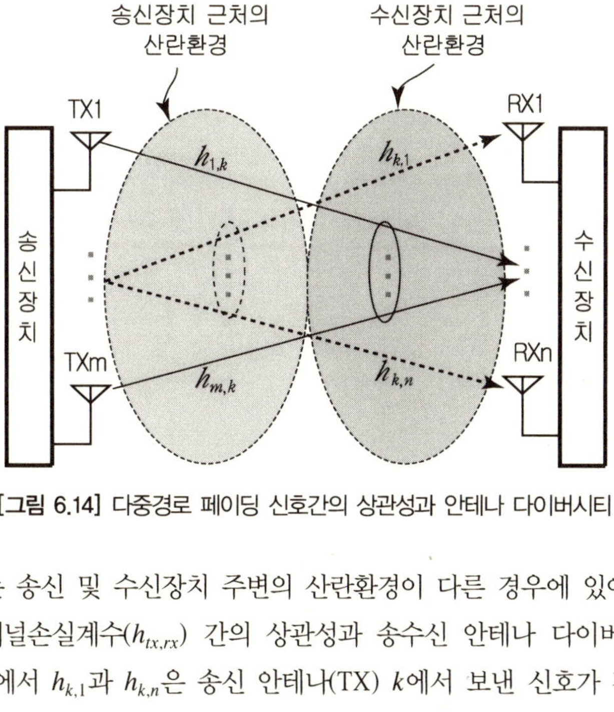


**[그림 6.14]** 다중경로 페이딩 신호간의 상관성과 안테나 다이버시티

[그림 6.14]는 송신 및 수신장치 주변의 산란환경이 다른 경우에 있어서, 다중경로 페이딩 신호의 채널손실계수($h_{tx,rx}$) 간의 상관성과 송수신 안테나 다이버시티와의 관계를 나타낸다. 그림에서 $h_{k,1}$과 $h_{k,n}$은 송신 안테나(TX) $k$에서 보낸 신호가 각각 수신 안테나(Rx) 1과 $n$에 도달하면서 겪는 채널손실계수를 나타낸다. 그리고 $h_{k,1}$와 $h_{m,k}$는 각각 송신 안테나 1에서 보낸 신호가 수신 안테나 $k$에 도착하면서 겪는 채널손실계수와 송신 안테나 $m$에서 보낸 신호가 수신 안테나 $k$에 도착하면서 겪는 채널손실계수를 각각 나타낸다.

먼저, 두 채널손실계수 $h_{k,1}$과 $h_{k,n}$이 서로 상관성이 없이(uncorrelated) 독립적(independent)일 경우는, 두 신호가 페이딩 채널을 거쳐 오는 경로가 서로 다르다는 의미이다. 이는 하나의 송신 안테나에서 전송된 신호가 페이딩되어 서로 다른 수신 안테나로 수신될 때, 이들 경로 신호들간의 페이딩 특성이 서로 상관성이 없다는 것을 뜻한다. 이와 같은 경우는 [그림 6.13]과 같이 하나의 송신 안테나를 갖는 이동전화에서 전송한 다중경로 페이딩 신호가 서로 독립된 경로로 기지국에 도달하는 상황에 해당하며, 여러 개의 수신 안테나를 이용하여 신호를 결합하는 수신 안테나 다이버시티(receive antenna diversity)를 통하여 신호품질을 개선할 수 있다.

반면에, $h_{k,1}$과 $h_{m,k}$가 서로 상관성이 없을 경우는, 서로 다른 송신 안테나에서 전송한 신호들이 동일한 수신 안테나에 도달할 때 이들 페이딩 신호들이 서로 독립적인 경로로 수신된다는 의미이다. 이와 같은 특징을 갖는 다중경로 페이딩 채널에서는 송신 안테나 다이버시티(transmit antenna diversity)를 이용하여 신호품질과 전송용량을 개선할 수 있다.

### 6.4.2.3 MIMO 시스템의 동작 원리

여기서는 독립된 페이딩 신호의 경로가 많은 다중산란 환경의 특징과 이를 토대로 MIMO 시스템의 동작원리에 대하여 살펴보자.

송신장치와 수신장치가 서로 먼 곳에 위치하는 매크로셀 환경에서 송신 신호가 다중경로 페이딩 채널을 통하여 수신될 때, 페이딩 신호의 채널손실 특성이 서로 상관성이 없이 독립된 경로로 수신되는 경우는 대체로 적다. 그러나 송신장치와 수신장치가 서로 가까운 거리에 위치하여 두 장치간의 산란환경이 거의 동일할 경우에는, 페이딩 신호들이 서로 상관성이 없이 독립된 경로로 수신되는 경우가 대단히 증가할 수 있다(그림 6.15).

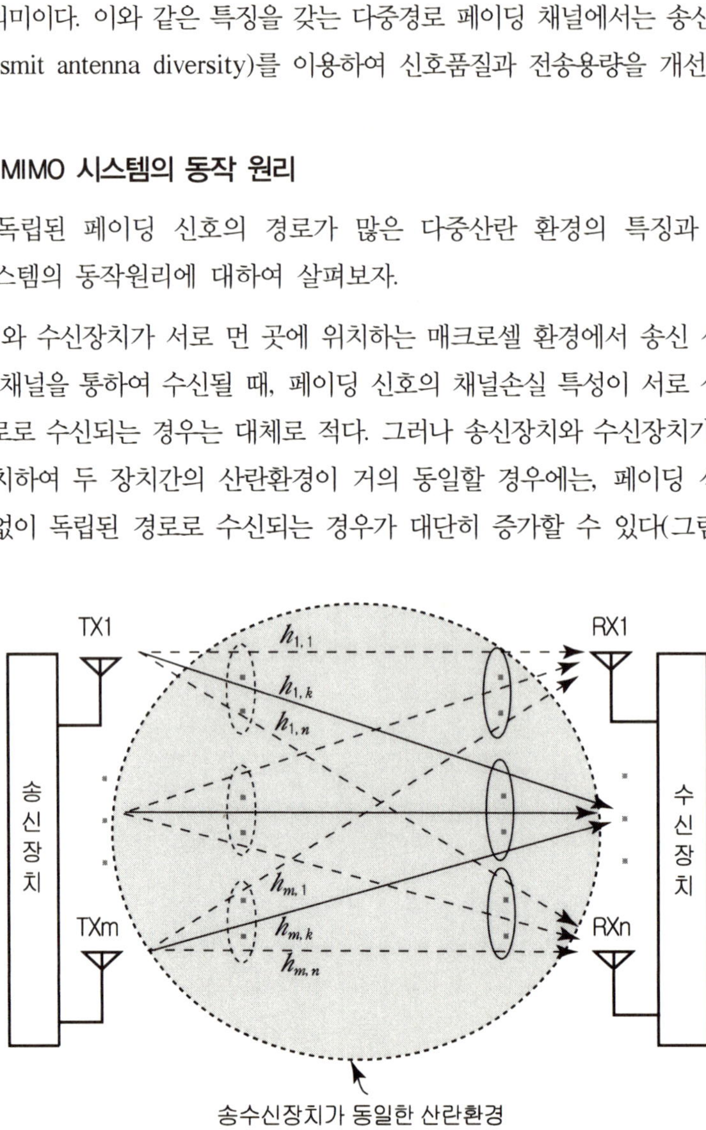


[그림 6.15] 다중산란채널 환경과 다중 송수신 안테나 시스템

즉 송신장치와 수신장치의 산란환경이 유사할 경우(가까이 위치하는 경우와 같이), 송신 안테나에서 전송된 신호들이 좁은 영역에 위치하는 산란체를 거쳐 수신 안테나에 도착하는 과정에 있어서, 여러 개의 산란체에 의해 미약해진(channel loss) 다수의 페이딩 신호들 간에 서로 상관성(correlation)이 없는 독립된 경로로 수신 안테나에 도달할 수 있다.

이와 같이 독립된 경로가 대단히 많은 특성을 갖는 무선통신채널을 다중산란채널 환경(rich scattering environments) 또는 MIMO 채널이라고도 하며, 이와 같은 환경에서 최적의 다이버시티 이득을 얻을 수 있는 방법이 바로 다중 송수신 안테나(MIMO) 전송 시스템이다. 특히 MIMO 시스템을 통한 성능(신호품질 또는 BER) 개선은 다중산란채널에서 페이딩 신호의 독립된 경로수에 비례하여 증가한다.

대표적으로 알려진 MIMO 시스템의 동작원리에 대하여 고찰해보자. 다중산란채널 환경에서 두 개의 송신 안테나와 두 개의 수신 안테나로 구성되는 2x2 송수신 안테나 다이버시티(transmit and receive diversity) 시스템에 대하여 알아보자.

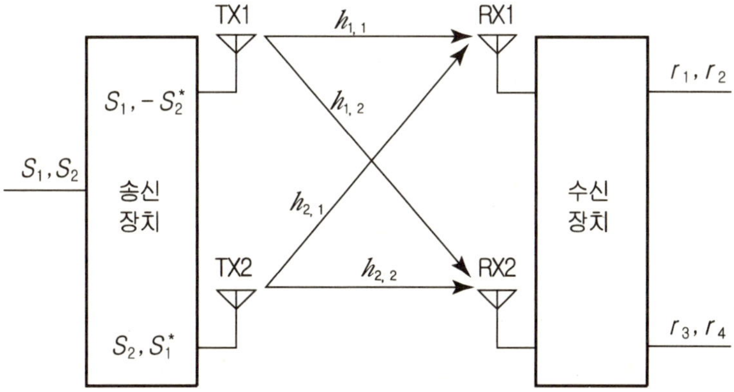


**[그림 6.16]** Alamouti의 2x2 송수신 안테나 다이버시티시스템

[그림 6.16]은 MIMO 시스템에서 널리 알려진 Alamouti의 2x2 송수신 안테나 다이버시티의 구성을 나타낸다. 연속된 두 개의 심볼인 ($s_1$, $s_2$)가 심볼구간 ($t1$, $t1+T$)에 걸쳐 송신장치에 입력된다고 하자. 송신장치는 이들 심볼을 두 개의 송신 안테나(TX1, TX2)를 통하여 각각 두 개의 독립된 채널손실계수 ($h_{i,j}$, $i=j=1$, 2, 단 i는 TX, $j$는 RX)를 가지는 경로를 통하여 전송한다. 이때 ($t1$, t1+$T$) 구간 동안에 TX1에서는 심볼 ($s_1$, $-s_1^*$)을 각각 송신하며, TX2에서는 심볼 ($s_2$, $s_1^*$)를 각각 전송한다.

그러면 첫 번째 심볼구간 동안에는 수신 안테나 (RX1, RX2)에서 ($r1$, $r3$)를 각각 수신하며, 두 번째 심볼구간 동안에는 수신 안테나 (RX1, RX2)에서 ($r2$, $r4$)를 각각 수신하는데, 이때 4개의 수신신호는 다음과 같이 주어진다[6.24].

$$r_1 = h_{1,1}s_1 + h_{2,1}s_2 + n_1 \quad ; \text{(t1 동안)}$$

$$r_2 = -h_{1,1}s_2^* + h_{2,1}s_1^* + n_2; \text{(t1+T 동안)}$$

$$r_3 = h_{1,2}s_1 + h_{2,2}s_2 + n_3 \quad ; \text{(t1 동안)}$$

$$r_4 = -h_{1,2}s_2^* + h_{2,2}s_1^* + n_4; \text{(t1+T 동안)}$$

이와 같은 2x2 송수신 안테나 다이버시티를 이용하면 대략 2배의 전송용량을 증가시킬 수 있다. 또한, 송수신 안테나 수를 증가시키면 다이버시티 이득도 증가하여 전송용량을 더 개선할 수 있다.

이외에도 [그림 6.16]과 같은 MIMO시스템에서 2개의 TX안테나와 1개의 RX안테나로 2x1 송신 안테나 다이버시티(transmit diversity)시스템을 구성할 수 있다. 이 시스템에서는 하나의 심볼구간 동안에 두 개의 송신 안테나로 하나의 동일 심볼만을 전송하여 수신하기 때문에, 전송용량 측면에서는 위의 2x2 다이버시티 시스템에 비해 절반으로 감소한다. 이와 같은 2x1 다이버시티 시스템을 Alamouti의 송신 안테나 다이버시티 또는 MISO(Multiple Input Single Output) 전송시스템이라고도 한다.

한편 3.5세대 및 4세대 이동통신시스템에서는 전송률 및 무선링크 용량을 개선하기 위하여 여러 가지 방식의 MIMO 기술을 도입하고 있다. HSDPA 시스템에서는 2x2 방식을 사용하며, 3GPP LTE의 하향링크에서는 2x2 또는 4x4 방식을 적용하고 있다. 그리고 IEEE802.16e 표준기반의 모바일 와이맥스에서는 상향링크와 하향링크에서 서로 다른 방식을 사용하는데, 상향링크에서는 2x2 방식을 사용하는 반면에, 하향링크에서는 2x2, 3x3 또는 4x4 방식을 선택적으로 채택하고 있다.

### 6.4.3 중계기 기반의 차세대 이동통신기술

일반적으로 무선 중계기(relay 또는 repeater)는 기지국으로부터 수신한 무선신호를 증폭하여 신호세기가 미약한 음영지역으로 전송하거나, 반대로 음영지역에 있는 이동전화로부터 수신하는 미약한 무선신호를 증폭하여 기지국으로 전송함으로써 무선 커버리지를 확장하는 장치이다. 그런데 음영손실은 주파수가 증가할수록 커지기 때문에, 2~3세대 이동통신시스템에 비하여 높은 주파수 대역을 사용하는 4세대 이동통신시스템에서는 음영손실로 인한 서비스 품질 저하 문제를 개선하기 위하여 중계기의 사용이 더욱 증가할 것으로 보인다.

또한 무선중계기는 통상적으로 기지국과 달리 가입자 수용용량을 지원하지 않는다. 따라서 통상적으로 음영지역이 아니더라도 이동전화 가입자들이 매우 적은 지역에는 설치 및 운용 비용이 고가인 기지국 대신 중계기를 사용하여 서비스를 제공할 수 있다.

무선 중계기는 크게 아날로그 방식의 중계기와 디지털 방식의 중계기로 나눌 수 있다. 아날로그 방식의 무선 중계기는 무선(RF)신호를 증폭(amplify)하여 음영지역으로 전송(forward)하는 방식이다. 그리고 디지털 방식은 기저대역 신호를 복조 및 복호하여 오류를 정정한 후, 다시 변조 및 부호화하여 이를 목적지로 재전송하는 방식이다.

### 6.4.3.1 아날로그 무선 중계기

아날로그 무선 중계기는 무선 커버리지의 확장을 위하여 신호를 증폭하여 전송(Amplify-and-Forward: AF)하는 방식의 무선 중계기이다. 이러한 방식의 중계기로는 광중계기, RF중계기, 마이크로웨이브 중계기, 주파수 변환 중계기, 간섭제거 중계기 등이 있다. 이러한 중계기는 [그림 6.17]과 같이 기지국의 전파신호가 미치지 않는 음영지역 사이에 설치하여 운용한다.

무선 중계기는 기본적으로 기지국으로부터 전파신호를 송수신하는 안테나(도너 안테나: donor antenna), 도너 안테나에서 수신한 신호를 증폭하는 중계기 송수신장치, 증폭된 수신 신호를 음영지역으로 송신하거나, 반대로 음영지역에 위치하는 이동전화로부터 수신하는 음영지역 송수신 안테나(서비스 안테나라고 함)으로 구성된다. 또한 무선 중계기 시스템에는 도너 안테나와 중계기 송수신장치간과 서비스 안테나와 무선중계기 장치간에는 초고주파 신호를 전송하는 전송선로로 연결된다.

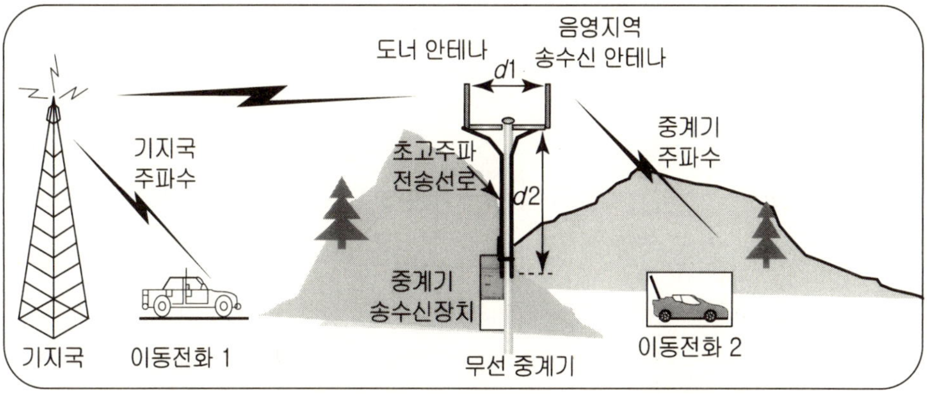


[그림 6.17] 일반적인 무선 중계기의 설치 및 운용(예)

이와 같은 무선 중계기는 종류에 따라 기지국에서 이동전화에 서비스를 위해 사용하는 주파수와 중계기가 음영지역에 위치하는 이동전화에 서비스하기 위해 사용하는 주파수가 다르거나 같은 주파수를 사용할 수 있다. 무선 주파수 자원은 제한되어 있을 뿐만 아니라 고가의 임대료를 지불하기 때문에 이동통신 운용사업자에게는 가장 중요한 자산 중의 하나이다.

기지국과 중계기의 사용 주파수를 다르게 할당하면 주파수 사용효율은 나쁘지만, 상호 간섭이 없기 때문에 기지국이 관할하는 영역과 음영지역에서의 통신품질을 모두 개선할 수 있다. 반면에 이들에게 동일한 주파수를 할당하여 사용할 경우 주파수 사용효율은 좋지만, 주파수 상호간의 간섭으로 인하여 통신품질이 저하되는 문제점이 발생할 수 있다. 이와 같이 주파수간의 간섭으로 인한 문제점을 개선하기 위하여 송수신 안테나 간의 이격거리(*d*1)를 증가시켜 분리도(isolation)를 개선시킬 수도 있으나, 송수신 안테나의 설치를 위한 공간과 전송선로(*d*2)의 길이가 증가하는 문제를 수반하게 된다.

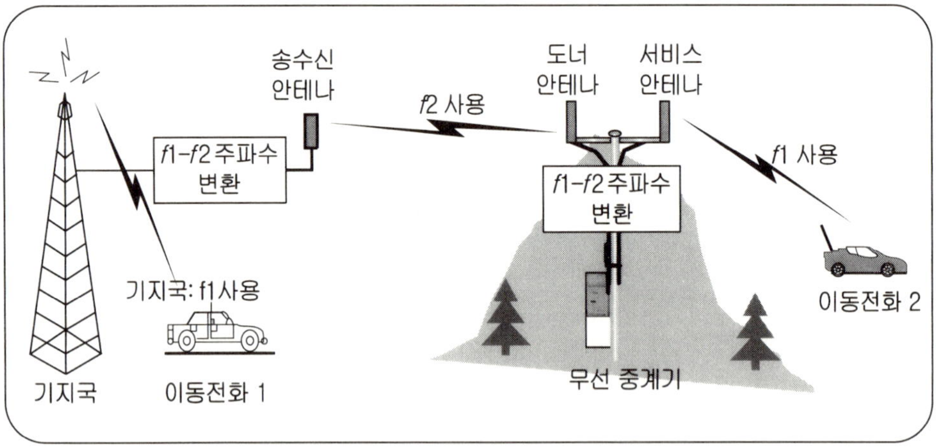


**[그림 6.18]** 주파수 변환 중계기의 구성 및 운용(예)

주파수 변환 중계기는 [그림 6.18]과 같이 기지국이 이동전화 1과 통신하는 데 사용하는 주파수와 중계기와 이동전화 2 간에는 동일한 주파수를 사용할 수 있지만, 기지국과 중계기 간의 신호 중계를 위한 주파수는 다르게 운용하는 무선 중계기를 말한다. 따라서 주파수 변환 중계기는 기지국과 중계기에 모두 주파수 변환 기능이 필요하다.

마이크로웨이브 중계기는 도너 안테나가 다이폴 안테나 또는 지향성 안테나가 아니라 파라볼라 안테나로 널리 알려진 마이크로웨이브 안테나를 사용한다(그림 6.19). 마이크로웨이브 중계기는 기지국에서 사용하는 주파수(*f*1)를 마이크로웨이브 주파수로 변환하는 (*f*1-M/W변환)장치가 필요하다. 초고주파 신호를 송수신하는 마이크로웨이브 안테나는 전파신호의 직진성이 매우 강하기 때문에 통상적으로 안테나 전방이 트인 곳인 가시권 지역(LOS)에 설치하여 운용한다.

그리고 광중계기는 [그림 6.18]과 같은 주파수 변환 중계기에서 기지국과 연결된 *f*1–*f*2 변환장치와 송수신 안테나 대신, 초고주파 신호를 광파(light wave) 신호로 상호 변환하는 장치를 사용하고, 변환된 광신호를 무선전파가 아니라 광케이블을 이용하여 중계기에 전송한다. 중계기에는 마찬가지로 *f*1–*f*2 변환장치와 도너 안테나 대신 RF–광파 변환장치가 구성된다. 위에서 언급한 광중계기와 마이크로웨이브 중계기도 기지국과 음영지역의 이동전화 사이에서 주파수를 변환하는 과정을 거치기 때문에 주파수 변환 중계기의 일종으로 볼 수도 있다.

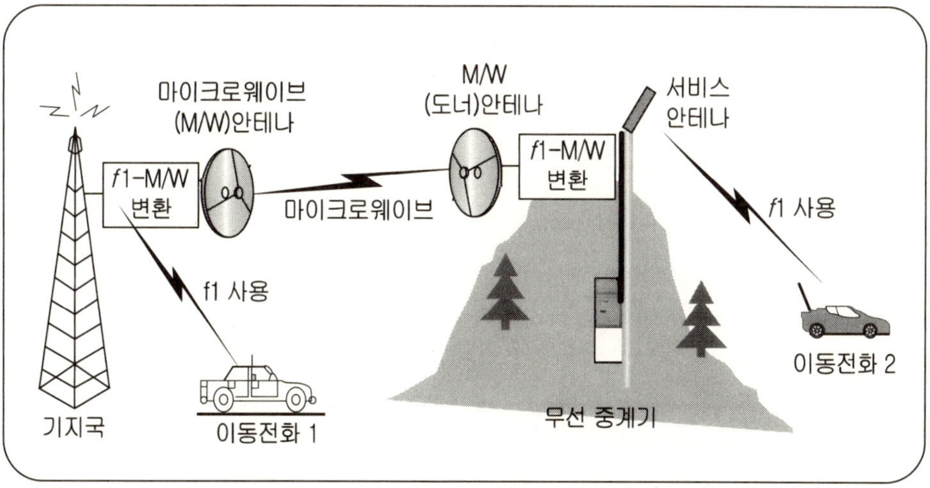


**[그림 6.19]** 마이크로웨이브 중계기의 구성 및 운용(예)

또한 무선 중계기의 주파수 사용효율을 증대시키기 위하여 기지국과 도너 안테나 사이, 그리고 서비스 안테나와 음영지역에 위치하는 이동전화 간에 동일한 주파수를 사용할 수 있다. 이와 같이 동일한 주파수로 운용할 경우 서비스 안테나에서 음영지역으로 송신하는 전파신호 중에서 일부 신호는 도너 안테나로 궤환(feedback)되어 기지국으로부터 이동전화로 전송되는 신호들과 합쳐져서 중계기 송수신장치에서 함께 증폭된다. 따라서 이러한 궤환신호는 기지국에서 전송한 신호들에 간섭잡음으로 작용하여, 상호변조나 발진(oscillation)을 야기하여 신호품질에 심각한 문제를 초래한다. 이러한 궤환신호를 제거하여 발진현상을 방지하는 무선 중계기를 간섭제거 중계기라 한다.

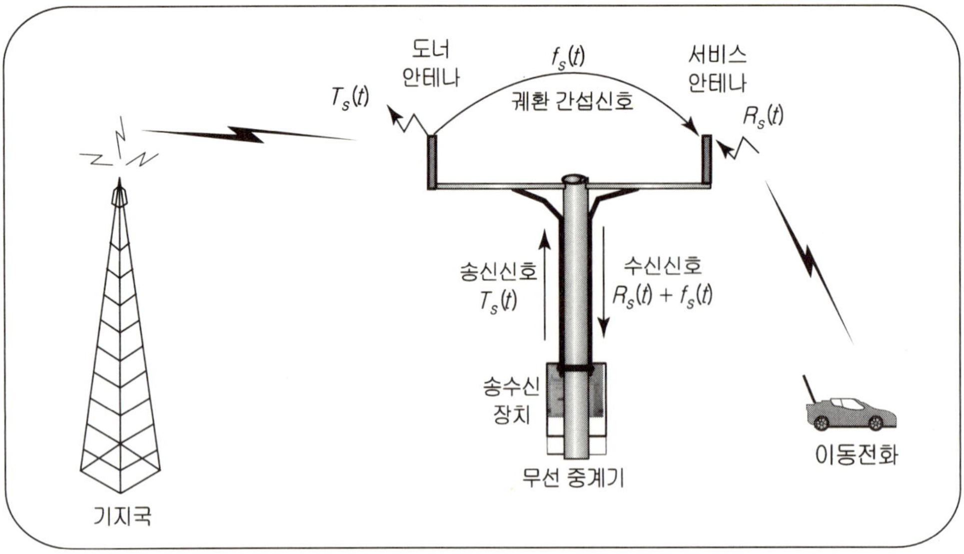


**[그림 6.20]** 궤환 간섭신호와 간섭제거 중계기의 동작 원리(출처 : 정용인[6.26])

[그림 6.20]에서 중계기의 도너 안테나에서 기지국으로 송신하는 신호를 $T_s(t)$, 이 송신신호가 중계기의 서비스 안테나로 궤환하는 신호를 $f_s(t)$, 음영지역의 이동전화로부터 수신하는 신호를 $R_s(t)$라고 하자. 이때 $f_s(t)$는 서비스 안테나에서 수신하는 $R_s(t)$에 간섭으로 작용하게 되며, 중계기의 수신장치는 $R_s(t)$와 $f_s(t)$가 합쳐진 신호를 수신하게 되어 발진현상이 발생하게 된다.

이와 같은 중계기 시스템에서 발진현상을 제거하는 원리를 이해하기 위하여 $T_s(t)=A\sin\omega t$, $R_s(t)=B\sin\omega t$라고 하자. 일반적으로 통신시스템에서 신호의 시간차는 위상차로 귀결된다(2장 참조). 따라서, 위 중계기에서 궤환 간섭신호는 시간 지연된 송신신호이므로 위상($\theta$)차가 발생하며, $f_s(t)=B\sin(\omega t-\theta)$와 같이 표현할 수 있다. 따라서 중계기의 총 수신신호, $R_s^t$는 다음과 같이 주어진다. $R_s^t=R_s(t)+f_s(t)=B\sin\omega t+A\sin(\omega t-\theta)$.

한편 궤환 간섭신호 $f_s(t)$를 제거하기 위하여, 송신신호의 진폭과 같으며 위상이 180도 반전된 임의의 신호를 발생시켜 중계기가 수신한 전체 신호와 결합하면 수신신호에 포함된 궤환 간섭신호를 제거(cancellation)할 수 있다. 즉 간섭이 제거된 수신신호 $R_s^c$는 다음과 같이 얻을 수 있다[6.26].

$$
\begin{aligned}
R_s^c &= R_s^t + A\sin\{\omega t-(\theta+\pi)\} \\
&= B\sin\omega t \\
&= R_s(t)
\end{aligned}
$$

따라서 간섭제거 중계기의 송수신장치는 궤환 간섭신호가 제거된 수신신호를 증폭하여 도너 안테나를 통하여 기지국으로 이동전화의 송신신호를 전송한다. 반대로 도너 안테나가 기지국으로부터 신호를 수신할 경우에는, 서비스 안테나에서 음영지역으로 송신하는 신호가 도너 안테나의 수신신호에 간섭신호로 작용하여 발진현상을 야기한다. 이 경우의 궤환 간섭신호도 같은 방법으로 제거한다.

#### 6.4.3.2 디지털 무선 중계기

아날로그 방식의 중계기는 무선 주파수(RF) 레벨에서 수신신호를 증폭하여 중계하기 때문에 원하는 수신신호뿐만 아니라 잡음신호도 함께 증폭시킨다. 따라서 아날로그 중계기에서 중계된 신호품질(SNR)이 크게 개선되지 못하는 단점도 있다. 이러한 문제점을 개선하기 위하여 디지털 방식의 중계기는 RF신호가 아니라 기저대역(baseband)에서 수신신호를 처리한다.

즉 중계기의 도너 안테나 또는 서비스 안테나로부터 수신한 기저대역 신호를 완전히 복호(decoding)하여 오류를 정정한 후 이를 다시 부호화(encoding)하여, 재전송하는(Decode-and-Forward: DF) 방식이다. 따라서 DF 방식의 중계기는 A&F 방식의 중계기에 비해 중계된 정보의 통화품질(또는 전송품질, BER)을 크게 개선할 수 있다. 이와 같은 DF 방식의 디지털 중계기는 협력무선통신에 널리 응용된다.

#### 6.4.3.3 협력무선통신

셀룰러 이동통신시스템에서 무선 커버리지를 확장하여 신호품질 및 전송품질을 개선하기 위하여 중계기 시스템이 널리 사용된다. 그런데 4세대 이동통신시스템에서는 수 GHz 대역의 주파수를 사용하여 다양한 종류의 고속 멀티미디어 서비스를 제공해야 하기 때문에 보다 양호한 신호품질 및 비트 에러확률을 제공할 수 있어야 한다.

이를 위해서는 가시권(LOS) 영역뿐만 아니라 비가시권(NLOS) 영역의 무선 커버리지를 효과적으로 개선할 수 있어야 한다. 이를 위하여 고정 무선중계기뿐만 아니라 이동단말들이 상호 협력하여 신호품질이 열악한 이동단말들의 신호품질과 전송품질을 개선하는 기술을 협력무선통신(cooperative wireless communication)이라 한다.

셀룰러 이동통신시스템에서는 기본적으로 기지국(또는 이동단말)에서 이동단말(또는 기지국)로 전송하는 신호를 직접 수신한다. 반면에 중계기나 이동 단말을 이용하는 협력무선통신에서는 기지국(또는 이동단말)에서 전송하는 신호를 중계기(또는 이동단말)를 경유하여 최종 목적지(이동단말 또는 기지국)까지 전달한다.

이와 같이 전송신호의 경유과정을 홉(hop)이라 하는데, 중계장치가 없이 기지국과 이동단말만으로 무선링크를 구성하는 일반적인 셀룰러 이동통신시스템을 단일홉(single-hop) 시스템이라 하며, 중계기 등을 이용하여 전송신호를 2회 이상 중계하여 최종 목적지까지 신호를 전송하는 방식을 다중홉 중계(multihop relay) 시스템이라 한다.

특히 다중홉 중계 방식 중에서 고정형 무선 중계기 대신 이동단말(휴대전화)을 이용하여 전송신호를 최종 목적지까지 전달하는 시스템을 이동형 다중홉중계(Mobile Multihop Relay: MMR) 시스템이라고 한다. 이와 같은 MMR 기반의 협력통신 기술은 Mobile WiMAX(Evolution)뿐만 아니라 LTE-Advanced에서도 적용하고 있다.

6.4.3.3.1 고정형 중계기를 이용한 협력무선통신

기지국에서 전송하는 신호를 하나의 고정형 무선 중계기를 이용하여 다중홉 협력무선통신을 구성할 수 있으며, 이를 통하여 무선 커버리지를 확장시킬 수 있다.

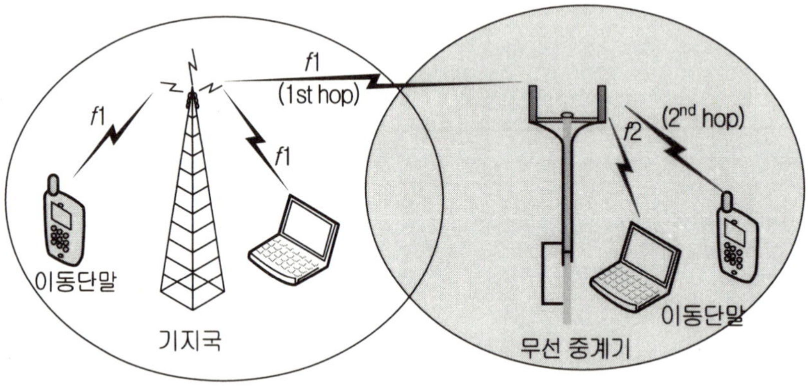


**[그림 6.21]** 고정형 중계기를 이용한 2-홉 협력무선통신시스템(출처: Pabst[6.27])

[그림 6.21]은 2-홉 협력무선통신의 개념을 나타낸 것이다. 기지국에서 송신하는 신호가 중간 목적지인 무선 중계기까지 전달되는 과정이 단일홉으로서 첫 번째 홉이며, 무선중계기에서 최종 목적지인 이동단말에 신호를 전달하는 과정이 두 번째 홉에 해당한다.

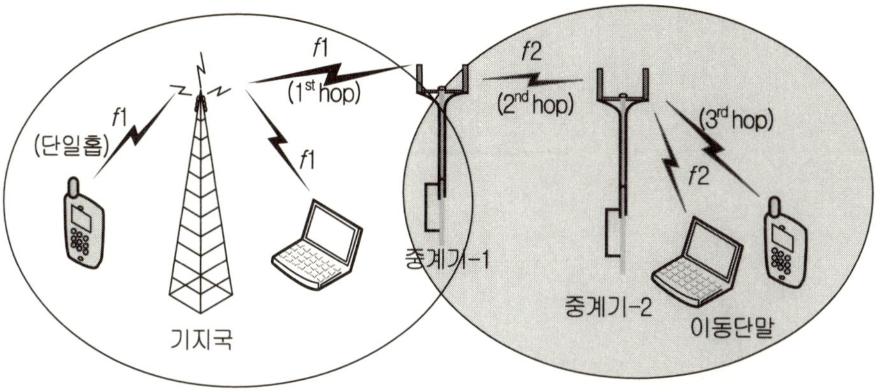


**[그림 6.22]** 고정형 중계기를 이용한 3-홉 협력무선통신시스템 (출처 : Pabst[6.27])

반면에 기지국에서 전송하는 신호를 두 개의 고정형 중계기를 이용하여 커버리지를 확장시키는 다중홉 협력무선통신시스템을 구성할 수도 있다(그림 6.22). 첫 번째 무선 중계기는 기지국에서 제공하는 커버리지의 가장자리와 두 번째 무선중계기에 의한 무선 커버리지의 경계에 설치하여 운용한다. 기지국의 송신신호는 먼저 중간 목적지인 첫 번째 무선 중계기까지 동일한 주파수로 전달되며(첫 번째 홉), 이를 수신한 무선 중계기는 주파수 변환 과정을 거쳐 음영지역의 무선 중계기로 신호를 전달(두 번째 홉)한다. 이후 무선중계기는 최종 목적지인 해당 영역의 이동단말에 기지국에서 전송하는 신호를 전달(세 번째 홉)하는 과정으로 다중홉 협력무선통신이 수행된다.

즉 '기지국에서 중계기 1 및 중계기 2 그리고 이동단말'로 이어지는 가시권 무선통신 경로와 '기지국에서 중계기 2 영역의 이동단말'간의 비가시권 경로는 서로 독립된 페이딩을 겪는다고 볼 수 있다. 따라서 이러한 통신방식은 경로 다이버시티에 의하여 성능을 개선할 수 있다.

#### 6.4.3.3.2 이동형 중계기를 이용한 협력무선통신

이동통신 사용자의 이동단말(휴대전화)이 통화를 하지 않는 상태일 때, 일시적으로 다른 사용자의 신호를 중계하여 신호품질을 개선할 수 있다. 이와 같이 사용자의 이동단말이 이동형 중계기(mobile relay) 역할을 하는 무선협력통신을 이동형 다중홉 중계(MMR) 시스템이라 한다.

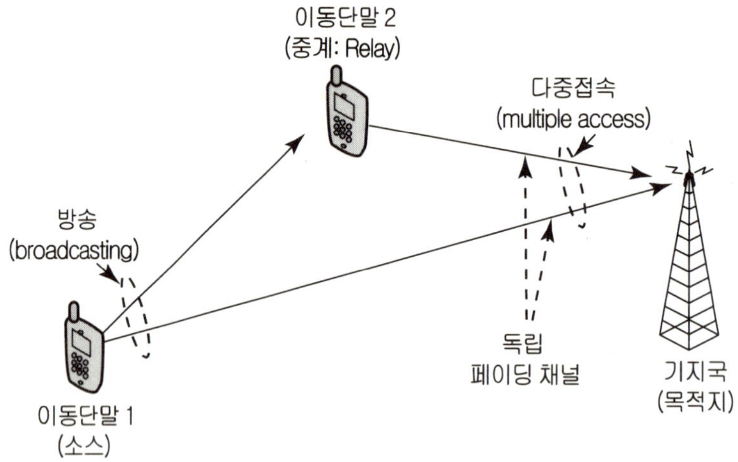


**[그림 6.23]** 두 개의 이동단말을 이용한 협력무선통신(출처: Nosratinia [6.28])

두 개의 이동단말을 이용한 협력무선통신의 예를 살펴보자(그림 6.23). 최초 송신장치인 이동단말 1은 중계기 역할을 하는 이동단말 2와 송신신호의 최종 목적지인 기지국에 방송방식으로 신호를 전송한다. 그런데 이동단말 1과 기지국 간의 통신채널은 열악하여 기지국은 적절한 수준의 품질을 갖는 신호를 수신하기 어렵다고 하자. 이때 통신을 하지 않는 이동단말 2는 일시적으로 이동단말 1로부터 수신한 신호를 증폭 또는 부호화하여 기지국으로 중계하게 된다.

한편 기지국은 두 개의 독립된 페이딩 채널을 통하여 수신하는 신호를 경로 다이버시티를 이용하여 수신신호품질을 개선할 수 있다. 이와 같은 다중홉 중계시스템은 두 개의 이동단말의 송신 안테나를 동시에 이용하기 때문에 송신 다이버시티라고도 한다.

[그림 6.24]는 MMR 방식의 협력무선통신시스템에 있어서, 증폭 및 전송(AF) 방식의 이동형 중계기를 이용한 예(a)와 복호 및 전송(DF) 방식의 이동형 중계기를 이용한 예(b)를 각각 나타낸다. 이들은 이동단말을 중계기로 이용하는 방식으로서, 산재해 있는 여러 이동단말들을 선택적으로 이용할 수 있기 때문에 독립적인 페이딩 채널 환경에서 다이버시티 이득을 크게 개선할 수 있는 특징이 있다.

특히 [그림 6.24]의 예와는 달리 이동형 중계기 역할을 할 수 있는 이동단말들이 다수 존재할 경우, 이들을 그룹핑(grouping)하는 방법과 이들 단말 중에서 어느 이동단말을 선택하여 신호를 중계하느냐 등에 따라 다이버시티 이득에 큰 차이가 날 수 있다.

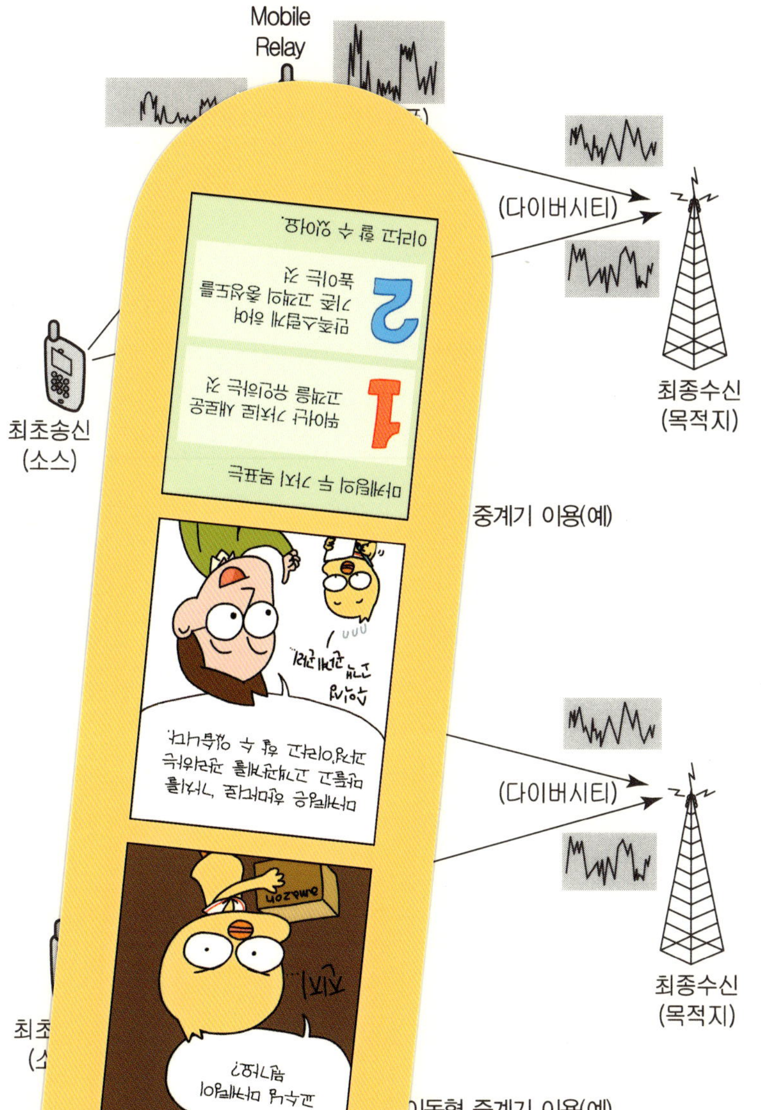


**[그림** 무선통신 시스템(출처: Nosratinia [6.28])

이와 같이 은 다이버시티 이득을 개선할 수 있을 뿐만 아니라, AMC 이나 기지국이 요구하는 높은 수준의 신호품질 이나 스루풋(전 도록 무선 커버리지를 유연하게 확장할 수 있다(그림 6.25). 즉 위치하여 인접셀로부터 수신하는 간섭으로 인하여 신호품질이 를 이용하여 기지국 근처의 고품질 무선신호를 중계함으로써, 게 확장시키면서 동시에 전송률을 크게 개선할 수 있다.

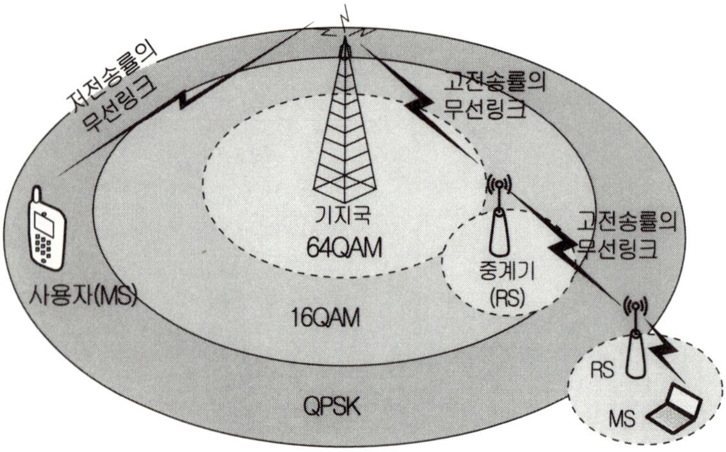

**[그림 6.25]** IEEE802.16j에서 AMC와 MMR 기술을 적용한 전송률 개선(출처: IEEE[6.32])

# Chapter 06

# 연습문제

1. ITU-R에서 내다보는 이동통신 기술의 세대(generation)별 특징과 발전전망을 서비스 속도, 이동단말의 이동성 관점에서 설명하시오.

2. CDMA20001x, 1x-EVDO, WCDMA 및 HSDPA/HSUPA 시스템의 주요 기술 특징을 비교 설명하시오.

3. 모바일 와이맥스, 3GPP-LTE 및 펨토셀과 같은 이동통신시스템의 주요 특징에 대하여 기술하시오.

4. 다중경로 페이딩 채널에서 채널손실계수의 상관성을 고려하여, 송신 및 수신안테나 다이버시티 특징에 관하여 설명하시오.

5. 두 개의 송신 안테나와 한 개의 수신 안테나로 구성되는 Alamouti의 2x1 MISO 전송시스템의 구조를 그리시오. 이를 이용하여 두 개의 연속된 심볼을 전송하고자 할 경우 이 시스템의 동작 원리를 설명하고, 이때 수신장치에서 수신하는 신호를 수식으로 나타내시오.

6. 광중계기, 주파수 변환중계기, 간섭제거 중계기 등과 같은 아날로그 방식의 무선 중계기 종류와 이들의 동작 원리에 대하여 설명하시오.

7. 4세대 이동통신을 위한 다중홉 중계기술에 있어서, 이동형 중계기를 이용한 방법의 동작원리와 주요 특징에 대하여 논하시오.

# 참고문헌


[6.1] ITU-R, "Preliminary draft new Recommendation (PDNR): Vision framework and overall objectives of the future development of IMT-2000 and of systems beyond IMT-2000," *7th Meeting of Working Party 8F*, Queenstown, Mar. 2002.

[6.2] Draft IEEE standard for Local and metropolitan area networks, IEEE P802.16e/D5a, Dec. 2004.

[6.3] 3GPP2 C.S0024-A, cdma2000 High Rate packet data Air Interface Specification, March 2004.

[6.4] 양정록, 김영일, 안지환, "휴대인터넷 기술동향," *Telecommunications Review*, 제4권 1호, pp. 11-20, 2004. 2.

[6.5] Specifications for 2.3 GHz band Portable Internet Service, TTA, Apr. 2004.

[6.6] T. Ojanpera and R. Parasad, "An overview of air interface multiple access for IMT-2000/UMTS," *IEEE Comm. Mag.*, September 1998.

[6.7] M. Zeng, A. Annamalai, and V. Bhargava, "Harmonization of global third-generation mobile systems," *IEEE Comm. Mag.*, December 2000.

[6.8] Sassan Ahmadi, "An overview of next-generation mobile WiMAX technology," *IEEE Comm. Mag.*, pp. 84-98, June, 2009.

[6.9] WiMAX Forum, Mobile WiMAX-Part II: A Comparative Analysis, Prepared on behalf of the WiMAX Forum, April 2006.

[6.10] David Astely, Erik Dahlamn, et al., "LTE: The evolution of mobile broadband," *IEEE Comm. Mag.*, vol. 47, no.4, pp. 44-51, April, 2009.

[6.11] Tero Ojanpera and Ramjee Prasad, WCDMA: Towards IP Mobility and Mobile internet. Boston: Artech House, 2003.

[6.12] S. Hara and R. Prasad, "Multicarrier techniques for 4G mobile communications," Artech House; Boston 2003.

[6.13] Lester T. W. Ho Holger Claussen, "Effects of user-deployed, co-channel Femtocells on the call drop probability in a Residential Scenario," IEEE PIMRC '07, 2007

[6.14] D.N. Knisely, T. Yoshizawa, and F. Favichia, "Standardization of femtocells in 3GPP," IEEE Commun. Magazine, vol.47, no.9, pp.68-75, Sept. 2009.

[6.15] D.N. Knisely, and F. Favichia, "Standardization of femtocells in 3GPP2," IEEE Commun. Magazine, vol.47, no.9, pp.76-82, Sept. 2009.

[6.16] A.Golaup, M. Mustapha, and L.Boonchin "Femtocell access control strategy in UMTS and LTE," IEEE Commun. Magazine, vol.47, no.9, pp.117-123, Sept. 2009.

[6.17] 강창순, "Radio Link Performance Analysis of Overlaid CDMA Communication Systems," Ph.D. Thesis, KAIST, Feb. 2001.

[6.18] 강창순, 조호신, 성단근, "Capacity analysis of spectrally overlaid macro/micro cellular CDMA systems supporting multiple types of traffic," *IEEE Trans. on Vehicular Technology*, vol. 52, no. 2, pp. 333- 346, March 2003.

[6.19] 강창순, 성단근, "Capacities of spectrally overlaid single-code and multi-code CDMA systems," *IEEE Trans. on Vehicular Technology*, vol.51, No. 5, pp. 839-854, Sept. 2002.

[6.20] 강창순, 김준수, 성단근, "A dynamic downlink load control scheme for WCDMA and HSDPA systems," *IEICE Trans. on Communications*, E92-B, No. 6, pp. 2327-2331, June 2009.

[6.21] Brian Classon, et al., "Channel coding for 4G systems with adaptive modulation and coding," *IEEE Wireless Commun.*, vol. 9, no. 2, pp. 8-13, Apr. 2002.

[6.22] D. Kivanc, G. Li, and H. Liu, "Computationally Efficient Bandwidth Allocation and Power Control for OFDMA," *IEEE Trans. Commun.*, vol. 2, no. 6 pp. 1150-1158, Nov. 2003.

[6.23] T. Ojanpera and R. Prasad, Wideband CDMA for third generation mobile communications, Boston: Artech House, 1998.

[6.24] Siavash M. Alamouti, "A simple transmit diversity technique for wireless communications," *IEEE J. on Sel. Area in Communications*, vol. 16, no.8, pp.1451-1458, October, 1998.

[6.25] 이상근, 방효창, IMT-2000 CDMA 기술, 도서출판 세화 2006.

[6.26] 정용인, "이동통신용 무선중계기의 피드백신호에 의한 능동발진방지 장치," 대한민국 공개특허, 2003-0067334, 2003.

[6.27] R. Pabst, et al., "Relay-based deployment concepts for wireless and mobile broadband radio," *IEEE Comm. Mag.*, pp. 80-88, September, 2004.

[6.28] A. Nosratinia and A. Ahmadreza, "Cooperative communication in wireless networks," *IEEE Comm. Mag.*, pp. 74-80, October 2004.

[6.29] 정동근, 최계원, 전화숙, "무선협력통신망의 개요와 연구방향," *Telecommunication review*, 제17권 6호, pp.977-984, 2007년 12월.

[6.30] Kwang-Cheng Chen, J. Roberto B. De Marca, Mobile WiMAX, Hohn Wiley & Sons Ltd., 2008.

[6.31] M. Stege, M. Bronzel and F. Fettweis, "MIMO-capacities for COST 259-scenarios," International Zurich seminar on broadband wireless communications, 2002.

[6.32] IEEE802.16mmr-06/006, "802.16 Mobile Multihop Relay Tutorial," Mar. 2006.

[6.33] A. Paulraj and C.B. Papadias, "Array Processing for Mobile Communications," CiteSeer IST Home Cashed page, 2005.

Chapter

# 07

# 홈 네트워크와 이동통신 응용

휴대전화와 개인용 컴퓨터 그리고 광대역 인터넷의 보급이 증가함에 따라 각종 정보가전 기기를 원거리에서 제어하거나, 혹은 집안의 보안 상황 등을 점검할 수 있는 홈 네트워크에 대한 요구가 점차 증대하고 있다. 홈 네트워크시스템은 앞으로 현재의 개인용 컴퓨터간 네트워킹에서 확대되어, 디지털 전자기기를 비롯하여 다양한 디지털 정보가전들을 중심으로 하는 새로운 홈 네트워킹 부문으로의 발전이 예상된다. 이를 위하여 홈 네트워크 산업계에서는 홈 네트워크 장비 설치를 위해 필요한 비즈니스 모델과 기술개발을 진행중이며, 이를 통해 엔터테인먼트, 홈 시큐리티, 홈 오토메이션 등과 같은 첨단 홈 네트워크의 기반을 마련하는 등 최근들어 성장을 가속화하고 있다.

7장에서는 최근 국내외에서 많은 관심을 불러일으키고 있는 유선통신과 무선통신 기반의 홈 네트워크 기술을 개괄적으로 살펴보고, 셀룰러 이동통신시스템을 이용한 홈 오토메이션과 홈 시큐리티시스템의 응용 사례에 대하여 소개한다. 또한 최근 전 세계적으로 녹색 에너지 산업에 대한 관심 증가와 더불어 스마트 그리드, 원격검침 등의 분야에 대한 관심이 증가하고 있는데, 이러한 분야에 응용이 가능한 이동통신 기반의 홈 네트워크 시스템을 소개한다. 이를 위하여 CDMA 휴대전화와 이동통신 단말 모뎀장치를 이용하여 운용비용을 절감하고 동시에 홈 시큐리티 효과 등도 얻을 수 있는 무선 원격검침시스템의 설계 및 구현 방법 등에 대하여 살펴본다.

## 7.1 홈 네트워크 기술의 종류와 특징

홈 네트워크는 홈게이트웨이(또는 홈서버)를 통하여 가정내에 있는 각종 정보가전 기기들을 유무선 통신기술로 접속(연결)하는 일종의 가정내 통신망을 말한다. 여기서는 [그림 7.1]에서 보는 바와 같이 홈 네트워크를 구성하는 데 사용하는 유선통신과 무선통신 기술의 종류와 주요 특징에 대하여 살펴본다.

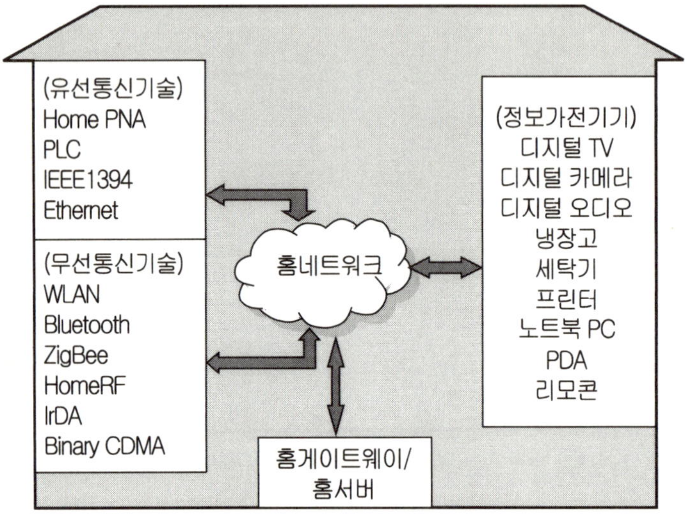


[그림 7.1] 홈 네트워크의 구성과 이를 위한 유무선통신 기술의 종류

### 7.1.1 홈 네트워크를 위한 유선통신 기술

홈 네트워크를 위한 유선통신 기술로는, 홈 PNA(Home Phone Network Alliance), PLC (Power Line Communication), IEEE1394 및 Ethernet 등이 있다. 먼저, 홈 PNA는 기존의 전화선을 이용하여 가정내 정보가전 및 통신기기들을 종합하는 규격으로, 기존의 전화를 통해 음성신호음을 전송할 때 사용하는 대역폭인 20~4000 Hz보다 높은 5.5 MHz~9.5 MHz 대역의 주파수를 사용한다. 따라서 네트워크 사용 중에 전화선으로 유입되는 간섭신호를 피할 수 있는 장점이 있으나, 일반 전화서비스와 양립해야 하는 단점이 있다.

PLC 기술은 건물내에 설치되어 있는 전력선을 이용하여 데이터 통신을 할 수 있는 기술로, 원격검침, 가전제어, 홈 오토메이션 등에 수 kbps에서 200 Mbps의 데이터 전송이 가능하다. 그러나 PLC 기술은 정보가전 기기들을 연결할 때마다 발생하는 잡음이나 전선내의 다중경로에 의한 간섭 등에 의해 신호품질이 저하되는 특징이 있다.

IEEE1394는 오디오/비디오 기기와 같은 고속, 대용량 특성을 갖는 멀티미디어 서비스에 적합한 기술로, 수백 Mbps~수 Gbps급의 빠른 데이터 전송이 가능하다. 디지털 카메라, 디지털 VCR 등과 같은 가정내 정보기기들이 IEEE1394 규격의 인터페이스를 제공하고 있다. 마지막으로, 이더넷(Ethernet)은 IEEE802.3(Carrier Sense Multiple Access/Collision Detection: CSMA/CD) 표준에 따른 기술로, UTP(Unshielded Twisted pair) 케이블, 동축케이블 또는 광케이블로 100 Mbps급의 빠른 데이터 전송이 가능하다.

## 7.1.2 홈 네트워크를 위한 무선통신 기술

홈 네트워크를 위한 무선통신 기술로는 무선랜(Wireless Local Area Network: WLAN)으로 알려진 IEEE802.11을 비롯하여 Bluetooth, ZigBee, HomeRF, IrDA 및 Binary CDMA 등이 있다. 이와 같은 근거리 무선통신 기술들은 비면허 주파수 대역(Industrial, Scientific and Medical Band: ISM)인 2.4 GHz 대역 또는 5 GHz 대역을 주로 사용한다(1장의 국내 이동통신사의 주파수 사용현황 참조).

먼저 WiFi(Wireless Fidelity)로 불리는 무선랜(WLAN) 기술은 1997년경에 IEEE-802.11 규격명으로 표준이 제정되었으며, 이후 IEEE802.11a/b/g 등의 표준규격이 상용화되었다. IEEE802.11b는 2.4 GHz 주파수 대역에서 직접시퀀스 대역확산(DSSS) 통신방식을 사용하여 최대 11 Mbps의 데이터 전송률을 지원하며, 256개의 데이터 채널을 제공한다.

IEEE802.11a는 5 GHz 주파수 대역에서 직교 주파수 다중화(OFDM) 방식으로 최대 54 Mbps의 데이터 전송속도를 지원한다. 특히 IEEE802.11a는 2.4 GHz를 사용하는 대부분의 근거리 무선통신 기술들과의 상호간섭이 적은 이점이 있다. IEEE802.11g는 대체로 넓은 무선 커버리지를 제공하는 IEEE802.11b의 장점과 높은 전송률(throughput)을 지원하는 IEEE802.11a의 특징을 서로 결합한 규격으로, 2.4 GHz 대역에서 24~54 Mbps의 데이터 전송속도를 지원한다(표 7.1).

[표 7.1] 무선랜(WLAN) 기술 규격의 주요 특징

| 특징 \ 규격명 | 802.11 | 802.11b | 802.11a | 802.11g |
|---|---|---|---|---|
| 사용 주파수 대역 | 2.4 GHz | 2.4 GHz | 5 GHz | 2.4 GHz |
| 전송방식 | FHSS/DSSS/IR | DSSS | OFDM | OFDM/DSSS |
| 최대 전송속도 | 3 Mbps | 11 Mbps | 54 Mbps | 54 Mbps |

블루투스(Bluetooth)는 WPAN(Wireless Personal Area Network)의 워킹그룹(Working Group)에서 IEEE802.11b와 공존할 수 있는 블루투스 규격인 IEEE802.15.3을 2003년경 확정하였다. 이 기술 규격은 물리계층(Physical layer: PHY) 기술로 주파수 도약 대역확산(FHSS) 전송방식을 사용하는데, 1 MHz의 시스템 대역폭 내에서 79개의 채널을 초당 1600번 도약(hopping)하여 간섭을 회피한다. 또한 MAC(Medium Access Control) 계층에서는 CSMA/CA(CSMA/Collision Avoidance) 기술을 사용하여 전송패킷간의 충돌을 회피한다. 이와 같은 기술을 사용하는 블루투스는 2.4 GHz 주파수 대역에서 10 m 거리에 있는 다양한 기기들 간에 통신이 가능하며, 1~100 mW의 송신전력으로 20 Mbps 이상의 데이터 전송률을 지원한다. Bluetooth는 원래 10세기경 스칸디나비아 반도를 통일한 Herald Bluetooth 왕의 이름에서 유래한 것처럼 여러 가지 기기들 간의 연결을 통일하자는 취지로 개발되었다.

지그비(ZigBee)는 표준규격명이 IEEE802.15.4이며, 100 m 미만의 거리에서 1 mW 미만의 송신전력으로 20~250 kbps급 데이터 전송이 가능한 기술로, 2.4 GHz 주파수 대역에서 16개의 채널을 지원한다. ZigBee는 물리계층 기술로 DSSS 방식의 대역확산 통신방식을 사용하며, MAC 계층에서는 CSMA/CA 방식을 사용한다. 이러한 Zigbee는 Zig Zag(지그재그)와 Bee(벌)의 합성어에서 유래하였으며, 주로 도난방지, 화재 탐지기 등을 포함한 무선센서 네트워크 등에 활용된다.

HomeRF는 1998년경 개인용 컴퓨터와 정보가전 기기간의 연결을 위해 개발되었는데, 2.4 GHz 대역의 주파수에서 50 m 이내의 거리에서 최대 10 Mbps의 데이터 전송속도를 지원한다. HomeRF는 FHSS 방식과 CSMA/CD 기술을 사용하며, 128개의 데이터 채널을 지원한다.

IrDA(Infrared Data Association)는 850 nm의 파장을 갖는 적외선을 사용하는 근거리 통신방식으로, 1 m 이내의 거리에서 최대 10 Mbps 내외의 전송속도를 지원한다. 특히 IrDA는 상호간섭이나 다른 기기를 오작동시킬 우려가 없는 장점이 있지만, 좁은 각도내에서만 통신이 가능하며, 장애물에 의해 쉽게 제약을 받아 가시권거리(LOS)에서 4 m 정도밖에 지원하지 못하는 단점이 있다. 따라서 주로 노트북이나 PDA, TV 등에서 주로 사용한다.

이외에도 Binary CDMA 기술은 기존의 다중부호를 사용하는 MC(Multi Code)-CDMA 시스템에서 할당하는 부호 수에 따라 다양한 레벨의 변조신호를 이진화하여 전송함으로써, 소모전력을 줄여 근거리 무선통신에 적용할 수 있는 기술이다. Binary CDMA 규격은 2.4 GHz 주파수 대역에서 최대 12 Mbps의 데이터 전송속도를 지원하며, 최대반경 100 m 정도의 무선 커버리지를 제공한다.

## 7.2 이동통신 기반 홈 네트워크 응용시스템

앞에서 살펴본 근거리 무선통신 기술들은 서비스 영역이 대부분 실내로 제한되기 때문에 사용자들이 옥외 지역에서 가정내의 기기들과 접속하기는 쉽지 않다. 따라서 근거리 무선통신기술을 이용하는 홈 네트워크 시스템은 실용적인 홈 네트워크를 구축하는 데 여러 가지 제약이 따를 수 있다. 반면에 대부분의 가족 구성원들이 사용하는 이동전화를 이용하면 가정내에서 뿐만 아니라, 옥외에서도 가정내에 있는 각종 기기들을 제어하거나 통신할 수 있는 홈 네트워크 응용시스템을 구축할 수 있다. 여기서는 이러한 셀룰러 이동통신 기술을 여러 가지 홈 네트워크 시스템에 응용할 수 있는 사례들과 이들을 설계하는 방법 등에 대하여 살펴본다.

### 7.2.1 이동통신을 이용한 홈 시큐리티시스템

여기서는 셀룰러 이동통신망과 광대역(Broadband) 인터넷을 이용하여 옥외에 있는 휴대전화 사용자가 집안에 있는 홈서버와 접속하여 각종 전자 기기를 제어하거나, 이동형 카메라를 이용하여 집안의 상황을 촬영한 후, 그 결과를 단문 서비스(SMS)나 영상 형태로 휴대전화에 전송하는 일종의 홈 시큐리티시스템에 대하여 알아본다. [그림 7.2]는 이러한 개념을 나타낸 것이다.

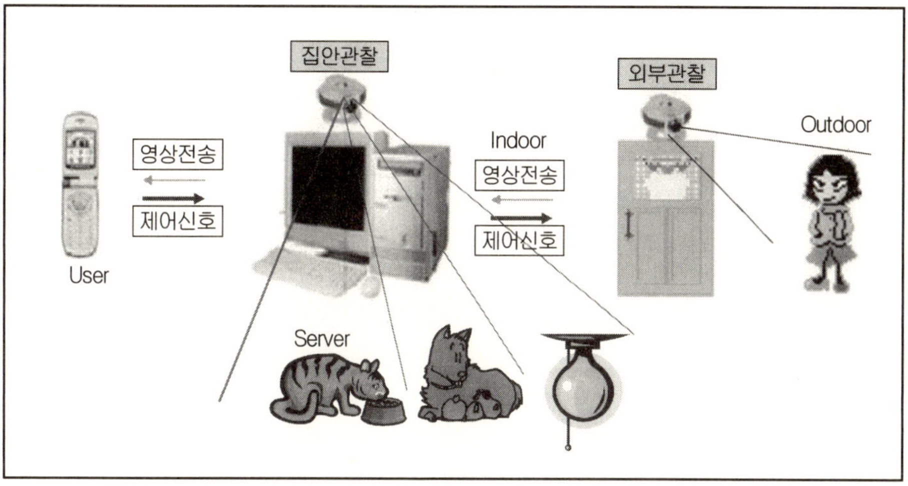


[그림 7.2] 휴대전화를 이용한 홈 시큐리티시스템의 개념도

[그림 7.2]에서 휴대전화(User), 홈서버(Server), 이동식 카메라(Motion CAM)의 역할은 다음과 같다.

### ◆ 휴대전화

- BREW 또는 WIPI 기반의 휴대전화
- Server 접속기능
- 사용자에게 캠에서 촬영한 영상 또는 SMS(Short Message Service) 정보 제공
- 이동식 캠 제어 인터페이스 제공

### ◆ 홈서버

- 이동식 캠/휴대폰 연결 관리
- 캠에서 수신한 영상을 휴대폰에 전송
- 휴대폰 제어 신호를 이동식 캠에 전달
- 이동식 캠의 영상변화를 사용자에게 알려줌
- 캠 촬영 각도 제어

### ◆ 이동식 캠

- 캠의 움직임은 관찰구역 확인 및 이동(관찰 범위 확대)
- 서버에 관찰영상 전송

[그림 7.3]은 휴대전화를 이용한 홈 시큐리티시스템의 소프트웨어 동작개념을 나타낸다. 또한 위에서 언급한 기능을 갖는 시스템에 대한 구성도는 [그림 7.4]와 같다. 휴대전화 사용자는 미리 정해진 휴대전화의 키패드 번호를 이용하여 집안에 위치해 있는 이동식 카메라가 관장하는 관찰영역(Zone)을 선택할 수 있으며, 이에 대해 집안의 캠은 움직임을 감지할 경우 이를 SMS와 영상정보로 사용자에게 제공할 수 있다. 이러한 시스템은 원거리에서 바다오염 상황이나 산업시설의 오염물 배출 상황 등을 원거리에서 감시하는 시스템에 응용할 수도 있다.

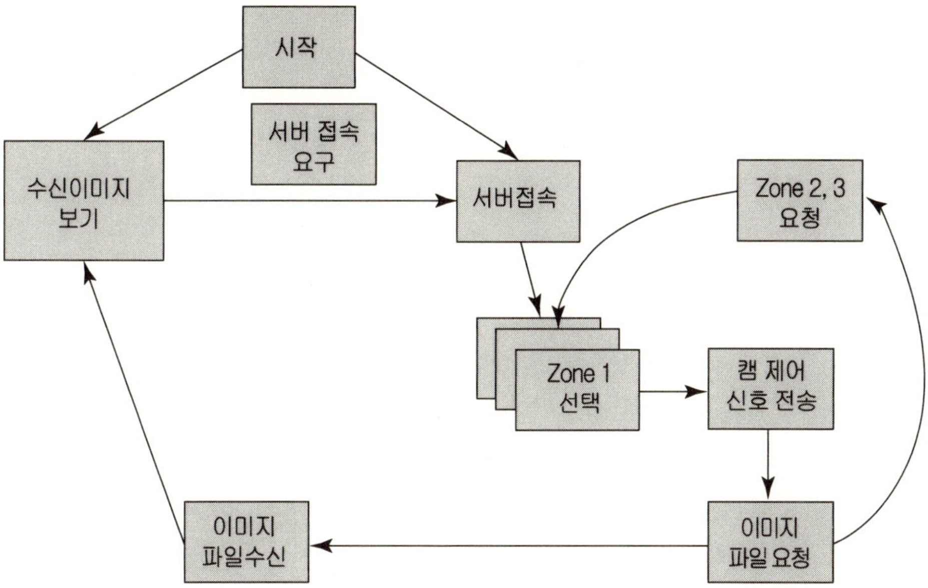


[그림 7.3] 휴대전화를 이용한 홈 시큐리티시스템의 소프트웨어 동작

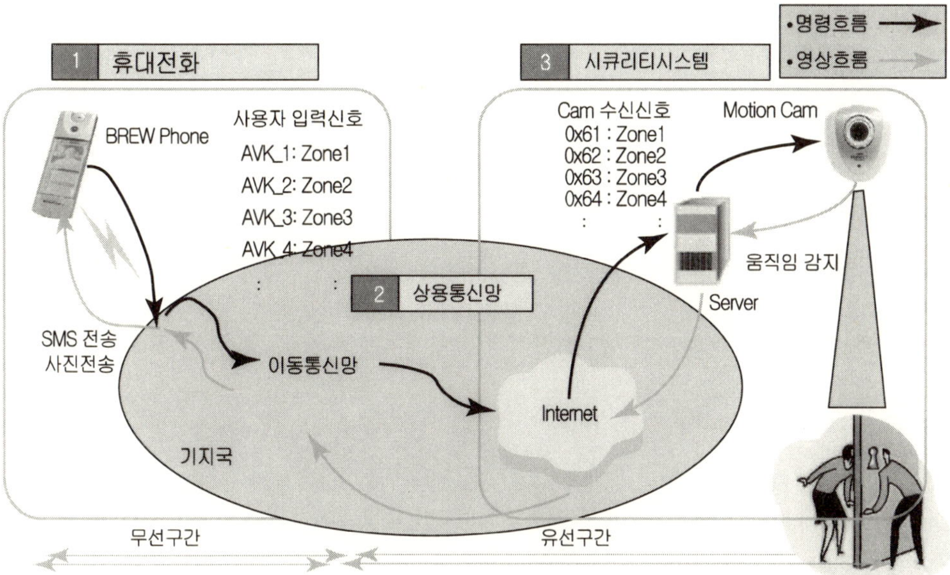


[그림 7.4] 휴대전화를 이용한 홈 시큐리티시스템의 구성

## 7.2.2 이동통신을 이용한 홈 오토메이션시스템

휴대전화를 이용하여 집안의 각종 전기기기 등을 제어하여 그 결과를 휴대전화 사용자에게 SMS 형태로 알려주는 홈 오토메이션시스템에 대하여 알아보자. [그림 7.5]는 휴대전화를 이용-

한 홈 오토메이션시스템의 개념도를 나타낸다. 휴대전화 사용자는 셀룰러 이동통신망과 인터넷을 이용하여 집안에 있는 서버를 거쳐 전구를 켜거나 문을 여닫는 기능을 구현할 수 있다.

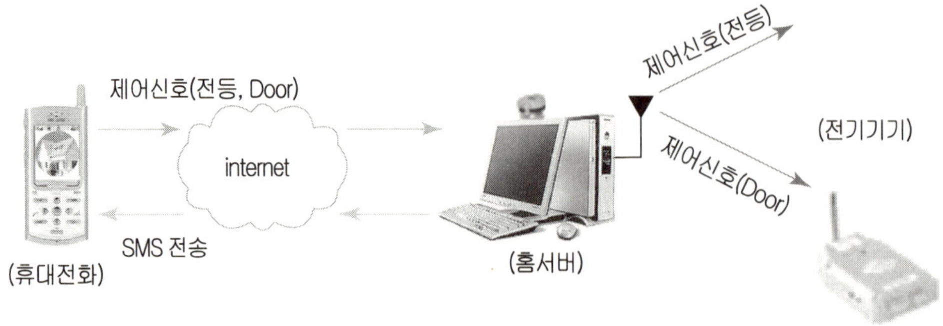


**[그림 7.5]** 휴대전화를 이용한 홈 오토메이션 시스템 개념도

이를 위하여 먼저 휴대전화는 제어신호를 홈서버에 전송해야 하며, 이를 수신한 서버는 무선으로 접속되는 전구나 문을 제어하게 된다. 이와 같이 제어된 결과는 서버에서 메시지로 만들어 인터넷과 셀룰러 이동통신망을 경유하여 휴대전화 사용자에게 단문 메시지로 전달할 수 있게 된다. 이와 같은 시스템은 여러 가지 가전기기들이나 가스 누설 탐지기, 화재경보시스템 등에도 응용할 수 있을 것이다.

[그림 7.6]은 휴대전화를 이용한 홈 오토메이션 시스템을 구현한 예를 나타낸다. 휴대전화 사용자는 키패드에 디스플레이된 전등의 번호를 이용하여 집안의 해당 전등의 소등과 점등을 제어할 수 있다. 이러한 결과는 홈서버에서도 제공 받을 수 있도록 구현할 수 있다.

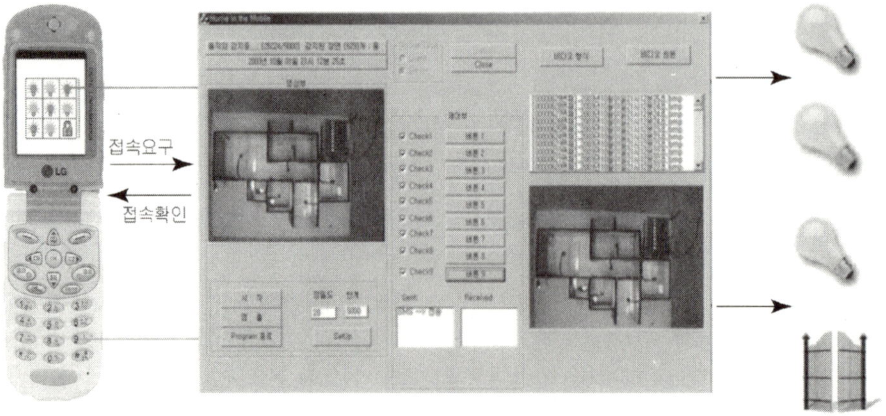


**[그림 7.6]** 휴대전화를 이용한 홈 오토메이션시스템 구현

## 7.2.3 이동통신과 블루투스를 이용한 로봇 제어시스템

2.4 GHz 주파수 대역에서 동작하는 저전력 근거리 무선통신기술인 블루투스 시스템과 이동통신시스템을 이용한 통신시스템을 구성하는 방법에 관하여 알아보자. [그림 7.7]은 이러한 특징을 갖는 통신시스템의 개념도를 나타낸다.

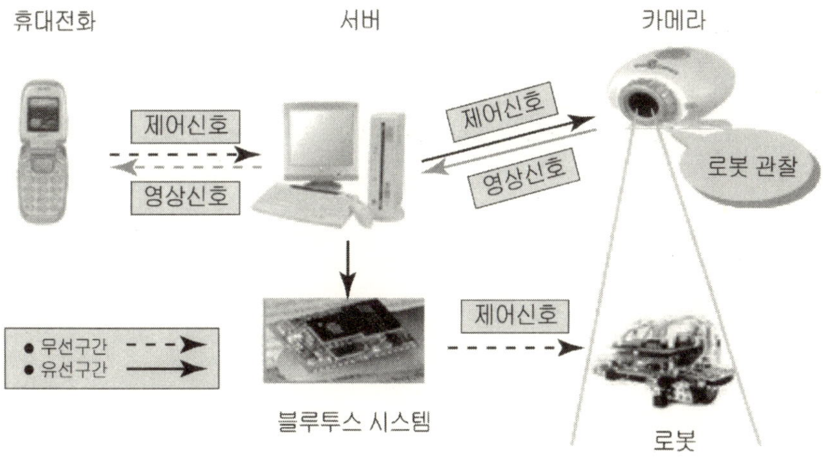


[그림 7.7] 휴대전화와 블루투스를 이용한 로봇 제어시스템의 개념도

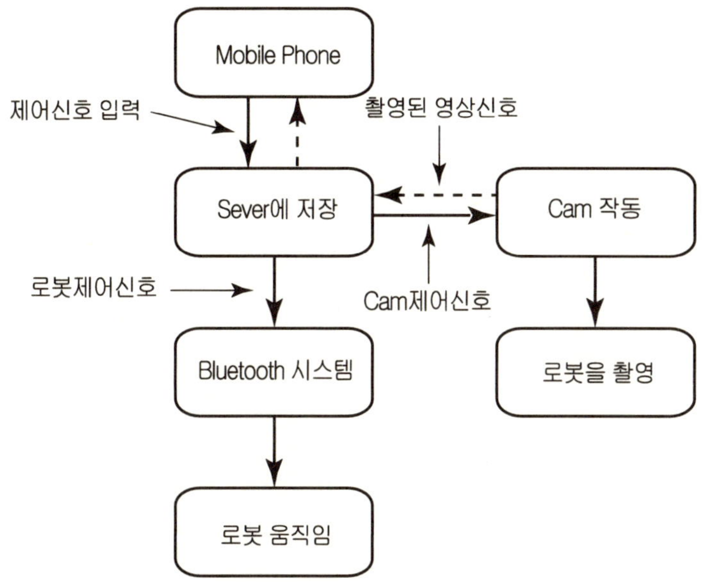


[그림 7.8] 휴대전화와 블루투스를 이용한 로봇 제어시스템의 장치별 기능

휴대전화 사용자는 원거리에서 인터넷에 접속되어 있는 서버를 경유하여 블루투스와 통신하거나 캠의 동작을 직접 제어할 수 있다. 블루투스는 근거리에 있는 로봇의 움직

임을 휴대전화 사용자의 지시에 따라 제어하는 역할을 수행할 수 있다. 캠은 로봇의 움직임에 대한 영상정보를 서버를 경유하여 휴대전화로 전송하는 기능을 수행한다. [그림 7.8]은 이러한 로봇 제어시스템을 구성하기 위한 각 장치별 기능을 나타낸다. 여기서 로봇 시스템은 근거리 통신 장치인 블루투스 시스템과 통신하기 위해서는 제한된 커버리지를 갖는다. 따라서 이러한 시스템은 제한된 통신 영역에서 동작하는 이동식 로봇 청소기 또는 위험지역 탐사로봇 등에 활용할 수도 있다.

## 7.3 이동통신 기반 원격자동검침 시스템

이동통신 기술을 이용한 정보통신시스템은 매우 다양하다. 여기서는 최근 국내외에서 많은 관심을 불러일으키고 있는 이동통신을 이용한 IT 응용 시스템을 설계하는 방법에 관하여 알아본다.

최근 지능형 홈 네트워크 기술의 발전과 함께 원격검침에 대한 관심이 크게 증가하고 있다. 개별 검침원이 수용가를 직접 방문하여 전기, 가스 및 수도 등의 계량기를 검침하는 기존의 검침 시스템은 사생활 침해나 범죄사고의 발생 가능성이 있는 문제점이 있다. 또한 기존의 검침 시스템은 사용요금을 지로용지를 이용하여 통보하는 등 전반적인 검침 및 요금통보 시스템이 비효율적인 특징이 있다. 이러한 문제점을 해결할 수 있는 방법들 중에서 휴대전화와 이동통신 모듈(휴대전화장치에 들어가는 일부 모뎀 장치)을 이용한 원격자동검침시스템의 구성과 이를 설계하는 방법에 관하여 알아보자.

또한 휴대전화와 개인용 컴퓨터 보급의 증가에 힘입어 가정 내에 설치되어 있는 각종 전자 기기를 원거리에서 제어하거, 혹은 집안의 보안 상황을 점검하는 등 홈 오토메이션시스템에 대한 관심도 증가하고 있다. 이와 같이 휴대전화를 이용한 홈 오토메이션 시스템의 응용 사례에 대하여 알아보도록 하자.

### 7.3.1 이동통신을 이용한 원격검침시스템의 구성

먼저 검침원이 수용가를 방문하여 수작업으로 기록해야 하는 번거로움을 해소하고 효과적인 데이터를 저장하기 위한 디지털 검침기록 장치들이 개발되고 있다. 그러나 이러한 기록 장치를 사용하더라도 검침원이 직접 수용가를 방문해야 하는 단점은 해결되지 않는다. 그리고 기존의 수용가들에 설치되어 사용하던 아날로그 검침장치를 대신하기 위한 디지털 검침기가 개발되고 있다.

또한 공급자 서버에서는 이러한 원격검침 결과를 토대로 계산한 사용요금을 유선 인터넷을 통하여 수용가들에게 제공하도록 구성할 수 있다. 그러나 이와 같은 원격검침시스템은 반드시 유선 인터넷과 이동통신망이 모두 설치 운용되는 환경에서만 사용할 수 있어 시스템 운용자(공급자) 측의 운용비용 측면에서 효율적이지 못하다.

특히 유선 인터넷 설비가 없는 환경에서는 서비스를 제공할 수 없거나 컴퓨터를 이용한 인터넷을 잘 활용하지 못하는 수용가들에게는 효과적이지 못한 문제점이 있다. 이러한 문제점을 해결할 수 있는 방법으로는 [그림 7.9]와 같이 유선인터넷 설비가 필요 없이 CDMA 이동통신모듈을 이용하여 원격자동검침 및 요금통보시스템을 구성할 수 있다.

이러한 원격자동검침 및 요금통보시스템은 크게 서버와 CDMA 통신모듈로 구성되는 검침관리 및 요금통보서버, 원격검침집중장치와 CDMA 이동통신모듈로 구성되는 모바일 게이트웨이(mobile gateway: M-gateway) 및 전기, 가스, 수도 등의 사용량을 검침하는 디지털 계량기 역할을 수행하는 마이크로 프로세서부 등으로 구성할 수 있다.

먼저 검침관리 및 요금통보 서버는 원격검침집중장치와 접속되어 있는 CDMA 통신모듈을 통하여 수용가별로 측정한 사용량을 보고하도록 지시한다. 또한 이 지시에 따라 전송되어 오는 수용가별 사용량을 수신하여 데이터베이스(DB)에 저장하고 수용가별 요금을 계산하여 수용가 측의 휴대전화에 SMS로 전송하는 기능들을 수행한다.

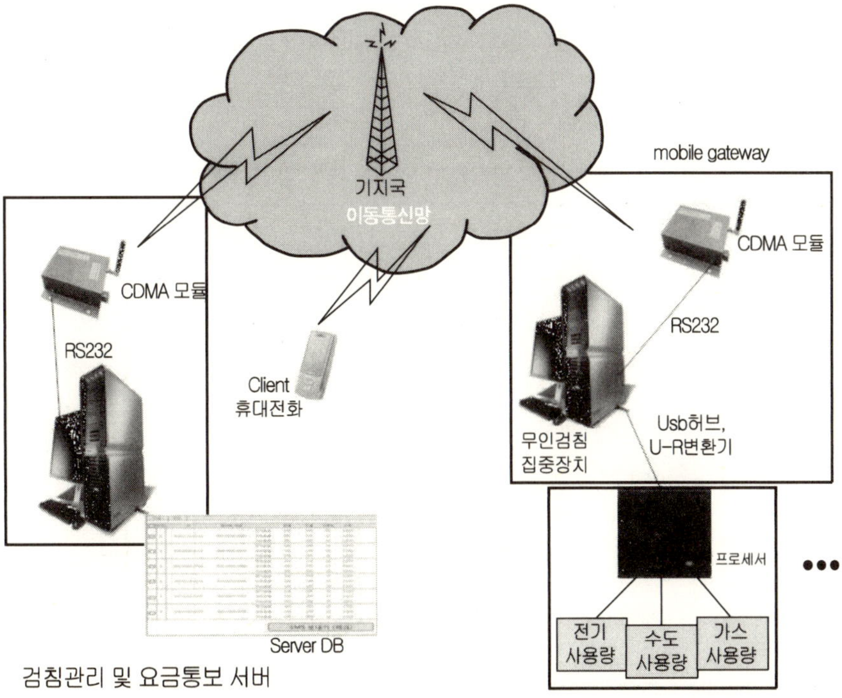


[그림 7.9] 이동통신모듈을 이용한 원격자동검침 및 요금통보시스템의 구성

특히 개인용 컴퓨터로 구성되는 원격검침장치는 유선인터넷 설비가 전혀 없이 CDMA 통신모듈로만 접속되어 통신을 하기 때문에 주변 환경의 변화시 재설치가 매우 용이하다는 특징이 있다. 그리고 이 부분은 홈 네트워크 시스템에서의 게이트웨이와 유사한 기능을 수행하기 때문에 모바일 게이트웨이(M-gateway) 역할을 할 수도 있다.

디지털 검침기 역할을 수행하는 마이크로프로세서와 USB(Universal Serial Bus) 또는 RS-232로 접속되어, 검침기에서 측정하는 전기, 가스 및 수도 등의 사용량을 주기적 또는 비주기적으로 전달받아 CDMA 통신모듈을 통해 검침관리 및 요금통보서버에 측정값들을 전송하는 기능들을 수행한다.

그리고 검침기에서 측정하는 사용량은 USB를 통해 원격검침집중장치로 전달되어 DB에 저장되며, 원격검침집중장치는 주기적인(예: 매월 특정일) 검침이 완료되면 이를 서버에 알리고, 서버로부터 검침결과 요청 메시지를 수신하면(주로 서버 관리자에 의해) 이를 CDMA 통신모듈을 통해 검침관리 및 요금통보 서버로 전송된다.

## 7.3.2 검침관리 및 요금통보 서버 설계

검침관리 및 요금통보 서버는 [그림 7.10]과 같이, 크게 검침관리부, SMS 송수신부 그리고 CDMA 이동통신모듈 등으로 구성된다. 검침관리부와 SMS 송수신부는 소프트웨어로 구성되며, CDMA 이동통신모듈은 SMS 송수신을 위한 무선변복조 기능 등과 외부에 송수신 겸용 안테나를 장착하고 있다.

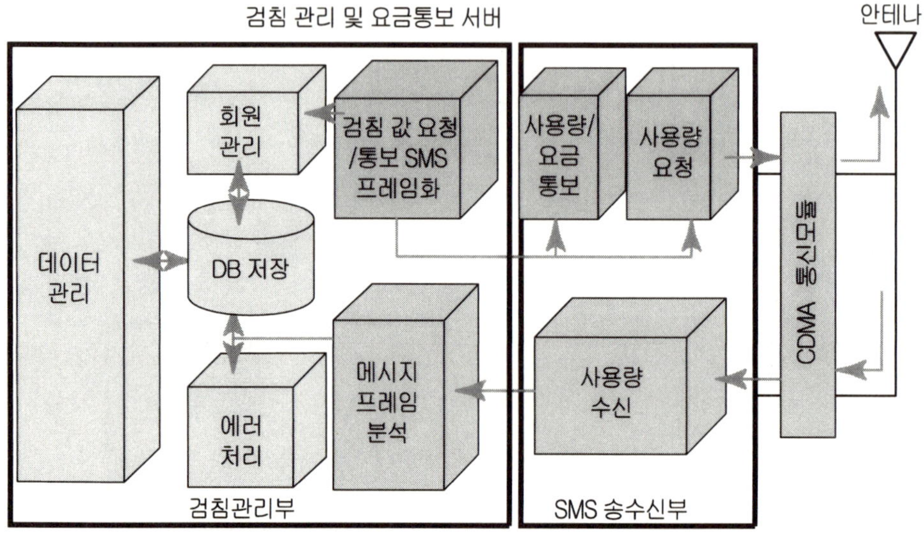


[그림 7.10] 검침관리 및 요금통보 서버의 소프트웨어 구성

먼저 검침관리부는 수용가들로 구성되는 각 회원들에 대한 기본정보(휴대전화번호 등)를 관리하고, 원격지에 위치한 M-gateway내의 원격검침 장치에서 검침한 수용가별 사용량을 SMS 송수신부를 통하여 수신하여 검침결과를 분석한 후 DB에 저장한다. 또한 수용가별 검침 결과를 토대로 요금을 계산하여 이를 SMS 송수신부를 통하여 고객들의 휴대전화로 통보하는 기능도 수행한다.

SMS 송수신부는 M-gateway에 수용가별 사용량을 전송하도록 요청하는 사용량 요청 블럭과 계산된 수용가별 사용요금을 사용자별 휴대전화로 전송하는 요금통보 블록, 그리고 원격검침집중장치에서 검침결과(사용량)를 수신하는 블럭 등으로 구성된다. 또한 SMS 송수신부는 검침관리부내의 SMS 프레임화 블럭을 통해서 프레임화된 데이터를 송신하거나 수신한 데이터를 데이터분석 블럭으로 전달하는 기능을 수행한다.

메세지 프레임 분석 블럭에서는 M-gateway로부터 수신한 SMS를 에러 메시지인지 사용량 검침값에 대한 메시지인지를 구분하여, 에러 메시지일 경우 에러처리 블럭을 통하여 관리자에게 에러 메시지가 도착했음을 알리고 사용량 검침값 메시지일 경우에는 DB에 저장하게 된다.

이렇게 DB에 저장된 값을 데이터 관리 블럭을 통해 요금산정을 하고 산정된 요금은 다시 저장해 두었다가 회원관리 블럭에 저장되어 있는 개인 수용가들의 휴대전화로 당월 산정된 요금을 데이터 프레임화 블럭으로 넘겨준다. 데이터를 송신할 경우는 사용량 및 요금을 통보할 때와 사용량 요청 SMS를 보내는 경우로 나뉘는데 사용량 및 요금을 통보할 때에는 단순 메시지로 전송하고 사용량 요청 SMS를 보낼 때에는 "전체회원" "개별회원 ID" 등으로 구분하여 전체 고객 사용량을 받을 수도 있고 특정 고객 사용량을 받을 수도 있도록 설계한다.

이와 같이 구성되는 검침관리 및 요금통보 서버의 전반적인 동작은 [그림 7.11]과 같다. 매월 요금정산일이 되면 검침관리 및 요금통보서버에서 M-gateway로 검침값 요청 SMS를 송신한다. M-gateway로부터 수신된 SMS의 내용의 경우 특정 수용가들의 데이터에 오류가 생겨 재수신한 것으로, 그 회원 수용가의 데이터를 다시 저장하고 요금을 정산한다. 이렇게 모든 수용가의 사용량이 수신되고 요금이 산정되면 각 회원 수용가의 휴대전화로 요금을 통보한다. 이와 같이 구성되는 검침관리 및 요금통보서버의 주요 기술적 특징들을 정리하면 [표 7.2]와 같다.

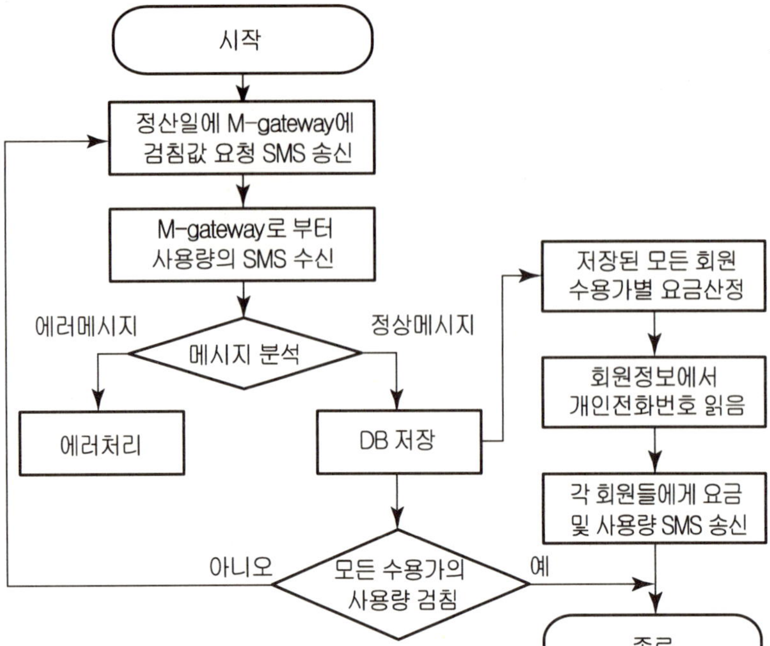


[그림 7.11] 검침관리 및 요금통보 서버의 전체 동작 흐름도

[표 7.2] 검침관리 및 요금통보 서버의 주요 기술적 특징

| 주요 기술사항 | 특징 |
|---|---|
| 검침결과 관리 | 특정 기간별, 수용가별, 검침집중장치별 검침결과 관리 |
| 오류 정보 제공 | 누전, 누설 및 누수 등에 대한 경고(오류) 메시지 제공 |
| 요금통보 방식 | 사용량 및 사용요금을 유선인터넷이 아닌 수용가별 휴대전화로 통보 |

수용가별 및 검침집중장치별로 사용량을 관리함으로써 서버 관리자가 효과적으로 사용량 및 요금을 관리할 수 있다. 또한 검침집중장치에서 제공하는 검침결과를 토대로 누전, 누수 및 누설량을 계산하여 경고 메시지를 관리자에게 제공함으로써 보다 안전한 원격검침시스템을 운용할 수 있도록 설계한다. 특히 사용요금을 지로용지가 아닌 SMS 형식으로 수용가들의 휴대전화에 직접 전송함으로써 인건비용 절감과 함께 고객의 편리성을 제고할 수 있도록 설계한다.

### 7.3.3 M-게이트웨이와 원격검침집중장치 설계

M-gateway는 [그림 7.10]에서 보는 바와 같이 원격검침집중 장치와 CDMA 통신모듈로 구성된다. CDMA 통신모듈은 [그림 7.12]와 같이 직렬통신(Universal Asynchronous

Receiver and Transmitter: UART) 기능과 SMS 전송 기능을 내장하고 있는 모뎀과 안테나로 구성되는데, 이 모듈의 내부 구조는 [그림 7.13]과 같다.

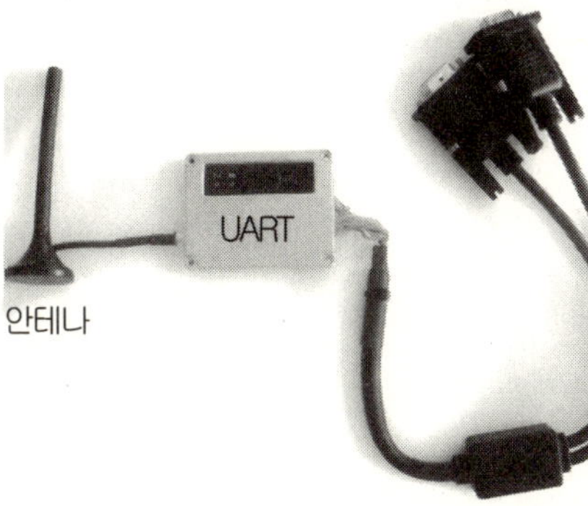


[그림 7.12] CDMA 통신모듈 세트(BSM860)

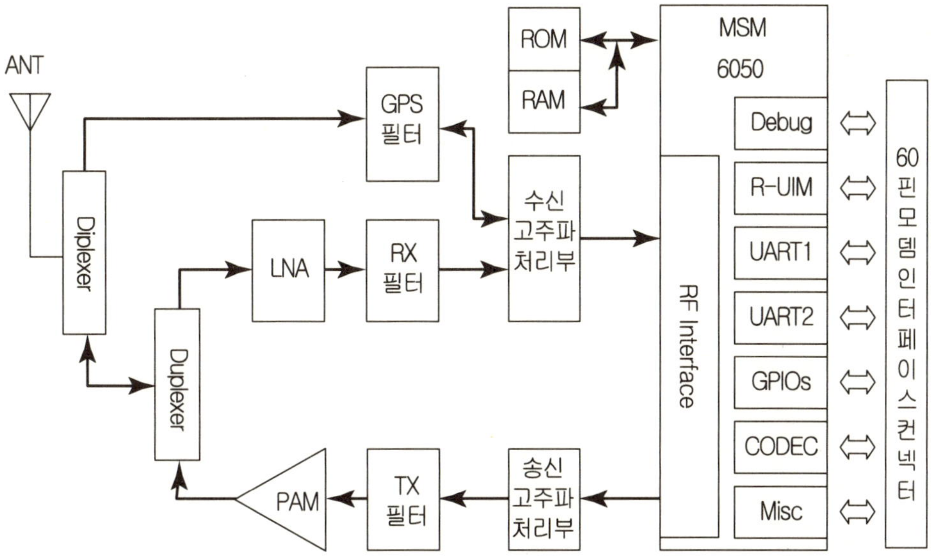


[그림 7.13] BSM 860-CDMA 통신모듈의 내부 구조(출처: Bellwave [7.16])

또한 검침관리 및 요금통보 서버에서 측정값 보고 요청 메세지를 수신하면 특정 수용가에 대한 요청 메시지인지 검침집중장치가 관리하는 전체 수용가들에 대한 검침량을 요청하는 메시지인지 등을 분석하여, DB에 저장되어 있는 수용가별 데이터를 프레임화하여 CDMA 통신모듈을 통하여 SMS로 송신한다.

[그림 7.14]에서 검침결과는 원격검침집중장치에서 검침장치로 검침을 요청하는 것이 아니라, 검침장치에서 매일 특정한 시간 혹은 일정한 주기로 자동으로 검침하여 DB로 검침결과를 전송한다.

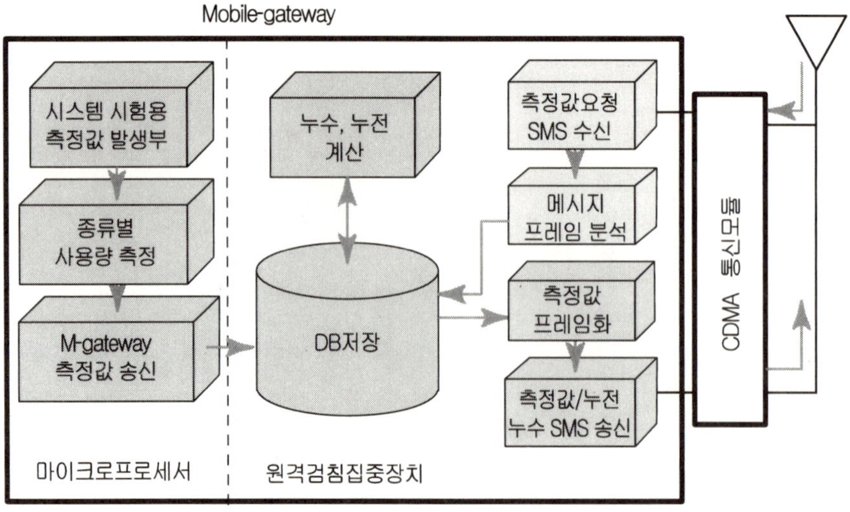


[그림 7.14] M-gateway 및 원격검침집중장치 구성도

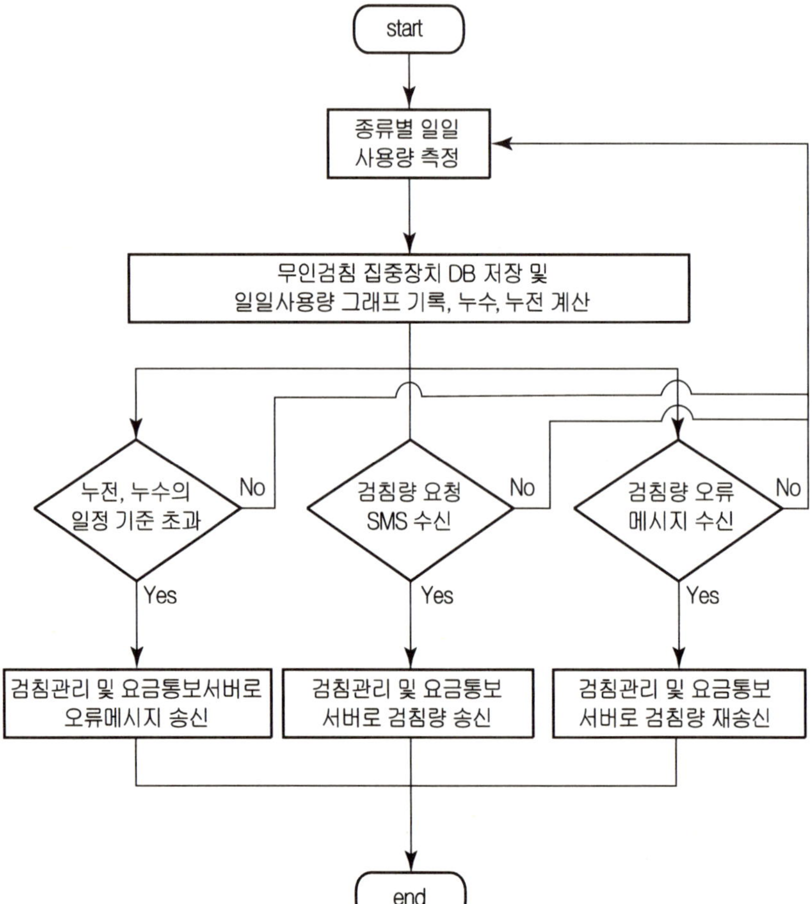


[그림 7.15] 원격검침집중 장치의 전반적인 동작 개념도

원격검침집중장치는 [그림 7.15]와 같이 동작한다. 각 가정에 설치된 검침기를 통해 원격검침 집중장치로 전기, 가스, 수도의 일일사용량 측정값이 송신되면 원격검침집중장치에서는 그 데이터들을 DB에 저장하고, 누전, 누수율을 계산하여 각 가정에 전기, 가스, 수도 공급에 이상이 없는지 관리한다. 요금정산일이 되어 검침관리 및 요금통보서버에서 검침결과 요청 SMS가 수신되면 일정 기간 동안의 측정값을 검침관리 및 요금통보서버로 송신한다.

누전, 누수율이 정해 놓은 일정 기준을 초과하게 되면 검침관리 및 요금통보서버로 오류메시지를 송신하여 전기, 가스, 수도 공급에 이상이 있음을 알린다. 검침관리 및 요금통보서버에서 측정량에 에러가 생겼을 경우, M-gateway로 측정값을 요청하여 검침관리 및 요금통보서버로 검침량을 재송신한다.

### 7.3.4 수용 가입자를 위한 요금 전송 방식

[그림 7.16]과 같이 검침관리 서버에서 M-gateway로 SMS를 송신할 때에는 전체 고객 또는 특정 고객의 사용량을 요구하는 것인지 구분하고, 특정 고객 사용량을 요청할 때에는 데이터 유형 뒤에 회원 ID를 포함하도록 프레임을 구성하여 송신한다.

그리고 M-gateway에서 검침관리 서버로 송신할 때에는 사용량인지 에러검출인지를 구분하는 데이터 유형, 각 수용가를 구별할 수 있는 회원 ID와 전기 사용량, 가스 사용량 및 수도 사용량 등의 순으로 사용량 검침값을 넣어서 송신한다.

검침관리 및 요금통보 서버 ⟶ M-gateway

| 데이터 유형 | 회원 ID |
|---|---|

M-gateway ⟶ 검침관리 및 요금통보 서버

| 데이터 유형 | 회원 ID | 전기 사용량 | 가스 사용량 | 수도 사용량 |
|---|---|---|---|---|

**[그림 7.16]** 검침관리 및 요금통보 서버와 M-gateway간의 SMS 전송 프레임 형식

[그림 7.17]은 검침관리 및 요금통보 서버와 M-gateway 간에 주고받는 전체 사용량에 대한 검침값 요청과 관련한 프레임 형식을 나타낸다. 검침관리 및 요금통보 서버에서 M-gateway로 전체 사용량 검침값 요청 SMS를 전송할 때에 메시지 부분에 "Total"을 저장하여 송신하게 된다. 그리고 M-gateway에서 데이터 분석을 통해 전체 사용량

검침값을 서버로 송신하도록 한다. 검침관리 및 요금통보 서버에서는 사용량 검침값이 모두 수신되었는지 확인한 다음 사용량 검침값이 없는 고객이 있으면, 해당 고객의 사용량 검침값을 재송신 요구 SMS를 M-gateway로 송신하게 된다.

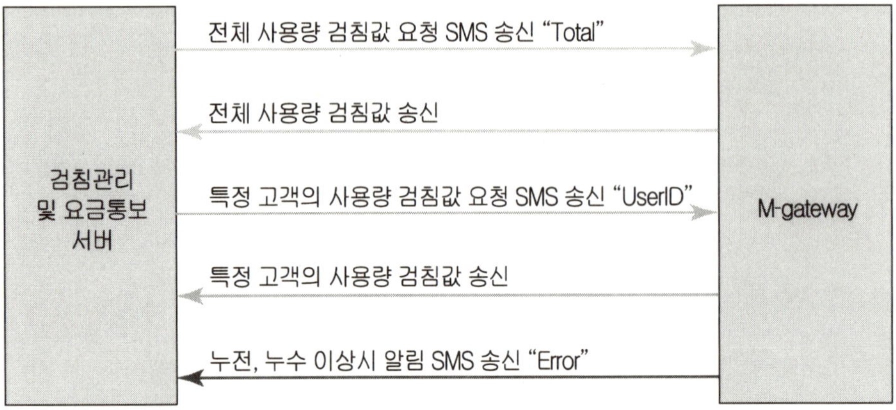


**[그림 7.17]** 검침관리 및 요금통보 서버와 M-gateway 간의 SMS 송수신

재송신 요청 SMS를 수신한 M-gateway에서는 데이터 분석시 User ID와 회원 아이디 사이의 공백으로 필요한 데이터를 나누어서 해당 고객의 사용량 검침값을 재송신하도록 한다. 또한 별도로 M-gateway에서 무인검침장치로부터 에러가 발생하면 "Error" 메시지를 검침관리 및 요금통보 서버로 송신하여 서버에서도 원격지의 검침장치들의 동작 상태를 직접관리할 수 있도록 한다.

## 7.3.5 검침 및 요금통보 구현결과(예)

검침관리 및 요금통보 서버의 관리자는 M-gateway들의 월별 사용량 검침의 완료 유무를 확인하고, 검침 완료된 M-gateway로 사용량의 통보 요청 메시지를 SMS로 전송한다. 이 메시지를 수신한 M-gateway는 원격검침집중장치는 DB에 저장된 고객들의 월별 전기, 가스 및 수도 등에 대한 월별 사용량을 관리서버로 전송하며, 이를 수신한 관리서버는 M-gateway에 속한 고객별로 사용량을 저장한다.

특히 누전, 누설 및 누수와 관련해서는 M-gateway에서 고객별로 하루전의 사용량과 편차가 매우 심할 경우 문제가 발생했다고 판단하여 관리서버로 이와 같은 정보를 SMS로 전송하게 되며, 관리서버는 이러한 정보를 관리자에게 상태정보로서 제공하게 된다.

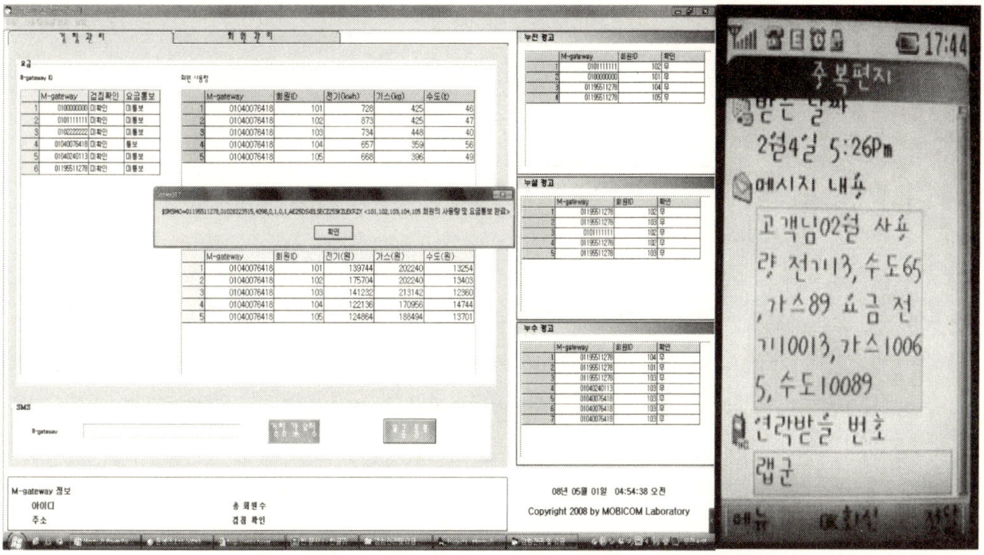

[그림 7.18] 사용량 및 사용요금의 휴대전화 통보 결과

한편 검침관리 및 요금통보 서버는 관리자의 지시에 따라 M-gateway로부터 수신한 원격검침결과를 토대로 각 수용가의 사용량과 함께 요금들을 고객의 휴대전화로 통보하게 된다. [그림 7.18]은 월 사용량과 함께 사용 요금을 고객들의 휴대전화로 전송한 결과를 보여준다. 그림에서 보는 바와 같이 검침관리 및 요금통보 서버에서 고객들에게 관련 정보를 전송하기 위해서는 사용량과 요금을 나타내는 한글을 헥사코드로 변환하는 과정을 수행해야 한다.

또한 M-gateway내에 있는 원격검침집중장치는 디지털 검침기 역할을 수행하는 마이크로프로세서로부터 전달받은 고객회원들의 사용량을 월별 측정값, 회원별 측정값 등으로 저장한 데이터와 누전, 누설, 누수량을 계산하여 그 결과를 검침관리 및 요금통보 서버로 전송하게 된다.

# Chapter 07

# 연습문제

**1.** 홈 네트워크를 위한 근거리 무선통신기술의 종류와 주요 특징을 설명하시오.

**2.** 앞으로 휴대전화를 사용하는 데 있어서 예상되는 문제점(개선해야 할 요소)을 도출하고 이를 해결할 수 있는 방법을 아래와 같은 과정을 통하여 찾아보자.

1) 평소에 사용하는 휴대전화에서 가장 많이 불편을 느끼는 문제점을 정리하시오.

2) 이러한 불편한 점을 개선할 수 있는 여러 가지 방안들을 도출해 보시오.

3) 상기 도출된 방안들에 대하여 사용자 입장에서 필요한 요구사항들을 정리하시오.

4) 정리된 사용자 요구사항들의 기준을 고려하여 도출한 문제점의 해결 방안을 정리해 보시오.

5) 도출된 문제점, 해결 방안, 사용자 요구사항 등을 고려하여, 최종적으로 개선 또는 새롭게 창안한 시스템을 그림으로 그리고 간략히 설명하시오.

**3.** 일상 생활속에서 만나는 불편한 점을 휴대전화를 이용하여 해소할 수 있는 방안에 대하여 설계하여 봅시다.

1) 일상 생활속에서 만나는 불편한 점을 도출하여 정리하시오.

2) 이러한 불편한 사항을 휴대전화를 이용하여 개선할 수 있는 방법을 제시하시오.

3) 상기 도출된 방안들에 대하여 사용자 입장에서 최소한으로 필요한 요구사항들을 정리하시오.

4) 정리된 사용자 요구사항들을 고려하여 앞서 도출한 문제점 해결 방안에 대한 시스템의 요구 기능들을 정리해 보시오.

5) 도출된 문제점, 해결 방안, 사용자 요구사항 및 시스템 기능 등을 고려하여 최종적으로 개선(또는 새롭게 창안한) 시스템을 그림으로 그리고 간략히 설명하시오.

## 참고문헌


[7.1] B. H. Walke, S. Magold, and L. Berlemann, IEEE 802 Wireless Systems, John Wiley & Sons, Ltd., 2008.

[7.2] Zigbee Alliance: http://www.bluetooth.org

[7.3] 김원수, 장기수, "ZigBee 기술동향 및 시장전망 분석," pp.1-15, 삼성종합기술원, 전자부품연구원 전자정보센터.

[7.4] Bluetooth Sig, Inc.: http://www.bluetooth.org

[7.5] 송연근, 김한주, "근거리 무선통신기술에 대한 분석 및 전망," 주간기술동향 01-43호, pp.1-13, 2001.11

[7.6] 전선도 외 5인, "무선 PAN응용을 위한 Binary CDMA System," 인터넷정보학회지 제5권, 제3호, pp. 84-99, 2004. 9.

[7.7] 이상찬, 강창순, 최중한, "홈서버 및 홈게이트웨이기술," 2005년 국제특허분쟁대비 특허정보분석결과, 특허청 2005, 12.

[7.8] 강창순, 김수정, 고은영, "CDMA 이동통신모듈을 이용한 원격자동검침 및 요금통보시스템," 한국멀티미디어학회, vol.11, no.4, pp.977-985, 2008년 7월.

[7.9] 누리 텔레콤, 원격검침시스템 개요-무선통신망을 이용한 원격검침, 2003.

[7.10] 김주일, 연상호, "Wireless Technology를 활용한 상수도 검침개선에 관한 연구," 한국콘텐츠학회, 춘계종합학술대회 논문집, Vol.1, No.1, pp. 260-268, 2003.

[7.11] 한국마이크로닉, *원격검침시스템(Telemetering System)*, 2005.

[7.12] 김영현, 박병석, 임용훈, 현덕화, "복합 통신망을 이용한 AMR 시스템 개발," 전력전자학술대회 논문집, pp. 718-722, 2004.

[7.13] 신일석, 오현경, 김영일 천행춘, 유영호, "전력선 통신을 이용한 가정용 원격 검침시스템에 관한 연구," 한국박용기관학회 춘계학술대회논문집, pp. 223-228, 2004.

[7.14] J.G Proakis, *Digital Communication*, Third Edition, McGraw-Hill, 2002.

[7.15] 이재창, *CodeVision AVR C-ATmega8535*, 동일출판사, 서울, 2006.

[7.16] 벨웨이브, BSM-860S Programmer's Guide, ver1.0.5, 서울, 2004.

[7.17] 엠투엠넷, BSM-860 모뎀 Naming 절차서, 서울, 2006.

[7.18] 벨웨이브, *BSM-856 Integration Guide*, 서울, 2005.

# 영문약어

# 찾아보기

## ㄱ



## ㄴ



## ㄷ

## ㄹ



## ㅁ

## ㅇ

## ㅊ



## ㅋ



## ㅌ

## ㅍ



## ㅎ

## A



## B



## C



## D



## E



## F

**강창순**

주요 경력사항

국립창원대학교 공과대학 정보통신공학과 부교수 (2003-현재)
창원대학교 교무부처장 및 교수학습지원센터장 (2008-2009)
미국 샌디에고주립대학교 Visiting Scholar (2006-2007)
한국전자통신연구원(ETRI) 책임연구원 (1989-2003)
KAIST 전자전산학과 박사 (1996-2001)
연세대학교 전자공학과 석사 (1984-1986)
경북대학교 전자공학과 학사 (1980-1984)

주요 연구개발 실적

2세대 이동통신시스템 (IS-54 & GSM) 연구 (1989-1992)
세계최초 CDMA 이동통신시스템 개발 (IS-95A) (1992-1996)
CDMA 기반 개인휴대통신시스템 (PCS) 개발 (IS-95B) (1997-1998)
CDMA 기반 WLL (Wireless Local Loop) 시스템 개발 (1998-1999)
동기식 3세대 이동통신시스템 (CDMA20001x) 연구개발 (1999-2000)
비동기식 3세대 IMT-2000 시스템 (WCDMA) 연구개발 (2000-2001)
와이브로 (휴대인터넷시스템) 연구개발 (2001-2003)

저서

정보통신기술개론 (12인 공저, 한국전자통신연구소, 1996)
정보통신공학개론 (6인 공저, 도서출판 한산, 2006)

연구 관심분야

이동통신시스템, 무선자원관리, 간섭완화 및 관리기법, 펨토셀 및 무선협력통신 등

**이동통신 이론과 응용** 값 14,000 원

제1판 1쇄 2010년 2월 5일 발행
제1판 2쇄 2011년 9월 5일 발행

인지 생략

著 者 강 창 순
發行人 金 洪 錫
發行處 清 文 閣

경기도 파주시 교하읍 문발리 파주출판도시 513-7
(등록1975. 05. 21. 제406-2005-000049호)
Tel. 031) 955-1451~7 Fax. 031) 955-1458
Homepage : http://www.cmgpg.com
Email : cmgbook@cmgbook.co.kr


ISBN : 978-89-6364-038-9